建筑工程施工现场专业人员
上岗必读丛书

施工员必读

北京土木建筑学会　主编

中国电力出版社
CHINA ELECTRIC POWER PRESS

内 容 提 要

本丛书是针对建筑工程施工现场专业技术人员岗位工作与施工管理实际需要和应用来编写的,具有很强的针对性、实用性、便携性和可读性。

本书主要内容包括施工项目管理规划,施工员现场技术管理工作,单位工程施工组织设计编制,施工方案编制,施工技术交底编制,施工员现场质量、安全环境管理工作,施工员现场进度、成本控制工作,以及工程施工技术资料管理等,内容涵盖了施工员现场施工中岗位管理及与其岗位相关的施工技术内容,是施工必备的技术管理手册,也适合作为施工岗前、岗中培训与学习教材使用。

图书在版编目(CIP)数据

施工员必读/北京土木建筑学会主编. —北京:中国电力出版社,2013.3(2014.3重印
(建筑工程施工现场专业人员上岗必读丛书)
ISBN 978-7-5123-3617-9

Ⅰ.①施… Ⅱ.①北… Ⅲ.①建筑工程—工程施工—基本知识 Ⅳ.①TU74

中国版本图书馆 CIP 数据核字(2012)第 245467 号

中国电力出版社出版发行

北京市东城区北京站西街 19 号　　100005　　http://www.cepp.sgcc.com.cn
责任编辑:周娟华　　　　　　　　E-mail:juanhuazhou@163.com
责任印制:郭华清　　　　　　　　　　　责任校对:常燕昆
汇鑫印务有限公司印刷·各地新华书店经售
2013 年 3 月第 1 版·2014 年 3 月第 2 次印刷
880mm×1230mm　　1/32·12 印张·404 千字
定价:36.00 元

编委会名单

主 编 单 位：北京土木建筑学会

主　　　编：王　锋　赵　键

副 主 编：段文涛　郭　冲　俞　菁　安诣彬

编委会成员：丁绍祥　王庆生　熊爱华　郭宏伟　尚耀宗

　　　　　　祁政敏　张玉海　吴　锐　赵新平　欧应辉

　　　　　　凌艳军　张　谦　聂立果　彭占文　陈舒哲

　　　　　　边　㻪　杜淑华　刘志艳　彭爱京　王占良

　　　　　　杜　健　张瑞军　邹宏雷　李小欣　薛万龙

　　　　　　柳　伟　张建波　安文生　范　飞　崔　铮

　　　　　　徐宝双　刘兴宇　满　君　孙光吉　齐丽香

　　　　　　付海燕　于　超　魏芳芳　潘若林　佟　闯

　　　　　　刘建强　李维珊　李连波

前　　言

国家最新颁布实施的建设行业标准《建筑与市政工程施工现场专业人员职业标准》(JGJ/T 250—2011),为科学、合理地规范工程建设行业专业技术管理人员的岗位工作标准及要求提供了依据,对全面提高专业技术管理人员的工程管理和技术水平、不断完善建设工程项目管理水平及体系建设,加强科学施工与工程管理,确保工程质量和安全生产将起到很大的促进作用。

随着建设事业的不断发展、建设科技的日新月异,对于建设工程技术管理人员的要求也不断变化和提高,为更好地贯彻和落实国家及行业标准对于工程技术人员岗位工作及素质要求,促进建设科技的工程应用,完善和提高工程建设现代化管理水平,我们组织编写了这套《建筑工程施工现场专业人员上岗必读丛书》,旨在为工程专业技术人员岗位工作提供全面、系统的技术知识与解决现场施工实际工作中的需要。

本丛书主要根据建筑工程施工中,各专业岗位在现场施工的实际工作内容和具体需要,结合岗位职业标准和考核大纲的标准,充分贯彻国家行业标准《建筑与市政工程施工现场专业人员职业标准》(JGJ/T 250—2011)有关工程技术人员岗位"工作职责"、"应具备的专业知识"、"应具备的专业技能"三个方面的素质要求,以岗位必备的管理知识、专业技术知识为重点,注重理论结合实际;以不断加强和提升工程技术人员职业素养为前提,深入贯彻国家、行业和地方现行工程技术标准、规范、规程及法规文件要求;以突出工程技术人员施工现场岗位管理工作为重点,满足技术管理需要和实际施工应用,力求做到岗位管理知识及专业技术知识的系统性、完整性、先进性和实用性来编写。

本丛书在工程技术人员工程管理和现场施工工作需要的基础上,充分考虑能兼顾不同素质技术人员、各种工程施工现场实际情况不同等多种因素,并结合专业技术人员个人不断成长的知识需要,针对各岗位专业技术人员管理工作的重点不同,分别从岗位管理工作与实务知识要求、工程现场实际技术工作重点、新技术应用等不同角度出发，力求在既不断提高各岗位技术人员工程管理水平的同时，又能不断加强工程现场施工管理，保证工程质量、安全。

本书内容涵盖了施工项目管理规划，施工员现场技术管理工作，单位工程施工组织设计编制，施工方案编制，施工技术交底编制，施工员现场质量、安全环境管理工作，施工员现场进度、成本控制工作，以及工程施工技术资料管理等内容，力求使施工员岗位管理工作更加科学化、系统化、规范化，并确保新技术的先进性和实用性、可操作性。

由于时间仓促和能力有限，本书难免有谬误之处和不完善的地方，敬请读者批评指正，以期通过不断的修订与完善，使本丛书能真正成为工程技术人员岗位工作的必备助手。

编　者

目　　录

第一章　施工项目管理规划

第一节　施工项目管理及实施规划

一、工程施工项目管理的内容

1.建立施工项目管理组织

(1)由企业法定代表人采用适当的方式选聘称职的施工项目经理。

(2)根据施工项目管理组织原则,结合工程规模、特点,选择合适的组织形式,建立施工项目管理组织机构,明确各部门、各岗位的责任、权限和利益。

(3)在符合企业规章制度的前提下,根据施工项目管理的需要,制定施工项目经理部管理制度。

2.编制施工项目管理规划

(1)在工程投标前,由企业管理层编制施工项目管理大纲(或以"施工组织总体设计"代替),对施工项目管理自投标到保修期满进行全面的纲领性规划。

(2)在工程开工前,由项目经理组织编制施工项目管理实施规划(或以"施工组织设计"代替),对施工项目管理从开工到交工验收进行全面的指导性规划。

3.进行施工项目的目标控制

在施工项目实施的全过程中,应对项目的质量、进度、成本和安全目标进行控制,以实现项目的各项约束性目标。控制的基本过程是:

(1)确定各项目标控制标准。

(2)在实施过程中,通过检查、对比,衡量目标的完成情况。

(3)将衡量结果与标准进行比较,若有偏差,分析原因,采取相应的措施以保证目标的实现。

4.对施工项目的生产要素管理

(1)分析各生产要素(劳动力、材料、设备、技术和资金)的特点。

(2)按一定的原则、方法,对施工项目生产要素进行优化配置并评价。

(3)对施工项目各生产要素进行动态管理。

5.施工项目合同管理

合同管理的水平直接涉及项目管理及工程施工的技术组织效果和目标实现。

因此,要从工程投标开始,加强工程承包合同的策划、签订、履行和管理。同时,还必须注意搞好索赔,讲究方法和技巧,提供充分的证据。

6. 施工项目信息管理

进行施工项目管理和施工项目目标控制、动态管理,必须在项目实施的全过程中,充分利用计算机对项目有关的各类信息进行收集、整理、储存和使用,提高项目管理的科学性和有效性。

7. 施工现场管理

应对施工现场进行科学、有效的管理,以达到文明施工,保护环境,塑造良好企业形象,提高施工管理水平的目的。

8. 施工项目协调

在施工项目实施过程中,应进行组织协调,沟通和处理好内部及外部的各种关系,排除种种干扰和障碍。协调工作是为实现有效控制来服务的,协调和控制都是保证计划目标的实现。

二、施工项目管理规划

施工项目管理规划是指由企业管理层或项目经理主持编制的,用来作为编制投标书的依据或指导施工项目管理的规划文件。

1. 施工项目管理规划的类型

施工项目管理规划包括两种:

(1)施工项目管理规划大纲,是由企业管理层在投标前编制的,旨在作为投标依据,满足投标文件要求及签订合同要求的管理规划文件。

(2)施工项目管理实施规划,是由项目经理在开工前主持编制的,旨在指导施工项目实施阶段管理的计划文件。

两种施工项目管理规划的比较,见表1-1。

表 1-1　　　　　施工项目管理规划大纲与实施规划的比较

种类	作用	编制时间	编制者	性质	主要目标
规划大纲	编制投标书、签订合同、编制控制目标计划的依据	投标前	企业管理层	规划性	追求经济效益
实施规划	指导施工项目实施过程的管理依据	开工前	项目经理部	实施性	追求良好的管理效率和效果

2. 施工项目管理规划大纲

施工项目管理规划大纲的编制内容,见表1-2。

表 1-2   施工项目管理规划大纲的内容

序号	名称	内容
1	施工项目基本情况描述	施工项目范围描述,投资规模、工程规模、使用功能、工程结构与构造、建设地点、合同条件、场地条件、法规条件、资源条件
2	项目实施条件分析	发包人条件,相关市场条件,自然条件,政治、法律和社会条件,现场条件,招标条件
3	项目管理基本要求	法规要求、政治要求、政策要求、组织要求、管理模式要求、管理条件要求、管理理念要求、管理环境要求、有关支持性要求等
4	项目范围管理规划	通过工作分解结构图,既要对项目的过程范围进行描述,又要对项目的最终可交付成果进行描述
5	项目管理目标规划	施工合同要求的目标,对企业自身要完成的目标
6	项目管理组织规划	施工项目管理组织架构图(施工项目经理部),项目经理、职能部门、主要成员人选、拟建立的规章制度等
7	项目成本管理规划	施工预算和成本计划,总成本目标,按主要成本项目进行成本分解的子目标,保证成本目标实现的技术、组织、经济、合同措施
8	项目进度管理规划	施工进度的管理体系、管理依据、管理程序、管理计划、管理实施和控制、管理协调,招标文件要求总工期目标及其分解,主要的里程碑事件及主要施工活动的进度计划安排,进度计划表,保证进度目标实现的组织、经济、技术、合同措施
9	项目质量管理规划	确定的质量目标应符合招标文件规定的质量标准,应符合法律、法规、规范的要求,质量管理体系、质量保证措施、质量控制活动,应保证质量目标的实现
10	项目职业健康安全与环境管理规划	规划职业健康安全与和安全管理体系、环境管理管理体系,要对危险源进行预测与控制,编制战略性和针对性的安全技术措施和环境保护措施计划
11	项目采购与资源管理规划	要识别与采购有关的资源和过程,包括采购什么、何时采购、询价、评价并确定参加投标的分包人、分包合同结构、采购文件的内容和编写,资源的识别、估算、分配相关资源,安排资源使用进度,进行资源控制的策划

序号	名称	内容
12	项目信息管理规划	施工项目信息管理体系的建立,信息流动设计,信息收集、处理、储存、调用等构思、软件和硬件的获得及投资等
13	项目沟通管理规划	施工项目的沟通关系、沟通体系、沟通网络、沟通方式与渠道、沟通计划、沟通依据、沟通障碍与冲突管理方式,施工项目协调组织、原则和方式等
14	项目风险管理规划	根据工程实际情况对施工项目的主要风险因素作出预测,并提出相应对策措施,提出风险管理的主要原则
15	项目收尾管理规划	竣工项目的验收和移交,费用的决算核算、合同终结、项目审计、售后服务、项目管理组织解体和项目经理解职、文件归档、项目管理总结等

3.施工项目管理实施规划

施工项目管理实施规划的编制内容,见表 1-3。

表 1-3　　　　　　　　施工项目管理实施规划的内容

序号	名称	内容
1	施工项目概况	项目特点具体描述,项目预算费用和合同费用,项目规模及主要任务量,项目用途及具体使用要求,工程结构与构造,地上、地下层数,具体建设地点和占地面积,合同结构图、主要合同目标,现场情况,水、电、暖气、通信、道路情况,劳动力、材料、设备、构件供应情况,资金供应情况,说明主要项目范围的工作量清单,任务分工,项目管理组织体系及主要目标
2	项目总体工作计划	该项目的质量、进度、成本及安全总目标;拟投入的最高人数和平均人数;分包计划;劳务供应计划、材料供应计划、机械设备供应计划;表示施工项目范围的项目专业工作表;工程施工区段(或单项工程)的划分及施工顺序安排等
3	项目组织方案	项目结构图、组织结构图、合同结构图、编码结构图、重点工作流程图、任务分工表、职能分工表,并进行必要说明;合同所规定的项目范围与项目管理责任;施工项目经理部人员安排;施工项目管理总体工作流程,施工项目经理部各部门的责任矩阵;工程分包策略和分包方案、材料供应方案、设备供应方案;新设置的制度一览表,引用企业已有制度一览表

续表

序号	名称	内容
4	项目施工方案	施工流向和施工顺序,施工段划分,施工方法、技术、工艺和和施工机械选择,安全施工设计
5	施工进度计划	如果是建设项目施工,应编制施工总进度计划;如果是单项工程或单位工程施工,应编制单位工程施工进度计划。包括进度图、进度表、进度说明,与进度计划相应的人力计划、材料计划、机械设备计划、大型机具计划及相应说明
6	施工准备工作计划	施工准备工作组织及时间安排;技术准备工作;施工现场准备;施工作业队伍和管理人员的组织准备;物资准备;资金准备
7	项目质量计划	策划质量目标,质量管理体系
8	项目职业健康安全与环境管理计划	职业健康安全的管理要点,识别危险源,判定其风险等级,对不同等级的风险采取不同的对策,制订安全技术措施、安全检查计划
9	成本计划	主要费用项目的成本数量及降低的数量,成本控制措施和方法,成本核算体系
10	项目资源需求供应计划	列出资源计划矩阵、资源数据表,画出资源横道图、资源负荷图和资源积累曲线图;劳动力的招雇、调遣、培训计划;材料采购订货、运输、进场、储存计划;设备采购订货、运进出场、维护保养计划;周转材料供应采购、租赁、运输、保管计划;预制品订货和供应计划;大型工具、器具供应计划等
11	项目风险管理计划	列出施工过程中可能出现的风险因素,对这些风险出现的可能性(概率)以及将会造成的损失值作出估计,对各种风险作出确认,列出风险管理的重点,对主要风险提出防范措施对策,落实风险管理责任人
12	项目信息管理计划	项目管理的信息需求种类,项目管理中的信息流程,信息来源和传递途径,信息管理人员的职责和工作程序
13	项目沟通管理计划	项目的沟通方式和途径,信息的使用权限规定,沟通障碍与冲突管理计划,项目协调方法
14	项目收尾管理计划	项目收尾计划、项目结算计划、文件归档计划、项目管理总结计划等

续表

序号	名称	内容
15	项目现场平面布置图	在施工现场范围内现存的永久性建筑,拟施工的永久性建筑,永久性道路和临时道路,垂直运输机械,临时设施,施工水电管网、平面布置图说明及管理规定
16	项目目标控制措施	保证质量目标、进度目标、安全目标、成本目标的措施,保证季节施工的措施,保护环境的措施,文明施工措施
17	技术经济指标	总工期;工程整体质量标准,分部分项工程的质量标准总造价和总成本;工程总造价或总成本,单位工程成本,成本降低率;总用工量,用料量,子项目用工量、高峰人数,节约量,机械设备使用数量,对以上指标的水平作出分析和评价,提出对策建议

三、工程施工项目管理运行程序

1. 建设项目工程总承包方的工作程序

(1)项目启动:在工程总承包合同条件下,任命项目经理,组建项目部。

(2)项目初始阶段:进行项目策划,编制项目计划,召开开工会议;发表项目协调程序,了解设计基础数据;编制计划包括采购计划、施工计划、试运行计划、财务计划和安全管理计划,确定项目控制基准等。

(3)方案设计阶段:了解工程设计文件,编制施工设计方案。

(4)采购阶段:采买、催交、检验、运输、与施工办理交接手续。

(5)施工阶段:施工开工前的准备工作,现场施工,竣工试验,移交工程资料,办理管理权移交,进行竣工决算。

(6)试运行阶段:对试运行进行指导和服务。

(7)合同收尾:取得合同目标考核证书,办理决算等手续,清理各种债权债务;缺陷通知期限满后取得履约证书。

(8)项目管理收尾:办理项目资料归档,进行项目总结,对项目部人员进行考核评价,解散项目部。

(9)工程项目管理运行程序包括工作任务分工、项目管理职能分工、工作流程组织。

2. 项目管理的工作任务分工

业主方和项目各参与方,如设计单位、施工单位、供货单位和工程管理咨询单位等都有各自的项目管理的任务,上述各方都应该编制各自的项目管理任务分工表。

每一个建设项目都应编制项目管理任务分工表,这是一个项目的组织设计文件的一部分。在编制项目管理任务分工表前,应结合项目的特点,对项目实施的各阶段的费用(投资或成本)控制、进度控制、质量控制、合同管理、信息管理和组织与协调等管理任务进行详细分解。在项目管理任务分解的基础上,明确项目经理和费用(投资或成本)控制、进度控制、质量控制、合同管理、信息管理和组织与协调等主管工作部门或主管人员的工作任务,从而编制工作任务分工表。

某大型公共建筑属于国家重点工程,在项目实施的初期,公司项目管理部建议把工作任务划分成 26 个大块,针对这 26 个大块任务编制了工作任务分工表,随着工程的进展,任务分工表还不断深化和细化,该表有以下特点:

(1)任务分工表主要明确哪项任务由哪个工作部门(机构)负责主办,另外,明确协办部门和配合部门,主办、协办和配合部门在表中分别用三个不同的符号表示。

(2)在任务分工表的每一行中,即每一个任务,都有至少一个主办工作部门。

(3)公司各职能部门参与整个项目实施过程,而不是在工程竣工前才介入工作。

3. 掌握项目管理的管理职能分工

管理职能的含义。

(1)提出问题——通过进度计划值和实际值的比较,发现进度。

(2)筹划——加快进度有多种可能的方案,如改一班工作制为两班工作制、增加夜班作业、增加施工设备和改变施工方法,应对这三个方案进行比较。

(3)决策——从上述三个可能的方案中选择一个将被执行的方案,即增加夜班作业。

(4)执行——落实夜班施工的条件,组织夜班施工。

(5)检查——检查增加夜班施工的决策是否被执行,如已执行,则检查执行的效果如何。

如通过增加夜班施工,工程进度的问题解决了,但发现新的问题,施工成本增加了,这就进入了管理的一个新的循环,即提出问题、筹划、决策、执行和检查。整个施工过程中管理工作就是不断发现问题和不断解决问题的过程。

(6)不同的管理职能可由不同的职能部门承担,例如:

1)进度控制部门负责跟踪和提出有关进度的问题。

2)施工协调部门对进度问题进行分析,提出三个可能的方案,并对其进行比较。

3)项目经理在三个可供选择的方案中,决定采用第一方案,即增加夜班作业。

4)施工协调部门负责执行项目经理的决策,现场经理组织夜班施工。

5)现场经理检查夜班施工后的效果。

业主方和项目各参与方,如设计单位、施工单位、供货单位和工程管理咨询单位等都有项目管理的任务和其管理职能分工,上述各方都应该编制各自的项目管理职能分工表。

管理职能分工表是用表的形式反映项目管理班子内部项目经理、各工作部门和各工作岗位对各项工作任务的项目管理职能分工。管理职能分工表也可用于企业管理。

我国多数企业在建设项目管理中广泛应用管理职能分工表,以取代过去的岗位责任书,来描述每一个工作部门的工作任务,以使管理职能的分工更清晰、更严谨,并会暴露仅用岗位责任描述书时所掩盖的矛盾。如使用管理职能分工表还不足以明确每个工作部门的管理职能,则可辅以使用管理职能分工描述书。

4. 项目管理工作流程组织

项目管理工作流程包括管理工作流程组织,如投资控制、进度控制、合同管理、付款和设计变更等流程;信息处理工作流程组织,如与生成月度进度报告有关的数据处理流程;物质流程组织,如某专项工程物资采购工作流程,外立面施工工作流程等。

(1)工作流程组织任务。

每一个建设项目应根据其特点。从多个可能的工作流程方案中确定以下几个:

1)设计准备工作的流程。

2)设计工作的流程。

3)施工招标工作的流程。

4)物资采购工作的流程。

5)施工作业的流程。

6)各项管理工作的流程。

7)与工程管理有关的信息处理的流程。

这也就是工作流程的组织任务,即定义工作的流程。

工作流程图应视需要逐层细化。如施工图阶段投资控制工作流程图和施工阶段投资控制工作流程图等。

各家施工单位都有各自的工作流程组织的任务。

(2)工作流程图。

工作流程图用图的形式反映一个组织系统中各项工作之间的逻辑关系,它可用以描述工作流程组织。工作流程图是一个重要的组织工具。工作流程图用矩形框表示工作,箭线表示工作之间的逻辑关系,菱形框表示判别条件。工作流程图也可体现工作和工作的执行者。

5. 掌握工程合同结构

合同结构图反映业主方和项目各参与方之间,以及项目各参与方之间的合同关系。通过合同结构图可以非常清晰地了解一个项目有哪些或将有哪些合同,以及了解项目各参与方的合同组织关系。

第二节 工程项目开工管理与协调

一、项目开工前期项目部准备工作

1. 工作流程及主要事项

项目前期内部准备工作是项目施工管理过程中的重要环节,为确保项目施工管理的顺利进行,工程中标后,由工程管理部门牵头组织相关部门、相关分公司召开项目中标研讨会和项目前期准备会。通过两个会议使相关部门及专业公司对项目有一定的了解后,进行项目前期工作,其工作流程见表1-4。

表 1-4   开工前期准备工作流程表

工 作 程 序	输 入 内 容	输 出 内 容
1. 召开中标研讨会,策划生产要素和资源配置	项目基本情况	确定项目领导班子 确定主要分包模式
2. 组建项目经理部	项目大小、特点、难易程度、分包模式	完整的项目经理部
3. 项目前期准备会	工程情况、合同情况、困难、风险	准备会议纪要
4. 承包合同评审	合同条款	承包合同
5. 项目分包队伍确定	分包招标文件评审/分包队伍招标评审/分包合同评审	分包合同
6. 项目施工组织设计/施工方案	工程情况、合同条件	项目施工组织设计/施工方案
7. 项目现场经费的核定	工程规模/工程难易程度及项目综合管理能力	现场经费总额
8. 项目临建	工程情况	项目临建方案
9. 工程项目管理责任目标委托书(考核)	公司要求、合同条件、项目情况	工程项目管理责任目标授权委托书
10. 项目开工	开工报告	工程管理部向其他相关部门转发项目开工报告
11. 进入项目实施阶段	落实各项责任目标	考核结果

2. 项目前期准备主要工作事项

项目前期准备主要工作事项,见表 1-5。

表 1-5 主要工作事项表

工作事项	准备材料
1. 工地食堂办理卫生许可证	工人身份证复印件、工资表、花名册
2. 授权去城管大队办事	企业营业执照,身份证复印件、授权委托书申请备案表
3. 去区劳动局处理民工工资相关事宜	企业资质、营业执照、安全生产许可证、三个认证盖章、授权委托书申请备案表
4. 卫生培训	职务证明、身份证复印件
5. 路政局施工排水申请、防汛职责状	企业资质证书、营业执照、安全生产许可证、申请表
6. 处理项目资金贷款	项目申请表
7. 借款申请	项目申请表
8. 项目兑现考核	项目兑现考核申请表
9. 自律保证书	自律保证书文函
10. 授权分公司对项目进行履约管理	授权委托书申请备案表
11. 接修排水户线开工核准表	企业资质证书、营业执照、安全生产许可证、申请表
12. 项目管理班子变更情况报告表	子公司上报变更项目管理人员申请表
13. 开工申请表	企业资质证书、营业执照、安全生产许可证、渣土销纳方案
14. 关于项目履约的承诺函	子公司(项目部)提交履约保证书
15. 质量监督备案登记表	提供备案人员清单和申请表
16. 授权去建委处理安全隐患问题	填写授权委托书申请备案表
17. 施工申请劳务中心备案表	填报申请表和施工申请备案表
18. 授权子公司对项目质量问题处理	填写授权委托书申请备案表

3. 召开工程中标研讨会,确定生产要素和资源配置

(1)公司工程管理部牵头,召开工程中标研讨会,主管项目副总经理、工程技

术部、人力资源部、合约部、党委工作部、群众工作部参加。

（2）工程管理部介绍项目大小、特点、难易程度、资金情况、风险大小等项目实际情况。

（3）会议讨论解决如下问题：

1）项目领导班子的组成，项目定员数量。

2）土建、装饰、机电分包模式。

3）主要材料和机械的采购模式。

4）业主合同交底。

5）明确各专业公司在项目上应做的工作。

6）公司各部门就前期准备工作提出计划和意见。

7）其他需要解决的问题。

（4）会议讨论的决议由工程管理部负责落实。没有达成决议的问题也由工程管理部会后负责解决和落实。

4. 组建项目经理部

（1）项目人员的确定。根据中标研讨会的决议，由工程管理部和人力资源部提出定员方案，报主管项目的公司领导及相关领导审定实施。

中标会上此项没有达成具体的决议，由工程管理部会同人力资源部根据公司相关文件和本项目施工工期、建筑面积、施工难易程度等情况进行评估，然后由工程管理部和人力资源部提出定员方案，报项目主管领导及相关领导审定后实施。

（2）项目领导班子的确定。根据中标研讨会的决议，由工程管理部和人力资源部组织考核，考核合格后按干部任免程序由相关领导审批后行文聘任。

中标会上此项如没有达成具体的决议，则项目班子成员的配备由工程管理部组织策划实施，采取项目经理和相关业务部门推荐，工程管理部和人力资源部组织进行考核。考核合格后按干部任免程序由相关领导审批后行文聘任。

（3）机电人员的确定。工程管理部和机电工程部、人力资源部组织会议，根据机电承包方式确定安装管理人员的配备。

（4）其他人员的确定和日常调配。其他项目员工的确定和日常调配由工程管理部根据岗位需求情况组织调配。项目经理部在公司提供的专业人才满足不了工作需要的前提下，可向社会招聘专业人才，但须经公司人力资源部认可。项目经理部自行聘用人员须与公司签订聘用合同。公司人力资源部按照国家及地方相关规定签订聘用合同、办理各项统筹等手续。

（5）人员的调整。由工程管理部和人力资源部定期到各项目经理部对各类人员的搭配、工作状况、施工进展等情况进行调查、分析，为各项目的定员调整提供依据。项目经理部根据不同施工阶段，随时向工程管理部和人力资源部提交人员调配计划，工程管理部和人力资源部根据项目需要及公司整体考虑统筹安排。

（6）项目经理部机构的设立和制度的确定。

1）项目基本人员确定后，正式建立项目经理部各项制度。

2）项目经理部的设立。在人员基本确定以后，由人力资源部下文确认，单位代码及印章事务由工程管理部协调处理。

3）项目经理部所属部门的设立。由项目经理部本着机构精简、提高工作效率、避免重复劳动的原则，结合项目实际及对接业主、监理单位的需要自行设立，但需经工程管理部审批后，报人力资源部备案。

4）项目主要部门设置一览。

①工程部——具体负责施工管理。

②质量部、安全部——具体负责项目质量、安全、文明施工、消防保卫及各类体系认证管理。根据项目情况可与工程部合并办公。

③技术部——具体负责项目技术管理。

④物资部——具体负责项目物资管理。

⑤机电工程部——具体负责项目各类安装施工管理。

⑥商务部——具体负责项目合同、经营、成本、资金管理。

⑦办公室——具体负责项目行政、后勤管理。

⑧项目工会联合会——具体负责项目工会会员的健康、福利、生活。

5）描绘项目经理部组织机构图。根据项目部门设置情况及领导班子分工，项目经理部绘制"项目经理部组织机构图"。

6）项目经理部的规章制度包括下列各项：

①项目管理人员岗位责任制度。

②项目技术管理制度。

③项目质量管理制度。

④项目安全管理制度。

⑤项目计划、统计与进度管理制度。

⑥项目成本核算制度。

⑦项目材料、机械设备管理制度。

⑧项目现场管理制度。

⑨项目分配与奖励制度。

⑩项目例会与施工日志制度。

⑪项目分包及劳务管理制度。

⑫项目组织协调制度。

⑬项目信息管理制度。

5. 项目前期准备会

（1）召集项目前期准备会。由公司工程管理部牵头组织，在中标研讨会之后一周内，召集项目前期准备会。需参加会议的部门人员包括项目经理及经理部相关人员，公司合约部、财务管理部、资金部、机电工程部、工程技术部、人力资源部、质量部、安全部、市场部、党委工作部、群众工作部、主管领导等人。

（2）工程情况介绍。由项目主要跟踪人和公司市场部介绍项目的承接情况。合约部介绍项目的合同条款、承包范围、质量要求、让利、承诺、垫资情况、收益率预测分析、各种风险等情况。工程技术部介绍工程特点、难点、技术要求、工期、资源配置、投入等情况。

1）表式。工程情况调查表或中标交底书。

2）编制。市场部、合约部、技术部。

（3）项目前期需解决的问题。项目经理或公司合约部负责将项目目前需要解决的困难向会议进行通报，工程管理部根据会议决议明确各部门分工，在规定期限内完成相应的施工前期准备工作。

1）表式。项目策划会议纪要。

2）编制。工程管理部。

6. 承包合同评审

（1）承包合同评审——总包合同评审。

合同评审的概念是：本处合同评审对象是总承包合同，是指收到"中标通知书"后至正式合同签订之前，公司相关部门对合同条款进行的评审工作。对于特殊条件下的工程，如"三边"工程及其他先开后议的工程项目，合同评审可分为两个步骤进行，首先完成对前期进场协议的初步评审，待正式合同签订时，再进行合同评审。

对于新增工程的承包合同，召开评审会，由几个主要部门及人员：合约部（机电工程部）、工程管理部、法律部、办公室按评审要求进行评审。

（2）承包合同评审——分包合同评审。

1）分包合同评审是指给中标单位发出"中标通知书"后至正式分包合同签订之前，为使合同内容更加规范、合法和严谨，公司相关部门对分包合同条款进行的评审工作。

2）对于特殊条件下的分包工程项目，如"三边"工程及未同业主签订承包合同的工程项目，分包合同评审可分为两个步骤进行，首先完成对前期进场协议的初步评审，待正式分包合同签订时，再进行分包合同评审。

3）合同评审牵头单位。对于合约部直接组织招标的土建专业分包工程由合约部经理牵头组织进行。

对于公司合约部授权项目经理部组织招标的土建专业分包工程由项目经理部商务经理牵头组织进行。

4）评审方式。对于合约部直接组织招标的土建专业分包工程：由合约部经理组织合同评审，合约部经理或分管领导担任评审主持人，由合约部合约主办负责填写评审表，工程管理部、合约部、法律部、项目经理部及相关专业的主管人员分别对分包合同的相关条款进行评审，评审意见填写在评审表上，分包合同最后须由评审主持人签署评审意见后,由总经济师或总经理其他授权人批准签署后,方可到公司合约部加盖公司合同专用章。评审表留在合约部存档。

对于公司合约部授权项目经理部组织招标的分包工程:由项目经理部商务经理负责填写评审表,工程管理部、合约部、法律部、劳务公司、资金部、项目经理部及相关专业的主管人员分别对分包合同的相关条款进行评审,评审意见填写在评审表上,分包合同最后须由评审主持人签署评审意见后,方可到公司合约部加盖公司合同专用章。评审表留合约部存档。

对于重大复杂的分包合同应征求公司法律部的意见。

评审主持人综合各评审人的评审意见,根据分包工程具体情况决定是否予以采纳;需要更改分包合同条款的,要与分包方达成一致意见,评审主持人应要求原评审表填表人将分包合同条款进行改动后再行签订,评审主持人对分包合同内容全面负责。

劳务分包合同评审程序详见劳务管理办法的相关内容。

7. 项目分包队伍的确定

(1)分包队伍的确定。

招标评标原则是公开、公平、公正。

分包队伍的选择必须在合约部(机电工程部)和劳务公司登记管理的合格分包方范围内进行。项目经理部或其他单位、个人在平时或分包招标期间均可推荐分包方,但需经合约部、工程部和劳务公司考察确认为合格分供方,方可参加投标。

1)推荐。分包投标队伍统一由工程管理部与合约部(机电工程部)和劳务公司共同推荐,具体由合约部和劳务公司首先提出初步推荐意见,项目经理与其他单位也可参与推荐,合约部在综合各推荐意见的基础上,在劳务公司管理注册的合格分包方范围内,向招标工作组提出正式的投标队伍的推荐名单。

2)组织。分包招标工作由合约部牵头组织,公司授权项目经理部进行的招标工作由项目经理牵头组织,总部各部门予以配合。

3)评审。由合约部经理组织招标评审,主管或分管领导为主持人,项目管理部、项目经理部、工程技术部参加,合约部将招标结果分别报总经济师和生产副总经理在达成共同意见的基础后上报常务副总经理,如有分歧意见最终由总经理决策。

4)机电工程部组织招标的机电专业分包招标。由机电工程部经理组织招标评审,合约部、工程管理部、项目经理部、工程技术部、主管项目的副总经理根据评审意见决策中标队伍。重大工程的分包招标评审应有总经理参与。

5)公司授权项目经理部牵头组织的招标工作。由项目经理部组织招标评审,项目经理为主持人,合约部、工程管理部、工程技术部参与评审,机电类分包招标,应有机电工程部参与。项目经理(项目商务经理)根据评审意见决策中标队伍,合约部经理具有一票否决权,机电类的分包招标,合约部在合理范围内对价格有否决权,工程管理部和机电工程部应对使用的队伍具有否决权。重大工程的分包招标评审应有总经理参与。

根据分包招标评审的结果,公司合约部具体组织分包的招标、评标工作。确定中标人,发放"中标通知书"。

(2)对分包方管理的职责。

1)劳务公司负责。协助分包队伍办理在本地施工所需的全部资质条件及各种必备手续,使其具备项目施工的合法手续:在省、市建委外管处办理工程或劳务注册手续,在省、市职业介绍服务中心办理《外来人员就业证》等手续。

2)项目经理部管理职责。

①代表公司签订或履行专业分包和劳务分包合同。

②具体负责合约部委托进行招标的分项工程的分包招标。

③参与项目分包方式的确定与投标单位的确定。

④项目经理部须设专(兼)职分包队伍管理人员。

⑤负责对所使用分包队伍的日常管理。

⑥负责对所使用分包队伍在质量、工期、安全、文明施工、环境等方面进行控制与管理,并对其管理资源、劳动力资源及其他各项生产要素负责管理调配。

⑦项目经理部须每季度末向劳务公司报(现场)分包队伍动态表。

⑧项目经理部负责检查监督分包队伍的务工手续(外地施工队伍进本地施工许可证、队伍花名册、《外来人员就业证》等)。

⑨项目经理部根据《分包队伍考核办法》定期对分包队伍进行考核,合同结束后进行有实效的评估,考核与评估表报劳务公司。

⑩项目经理部负责分包队伍的入场、安全、环保等教育与培训。

3)承包方与分包方的沟通。

①项目经理受总经理委托全权负责分包合同的履行。

②在分包合同履行过程中,由于承包方要求或其他客观因素影响,需要变更原分包合同文件的某项要求时,项目经理根据变更影响程度分别处理。

③工程分包合同在履约过程中发生变更,由项目经理部书面向合约部(机电工程部)通报有关情况,总部达成一致意见后,合约部(机电工程部)负责一并与分包方进行谈判,根据谈判结果报主管副总经理书面审批,双方签订分包合同补充协议,并下发项目管理部、资金部、物资部、项目经理部以及相关部门,原件留合约部(机电工程部)存档。

④项目经理部负责填写《修订分包合同文件登记表》后,并报公司合约部(机电工程部)存档。

⑤对于在项目建设过程中出现的分包方履约不力、劳动力不足等,项目经理部要做好积极帮助和调整,同时细致地做好反索赔记录,作为项目最终分包结算

的合同依据。

⑥发生下列情况之一,公司可以与分包队伍解除协力合作、合约关系或暂停与其合作关系:

a. 分包队伍违反了国家法律或省、市的有关规定。

b. 分包队伍已不具备进一步的履约能力(包括劳动力保证能力、技术保证能力、质量安全保证能力、资金保证能力等),或者破产、降级不再具备原有资质。

c. 分包队伍不能按要求完成项目施工任务或施工质量严重不合格。

d. 分包队伍不按所签合约施工,严重违反了合同约定,经协商仍不能解决的,可以与其解除合同关系。

e. 经半年、年度、竣工考核,实际管理、施工水平达不到公司要求,不具备相应资质的。

f. 其他原因,造成双方无法继续协作的,经双方协商,可以解除协作关系。

8. 施工组织设计/施工方案

公司要求做好施工组织设计/施工方案在编制职责、审核审批、传递发放、存档备案、执行和修改等管理方面工作。

(1)投标施工组织设计。为承揽工程项目,根据招标文件的要求,结合工程的特点、重点和难点,在投标阶段应编制的施工组织设计。该施工组织设计具有双重作用:一是为承揽工程项目;二是在项目中标之后为项目经理部完善和细化施工组织设计提供指导性文件的依据。

(2)整体工程施工组织总设计。在设计图纸和设计文件齐备的前提下,在投标施工组织设计的基础上进行补充、细化和完善,使其更具针对性、可操作性和经济性,它包括工程整体施工组织设计的各个方面(不再另行编制专项施工组织设计)。

(3)专项施工组织设计。在设计文件不全或边设计边施工或业主有特殊要求的情况下,某一个或某几个分部工程应分阶段编制的施工组织设计(如结构工程、装修工程、机电工程、幕墙工程等)。但所有专项施工组织设计均作为整体工程施工组织设计的一个组成部分,最终形成完整的工程施工组织总设计。

9. 项目现场经费的核定

项目消费。主要包括现场经费、临建设施费用。

(1)核定内容。

1)工资总额。

2)工资附加费:职工福利费、教育经费、工会经费。

3)统筹费用:住房、养老、失业、工伤、基本医疗、大额互助。

4)其他管理费:办公费、交通差旅费、劳动保护费、劳动保险费、低值易耗品摊销、诉讼费、业务招待费等。

(2)核定标准及审批程序。

1)执行《项目现场经费核定细则》。根据工程规模、工程难易程度及项目经理的综合管理能力等因素由公司统一确定项目经理岗薪标准;项目经理以外的员工,执行按单位工程核定消费基金总额,并在控制的总额内实行浮动式岗薪制。公司根据项目年度工期及不同施工过程所核定的定员人数及消费基金人均预算标准进行总额下达后,由项目经理根据员工的工作能力等自行确定项目员工的岗薪标准。

2)由项目经理针对所属项目员工的岗位职能和就位情况,确定项目员工的岗薪标准,实行定岗定薪发放。

10. 项目临建

(1)临建及办公开办设施。

1)临建设施。办公室、加工场、工具房、仓库、塔式起重机基础、小型临时设施、各种标牌、施工现场道路、围墙、临水临电及消防设施、文明施工及环境保护设施、临时宿舍等。

2)办公开办设施。

a.行政办公用具:计算机及配套外设、打印机、复印机、电话机、传真机,办公桌椅、文件柜、保险柜、会议桌,空调、电风扇、电暖器、饮水机、电开水器以及消毒柜、电冰箱与厨房用具。

b.宣传教育器材:电视机、摄像机、投影仪、普通照相机、数码相机等。

(2)《临建方案》中各项内容必须符合公司企业形象。

(3)计量器具。

合格计量器具名录,定期计量检测;明确常用计量器具报废标准。

(4)项目经理部组建后,由工程管理部根据项目的规模以及公司现有资产状况核定项目资产购置及调配类型、数量、价格,并经合约部、财务管理部复核同意后,由工程管理部以书面形式下达至项目经理部,同时抄报资产投资部。项目经理部依照开办费批复单及资产调配确认单正式办理资产的购买与调拨手续。

(5)项目经理部必须按照公司核定计划购置资产,不得超量、超价和串项,项目购置资产后成本员持报销说明单(附原始发票)及所购资产明细表到资产投资部备案,资产投资部严格按照开办费审批计划核对数量、价值、型号等(过程中将到现场与实物核对),审核无误后签字确认,项目成本员持资产投资部签字确认单至财务管理部报销。

(6)项目资产在具体使用过程中应遵循项目经理总负责,项目行政办公室进行实物管理,项目成本员负责登记台账并核查管理的原则。

(7)测量及试验设备的购置。根据公司项目分包模式的调整,项目经理部在施工过程中需要的试验设备、测量设备等资产时,公司相关部门及项目经理部购置年度计划内的固定资产计量器具,应由使用单位计量管理人员填写《固定资产购置计划表》,定期上报公司相关部门审核、审批;计划外临时增购的固定资产计量器具,由项目计量管理人员填写《固定资产购置计划表》并及时上报公司工程技术部,由公司财务管理部、资产投资部负责审批。

11. 工程项目责任目标管理考核

(1)适用范围。本细则适用于公司所属项目,其考核结果须报公司备案。

(2)管理机构及具体职责。

1)公司总经理。最终确认和批准项目竣工考核的结果;批准项目特别奖励;签发训诫令;批准对项目经理部的其他处罚措施。

2)主管项目管理的副总经理。在总经理授权下审批项目《项目策划书》,与项目签订《工程项目管理责任目标委托书》。领导工程项目管理责任目标考核工作的实施,监督考核过程,最终确认和批准季度考核、阶段考核和年度综合考核的结果,审核项目竣工考核的结果。审批或审核年度考核、阶段考核、竣工考核兑现的分配方案。

3)工程管理部。工程项目责任目标管理考核的牵头管理部门。组织或牵头编制重点项目《项目策划书》,审核项目的《项目策划书》,审核并组织签订《工程项目管理责任目标委托书》;负责牵头确定项目工期目标;审核临建及办公开办设施方案;核定办公开办费用;指导项目履约管理工作;参与项目预算制造成本的核定工作;牵头确定项目经理薪酬等级系数及项目工资总额难度系数。主要负责对项目工期管理、专业劳务招标管理等各项考核工作。

4)合约部。组织编制项目预算制造成本,测定项目收益率,审定工程项目预算制造成本实施计划,指导项目合约及成本管理工作。主要负责项目成本管理、合同管理、结算管理等商务工作的考核,参与专业劳务招标、物资采购的考核。

5)机电工程部。负责组织项目机电工程预算制造成本核定的相关工作;负责机电工程技术文件审核或审批工作;指导、管理项目机电工程专业、劳务招标工作;主要负责项目机电管理工作的考核,参与机电工程专业、劳务招标管理和物资管理的考核工作。

6)质量部、安全部。评审确定工程项目质量安全管理目标,审批项目三标一体运行计划并指导、监督实施工作,下达安全生产、文明施工、质量管理目标。主要负责对项目质量、安全、三标一体运行情况的考核。

7)工程技术部。牵头组织工程项目技术管理文件的审核或审批工作;牵头制订项目技术管理目标;主要负责对项目技术管理工作的考核。

8)财务管理部。负责项目预算制造成本中现场经费的核定,下达业务招待费控制指标。负责项目成本核算工作,参与对项目成本管理的考核。负责项目竣工清算工作。

9)资金部。牵头制订资金回收率指标,对项目资金管理工作进行考核。

10)人力资源部。牵头核定项目经理岗薪标准,下达项目工资总额控制指标。

(3)《项目策划书》及管理责任目标的制订。

1)由项目投标主策划人在中标后规定时间内,对负责制订项目策划书的责任部门进行书面交底。

2)项目策划书应在接到中标通知书后规定时间内完成。在紧急情况下,项目策划书的主要内容应在相应业务工作决策前完成。

(4)签订《工程项目管理责任目标委托书》。根据项目策划的结果,由工程管理部牵头组织有关部门制订《工程项目管理责任目标委托书》,按照程序完成审核和审批工作。在总经理授权下由公司主管项目管理副总经理与项目经理签订《工程项目管理责任目标委托书》。

(5)项目管理责任目标考核的依据。

1)公司同项目经理部签订的《工程项目管理责任目标委托书》。

2)公司合约部下达给项目经理部的项目预算制造成本以及项目经理部据此编制并经合约部审定的项目预算制造成本实施计划。

3)公司财务管理部下达给项目经理部的现场经费和业务招待费控制指标。

4)公司人力资源部下达给项目经理部的工资总额控制指标。

5)公司资金部下达的资金回收率指标。

6)公司总部下达的工程质量目标及由项目经理部编制公司审定的精品工程策划方案和《质量、环境和职业安全健康体系管理计划》。

7)公司总部下达的工期指标。

8)公司总部下达的安全生产、文明施工、CI管理指标。

9)项目经理部提供的供检查的主要资料。

①项目经理部按期(季、年度、竣工)提出的制造成本、预算成本、预算报量及业主确认量等报表以及项目经理部的各项商务台账。

②现场经费、工资总额、业务招待费执行情况的书面说明。

③专业、劳务分包招标执行情况说明及相关的招标文件、分包合同、评审记录等。

④物资采购招标执行情况、物资现场使用管理情况说明及相关的招标文件、评审记录、合同等。

⑤施工组织设计、施工方案、技术措施的编制、审批以及实施情况的书面说明。

⑥工程技术资料和各类质量管理台账、记录等。

⑦安全生产、文明施工及环保管理的各类台账、记录等。

⑧质量、环境、职业安全与健康三标一体运行中的相关记录资料。

⑨施工技术总结的编制情况。

(6)项目管理责任目标各阶段的考核并制订相应措施。

二、项目开工联络协调工作

1. 现场地盘交接

项目经理部进驻现场后，应马上办理现场地盘交接，并填写《地盘交接单》。现场地盘交接内容如下：

（1）红线范围及红线与建筑物轮廓线的关系。

（2）红线桩、水准点、位置及有关数据。

（3）水源、电源及施工道路的位置。

（4）场地平整情况。

（5）场内障碍物情况（原有建筑物、树木、地下管线、人防等）。

（6）除将简要情况在表内说明外，还应绘制平面图，将上述有关内容在平面图中标明。

（7）其余需说明事宜可在备注中予以补充说明。

本表一式四份，业主、监理、工程管理部、项目经理部各一份。

地盘交接后，经理部应根据现场情况同建设单位协商，落实需完成的工作，组织地下管网的保护或迁移工作，以便尽快具备开工条件。

施工时发现文物、古迹、爆炸物、电缆等，应当停止施工，保护好现场，及时向有关部门报告，按照有关规定处理后方可继续施工。

表式：地盘交接单。

填写：项目经理部。

2. 规划许可证

规划许可证包括建设用地规划许可证和建设工程规划许可证。在开工前由业主方负责提供给项目经理部，项目经理部将规划许可证报工程管理部备案。

3. 施工许可证

建设工程开工前，建设单位应当按照国家有关规定向工程地县级以上人民政府建设行政主管部门申请领取施工许可证。

申请施工许可证，应当具备下列条件：

（1）已经承保了"建筑施工人员意外伤害保险"。

（2）已经办理该建筑工程用地批准手续。

（3）在城市规划区内的建筑工程，已经取得规划许可证。

（4）需要拆迁的，其拆迁进度符合施工要求。

（5）已经确定建筑施工企业。

（6）有满足施工需要的施工图纸及技术资料。

（7）有保证工程质量和安全的具体措施。

（8）建设资金已经落实。

(9)法律、行政法规规定的其他条件。

建设单位应当自领取施工许可证之日起 3 个月内开工。因故不能按期开工的,应当向发证机关申请延期。在建的建筑工程因故中止施工的,建设单位应当自中止施工之日起一个月内,向发证机关报告,并按照规定做好建筑工程的维护管理工作。建筑工程恢复施工时,应当向发证机关报告;中止施工满一年的工程恢复施工前,建设单位应当报发证机关核验施工许可证。

4.质量监督

工程具备开工条件后,由建设单位携带有关文件,到质量监督站办理质量监督手续及缴纳质量监督费用。

5.设计交底及图纸会审

(1)施工合同签订后,项目经理部应索取设计图纸和技术资料,指定专人管理并公布有效文件目录。

(2)设计交底由建设单位组织,可同图纸会审一并进行。设计单位、承包单位和监理单位的项目负责人及有关人员参加。

(3)通过设计交底应了解的基本内容。

1)建设单位对本工程的要求,施工现场的自然条件(地形、地貌),工程条件与水文地质条件等。

2)设计主导思想,建筑艺术要求与构思,使用的设计规范,抗震烈度和等级,基础设计,主体结构设计,装修设计,设备设计(设备选型)等。

3)对基础、结构及装修施工的要求,对建材的要求,对使用新技术、新工艺、新材料的要求,以及施工中应特别注意的事项等。

4)设计单位对承包单位和监理单位提出的施工图中问题的答复。

5)设计交底应有记录,会后由建设单位或建设单位委托监理单位负责整理;工程变更应经建设单位、设计单位、监理单位、承包单位签认。

(4)通过图纸会审应掌握的内容。

1)图纸会审内审。项目经理部接到工程图纸后应按质量程序文件要求,组织有关人员进行审查,对设计疑问及图纸存在的问题按专业加以汇总后报建设单位,由建设单位提交设计单位做图纸会审准备。

2)图纸会审外审。由建设单位负责组织,项目经理部、设计、监理公司参加,重要工程要通知公司总工程师、工程管理部、工程技术部、质量部、安全部及分包施工单位的技术领导和工程负责人等参加。对会审中涉及的所有问题要按专业进行汇总、整理,形成图纸会审记录,记录中要明确记录会审时间、地点、参加单位、参加人姓名、职务、提出问题以及解决问题的办法。

图纸会审记录由设计单位、建设单位、监理单位和施工单位的项目相关负责人签认,形成正式的图纸会审记录。不得擅自在会审记录上涂改或变更内容。

施工图纸会审记录是工程施工的正式设计文件,不允许在会审记录上涂改或变更其内容。

6. 测量放线

(1)本省、市行政区域内的单位使用本市基础测绘成果,须持单位公函和有关资格证书等报省、市规划局批准。

(2)建设单位持规划许可证及规划局审批过的总平面图至测绘院,由测绘院提供红线桩及高程点测量成果。

(3)项目经理部应依据设计文件和设计技术交底的工程控制点进行复测。当发现问题时,应与业主协商处理,并应形成记录。

(4)承包单位应将施工测量方案、红线桩的校核成果、水准点的引测结果填写《施工测量放线报验表》并附工程定位测量记录报项目监理部查验。

(5)承包单位在施工现场设置平面坐标控制网(或控制导线)及高程控制网后,应填写《施工测量放线报验表》并附基槽验线记录报项目监理部查验。

7. 施工试验

工程项目均应设标养室,可委托有资质的试验室负责过程试验并出具试验报告。

项目经理部应依据设计文件和设计技术交底向试验室交底,由试验室人员(或有资质的操作人员)负责施工过程中检验批的试块制作、养护、试验,并受委托收集试验报告。

8. 第一次工地会议

(1)第一次工地会议由建设单位主持,在工程正式开工前进行。

(2)第一次工地会议应由下列人员参加:

1)建设单位驻现场代表及有关职能人员。

2)承包单位项目经理部经理及有关职能人员、分包单位主要负责人。

3)监理单位项目监理部总监理工程师及全体监理人员。

(3)会议主要内容。

1)建设单位负责人宣布项目总监理工程师并向其授权。

2)建设单位负责人宣布承包单位及其驻现场代表(项目经理部经理)。

3)建设单位驻现场代表、总监理工程师和项目经理相互介绍各方组织机构、人员及其专业、职务分工。

4)项目经理汇报施工现场施工准备的情况。

5)会议各方协商确定协调的方式,参加监理例会的人员、时间及安排。

9. 施工监理交底

(1)施工监理交底由总监理工程师主持,中心内容为贯彻项目监理规划。

(2)参加人员:承包单位项目经理部经理及有关职能人员、分包单位主要负责人、监理单位项目监理部总监理工程师及有关监理人员。

（3）施工监理交底的主要内容：明确适用的国家及本市发布的有关工程建设监理的政策、法令、法规；阐明有关合同约定的建设单位、监理单位和承包单位的权利和义务。

（4）监理工作内容：介绍监理控制工作的基本程序和方法；提出有关表格的报审要求及有关工程资料的管理要求。

（5）项目监理部应编写会议纪要，发承包单位。

10. 动工报审表

（1）承包单位认为达到开工条件应向项目监理部申报《工程动工报审表》。

（2）监理工程师应该查下列条件：

1）政府主管部门已签发"省、市建设工程开工证"。

2）施工组织设计经项目总监理工程师审批。

3）测量控制桩已查验合格。

4）承包单位项目经理部管理人员已到位，施工人员、施工设备已按计划进场，主要材料供应已落实。

5）施工现场道路、水、电、通信等已达到开工条件。

6）监理工程师审核认为具备开工条件时，由总监理工程师在承包单位报送的《工程动工报审表》上签署意见，并报建设单位。

11. 工程开工报告

《工程开工报告》由施工单位填写一式三份，在开工当日经建设单位签章后送工程管理部一份，双方签章单位各执一份，应注意保存作为交工资料。

由于建设单位变更设计等通知停工，而后经解决再通知复工，也应填写此表。

12. 施工扰民补偿协议

（1）总承包和业主签订施工扰民补偿协议。

（2）建设工程所在地区的建设行政主管部门负责组织公安交通、环保部门和街道办事处、公安派出所单位协助建设单位和施工单位做好工程周围居民的工作，共同维护正常的施工秩序，以保证城市建设工程的顺利进行。在各市、县政府的领导和有关街道办事处的组织下，由街道办事处、居民代表、派出所、建设单位、施工单位参加，共同开展创建文明工地活动。

（3）国家和省、市重点工程及一般建设项目的土方工程，以及按照设计要求必须连续施工的工程，需要在22时至次日6时进行施工的，施工单位在施工前必须向工程所在地区的建设行政主管部门提出申请，经审查批准后到工程所在地区的环保部门备案。未经批准，禁止施工单位在22时至次日6时进行超过国家标准噪声限值的作业。

（4）施工单位在施工前应公布连续施工的时间，向工程周围的居民做好解释工作。

(5)开挖土方量 10 万 m³ 以上或者需连续运输土方 15 日以上的深基础作业，由施工单位提出申请，经工程所在地的建设行政主管部门审核批准后，报公安交通管理部门核发指定行车路线的专用通行证。

(6)居民以施工干扰正常生活为由，对经批准的夜间施工提出投诉的，建设单位、施工单位应当向工程所在地的环保部门申请，由环保部门按国家规定的噪声值标准进行测定。施工噪声超过标准值时，环保部门应当确定噪声扰民的范围，并出具测定报告书。

(7)凡经环保部门测定，并确定补偿范围和签订补偿协议的，签约双方应当按照协议认真执行，不得以任何理由违约。

(8)建设单位对确定为夜间施工噪声扰民范围内的居民，根据居民受噪声污染的程度，按批准的超噪声标准值:夜间施工期，以每户每月 30～60 元的标准给予补偿。

(9)因各类抢险施工造成噪声扰民的，对附近居民不予补偿。由抢险工程所在地的政府负责组织有关部门做好抢险工程周围居民的工作，确保抢险工程顺利进行。

(10)建设单位应当在当地建设行政主管部门和街道办事处的组织下与接受补偿的居民签订补偿协议，补偿费由工程所在地的街道办事处组织发放。

13. 施工现场消防安全许可证

(1)建设工程施工现场的消防安全由施工单位负责。施工单位开工前必须向公安消防机构申报，经公安消防机构核发《施工现场消防安全许可证后》，方可施工。

(2)下列建设工程的施工组织设计和方案，由施工单位报送市级公安消防机构:

1)国家重点工程。

2)建筑面积 2 万 m² 以上的公共建筑工程。

3)建筑总面积 10 万 m² 以上的居民住宅工程。

4)基建投资 1 亿元人民币以上的工业建设工程。

上述范围以外和市级公安消防机构指定监督管理的建设工程的施工组织设计和方案，由施工单位报送建设工程所在地的区、县级公安消防机构。

14. 项目管理人员安全生产资格证书

(1)建筑企业中项目管理人员必须经过安全资质培训、考核，取得安全资质，持北京市经委统一印制的《安全生产资质证书》后方可上岗。

(2)安全资质培训、考核，统一由公司质量部、安全部负责。

分包单位必须持有《施工企业安全资格审查认可证》方可承揽我公司工程。

该证由分包单位自行办理,进场后交项目备案。同时备案的还有:

1)营业执照(复印件)。

2)企业技术资质等级证书。

3)安全管理组织体系。

4)安全生产管理制度。

5)外省市进本省、市施工企业的进京许可证。

15.分包单位劳务用工注册手续

(1)外地建筑企业来本省、市施工,到市建委管理办公室办理登记注册,必须符合下列规定:

1)承包建设工程的,持营业执照、企业等级证书和所在地区省级建筑业主管机关的批准证件,办理登记注册。其中参加投标的,必须持有投标许可证,中标后再办理登记注册。注册期限按承建工程的合同工期确定。注册期满,工程未能按期完工的,必须办理延期注册手续。

2)提供劳务的,持营业执照、企业等级证书和所在地区县以上建筑业主管机关的批准证件,办理登记注册。注册期限按年度确定,每年登记注册一次。

3)外地建筑企业在本市的营业范围,由市建筑业管理办公室根据该企业等级和曾承建的工程质量等情况核定。外地建筑业应按企业等级和核定的营业范围经营。

4)由公司劳务公司协助分包单位到社会劳动保障局办理企业职工就业证。

(2)外地建筑企业在本省、市施工期间,必须遵守下列规定:

1)向施工所在区、县建委办理施工管理备案,并按规定向市和区、县建委报送统计资料。

2)按规定向公安机关办理企业职工暂住户口登记,申请暂住证,签订治安责任书。

3)按规定向劳动部门申领安全生产合格证。

4)按规定办理企业职工健康证。

第二章 施工员现场技术管理工作

第一节 施工项目技术管理任务与流程

一、施工项目技术管理任务及作用

1. 基本任务

项目的技术管理,就是对项目施工全过程运用计划、组织、指挥、协调和控制等管理职能,促进技术工作的开展,贯彻国家的技术政策、技术法规和上级有关技术工作的指示与决定,动态地组织各项技术工作,优化技术方案,推进技术进步,使施工生产始终在技术标准的控制下按设计文件和图纸规定的技术要求进行,使技术规范与施工进度、质量与成本达到统一,从而保证安全、优质、低耗、高效地按期完成项目施工任务。

2. 工程项目技术管理在整个管理工作中的作用

(1)保证施工过程符合技术规范的要求,保证施工按正常秩序进行。

(2)通过技术管理,不断提高技术管理水平和职工的技术素质,能预见性地发现问题并及时解决问题,最终高质量地完成施工任务。

(3)充分发挥施工中人员及材料、设备的潜力,针对工程特点和技术难题,开展合理化建议和技术攻关活动,在保证工程质量和生产计划的前提下,降低工程成本,提高经济效益。

(4)通过技术管理,积极开发与推广新技术、新工艺、新材料,促进施工技术水平与竞争能力的提高。

二、工程项目技术管理内容

施工项目技术管理工作主要包括技术管理基础工作、施工技术准备工作、施工过程技术管理工作、技术开发工作、技术经济分析与评价等内容,如图 2-1 所示。

1. 施工技术类标准规范管理

施工技术类标准规范是指国家、行业、地方、中国工程建设标准化协会、企业颁布的与施工技术相关的标准、规范、规程等。

施工技术类标准规范管理的主要任务就是保证施工技术类标准规范的及时

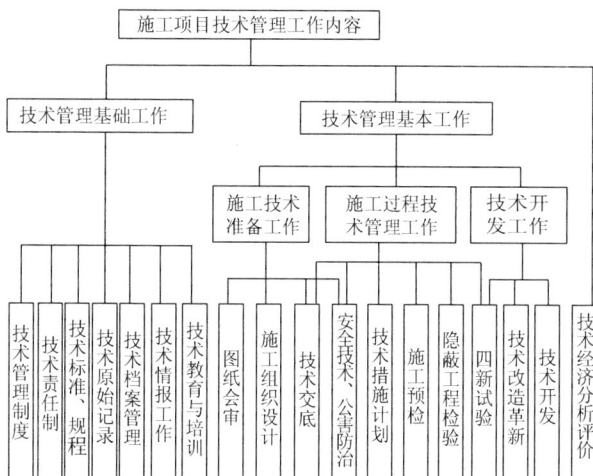

图 2-1　施工项目技术管理工作内容

性、有效性和可控性,项目应设专人负责施工技术类标准、规范的管理工作,确保施工时使用当前有效的规范版本。

2. 设计文件管理

(1)设计文件是指设计图书(设计图纸、技术说明书及工程规范等)、设计变更、工程洽商、施工图纸等文件。

(2)在工程开工前,技术负责人(或项目总工程师)须组织项目各专业技术人员对设计图纸进行认真学习和内部审核,并做好图纸内部会审记录。

(3)认真执行按图施工的原则,需要变更时应坚持先洽商后变更施工,不得后补洽商。洽商一般由项目技术部负责办理,由项目现场工程师负责洽定,技术部分发、解释、存档。技术性洽商必须请建设单位和设计单位签字,签字不全的技术洽商无效。

3. 施工组织设计(方案)管理

施工组织设计(施工方案)是指导单位工程施工的纲领性文件,应该集中各种管理系统的意见,所以编制、审批、施工组织设计,必须组织有关部门参加。项目负责编制的施工组织设计,由项目总工组织项目有关人员议定施工方法、措施、现场布置、设施、总进度等主要方案后,组织有关人员共同编制,由技术部负责汇总成册,严格执行编制及审批程序。

4. 技术交底管理

施工中必须实行分级技术交底,对于重点和大型工程项目的施工组织设计,由企业(公司)技术部门负责对项目全体管理人员进行技术交底;对于普通工程的施工组织设计,由项目技术负责人(或项目总工程师)负责对项目全体管理人员和分包主要管理人员进行技术交底;对于施工方案,由方案编制工程师负责对项目相关管理人员和分包相关管理人员进行技术交底;对于施工过程中的技术交底,由各专业责任工程师负责对分包相关管理人员(包括班组长)进行技术交底。

5. 施工资料管理

施工资料是项目竣工交付使用的必备条件,是反映结构工程质量的重要文件,也是对工程进行检查、维修、管理、使用、改建和扩建的依据。施工资料主要包括工程管理与验收资料、施工管理资料、施工技术资料、施工测量资料、施工物资资料、施工记录、施工试验记录、施工质量验收记录八个方面。

6. 测量工作管理

(1)项目技术部门负责施工范围内的施工测量全部资料及测量工程师下发的有关测量资料。

(2)测量工程师负责管理工程项目施工范围内的交接桩记录、测量工作实施、测量控制、重点工程测量方案、复核测量资料、监控测量资料、竣工测量资料及测量仪器台账。

7. 试验工作管理

项目试验工作由项目部试验工程师组织实施,依据工程进度,编制施工试验计划、施工见证取样计划,依据计划进行试验取样、试验委托、试验台账建立、试验资料归档等各项试验工作管理。

8. 计量(监视和测量装置)管理

对项目监视和测量装置进行有效的控制,保证其测试精度和准确性能满足施工过程中的使用要求。监视和测量装置是指以下两类装置:

(1)测量装置。为实现测量过程所必需的测量仪器、试验仪器设备、软件、测量标准、标准物质和(或)辅助设备或它们的组合。如经纬仪、水准仪、欧姆表、兆欧表、万用表、定位模板、声级计、放线或检验人员使用的卷尺等。

(2)监视装置。一般指控制仪表和设备,是生产设备的组成部分,用于监控生产过程或服务过程的工作状态。如电焊机上的电流表、电压表,以及氧气表、乙炔表、现场工程师使用的卷尺等。

9. 科技推广示范工程管理

一般由企业(公司)技术部门归口管理,协同项目经理部共同负责并运作示范工程的立项申报、实施监督、验收评审等。

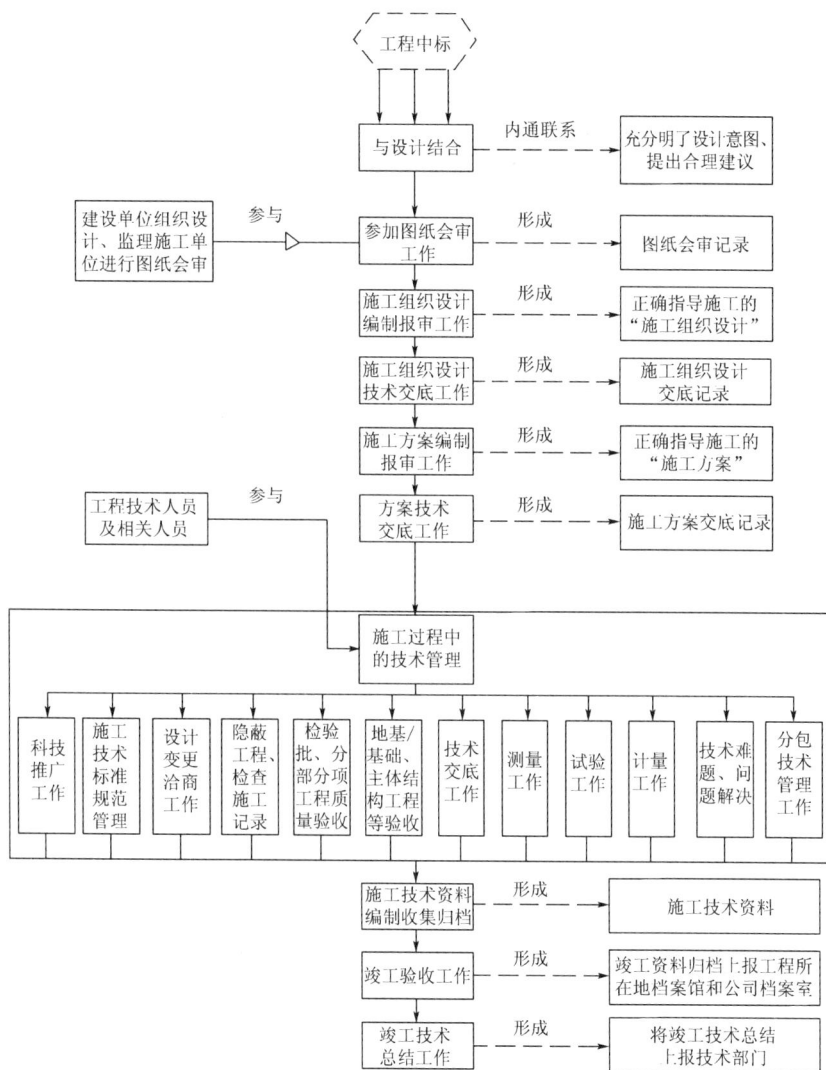

图 2-2　技术管理总体流程

10. 技术总结管理

对于在工程施工过程中完成的有价值的技术成果要及时进行专题技术总结（如深大基坑施工技术、大体积混凝土施工技术、新型钢结构施工技术、超高层结构施工技术、新型幕墙体系施工技术，以及其他的新技术、新工艺、新材料、新设备等方面的专项技术），并形成书面文件。

三、施工项目技术管理总体流程

技术管理总体流程，如图 2-2 所示。

四、施工项目技术管理工作

施工过程的技术管理具体工作及内容，见表 2-1。

表 2-1　　　　　　　施工过程的技术管理具体工作及内容

序号	工作项目	工作内容
1	图纸会审	工程开工后，项目技术负责人组织项目各专业技术人员对设计图纸进行认真学习和内部审核，并做好图纸内部会审记录； 项目技术负责人和各专业技术工程师参加由建设单位组织的设计、监理、施工单位参加的图纸会审，并做好图纸会审记录
2	施工组织设计和重大施工方案管理工作	施工组织设计和重大施工方案由项目技术负责人组织项目相关人员根据工程特点进行详细编制，重大施工方案需组织专家进行论证，并经（上报）企业（公司）/监理审批后方可实施； 实施前项目技术负责人须对项目全体管理人员和主要分包管理人员进行施工组织设计技术交底并做好记录
3	技术交底	包括设计交底（审图记录）、施工组织设计交底、主要分部分项施工技术交底； 技术交底必须以书面形式进行，书面与口头相结合，并应填写交底记录，审核人、交底人及接受交底人应履行交接签字手续； 书面交底力求简明扼要，重点交清设计意图（如结构工程应交清尺寸、标高、墙厚、分中、留洞、砂浆及混凝土强度等级、预埋件数量、位置等）施工技术措施和安全措施（配合比、工序搭接、施工段落、施工洞、成品保护、塔吊利用、安全架设和防护等）和工程负责要求等，对工艺操作规程、工艺卡等应知应会，可组织单独学习
4	施工技术类标准规范管理	施工技术类标准规范管理的主要任务是保证施工技术类标准规范的及时性、有效性和可控性，项目经理部设专人负责施工技术类标准、规范的管理工作，确保施工时使用当前有效的规范版本

续表

序号	工作项目	工作内容
5	施工资料收集归档	施工资料主要包括工程管理与验收资料、施工管理资料、施工技术资料、施工测量资料、施工物资资料、施工记录、施工试验记录、施工质量验收记录八个方面; 项目经理部设置专职资料员,负责整个项目施工资料的管理工作,包括所有施工资料的收集、整理、归档工作;项目技术负责人负责对施工资料的审核、把关
6	设计变更洽商管理	设计变更洽商中部位、内容应明确具体,技术性洽商中的经济问题要明确经济负担责任和材料的平、议价问题,便于结算调整; 设计变更洽商在业主、设计、监理和施工单位签字认可后由项目相关技术工程师指导资料工程师归档,按单位工程登记,按日期先后顺序编号,记入洽商台账,并且同时以复印件方式分发给项目的工程技术、合约、质检等相关部门,严格按洽商内容指导施工
7	测量工作管理	项目测量工作由项目测量工程师负责,日常具体的测量工作,包括现场测量定位、测量报验、测量控制点的移交和接收等工作,同时及时填报相关测量资料及做好测量资料归档
8	隐检及施工检查	隐蔽工程施工检查是在施工过程中对隐蔽工程的技术复核和质量控制检查工作,在隐检项目验收检查完毕后做好隐检记录。例如,土方工程中的基底清理、基底标高等,结构工程中的钢筋品种、规格、数量等,钢结构工程中的地脚螺栓规格、位置、埋设方法等; 施工检查是对施工重要工序在正式验收前进行由施工班组进行的质量控制检查工作,在检验项目检查完毕后做好施工检查记录。例如,模板工程中的几何尺寸、轴线、标高、预埋件位置等,混凝土结构施工缝的留置方法、位置、接槎处理等; 在工程施工过程中,隐检或检查的检验批经分包单位自检合格后,报请总承包单位质检人员组织检查验收,检查验收合格后,总承包质量工程师报请监理单位进行检验批的隐检检查工作
9	试验工作管理	项目试验工作由项目试验工程师组织实施,试验工程师负责编制试验计划,做好工程、材料试验的现场取样和送检工作,并做好试验台账记录
10	计量(监视与测量装置)管理	项目经理部计量工程师(专职或兼职)负责本项目监视和测量装置的具体管理工作,熟悉掌握本项目在用监视和测量装置的使用情况,督促分包商及时将到期的监视和测量装置送检,建立相应的管理台账并报企业(公司)技术部门备案。项目计量工程师应确保项目所有计量档案资料的齐全、规范、整洁、安全,并对其准确性负责

序号	工作项目	工作内容
11	分包技术管理	对于由总包单位直接发包的劳务分包单位,项目技术负责人、责任工程师须对分包技术人员进行详细的施工组织设计、施工方案以及技术方面的交底,做好对分包的技术管理和指导工作; 对于专业分包和业主指定分包单位,项目技术负责人、责任工程师须对分包的施工组织设计、施工方案进行认真审核和把关,做好专业分包、指定分包的技术协调和沟通工作; 同时,对分包还要从技术交底到工序控制、施工试验、材料试验、隐检预检,直到验收通过,进行系统的管理和控制
12	施工质量验收	工程施工质量验收的程序和组织应符合现行的相关工程施工质量验收标准的规定; 检验批经自检合格后,报送监理单位,由监理工程师(建设单位工程项目技术负责人)组织施工项目专业质量(技术)负责人等进行验收,并按规定填写验收记录; 基础、结构验收由项目技术负责人(或项目总工程师)组织先进行内部验收,预检合格后再由建设单位、设计单位、施工单位三方合验并办理签证后交质量监督部门核验,验收单由资料员归档,纳入竣工资料; 工程完工后,正式竣工验收之前项目技术负责人组织相关人员进行项目自检,依照设计文件、验收标准、施工规范、合同规定,对竣工项目的工程数量、质量、竣工资料进行全面检验; 工程项目经竣工自验、整改,达到验收条件后,由项目经理部向建设单位或接管单位报送"竣工申请表",按照建设单位、接管单位设定的程序,参加工程项目竣工验收工作,并向接管单位提交达到档案验收标准的竣工文件(资料)
13	科技推广工作	项目开工初期,项目部根据工程特点和具体情况编制本工程的"四新"技术应用策划,并按照该策划在项目施工过程中组织"四新"技术的推广应用

第二节　施工项目技术管理体系建设

一、施工项目技术管理体系构成

现场的技术管理组织体系是施工企业为实施承建工程项目管理的技术工作班子,包括项目技术负责人、技术工程师(各专业)、质量工程师、试验工程师、资料工程师、设计工程师等。其组织系统如图 2-3 所示。

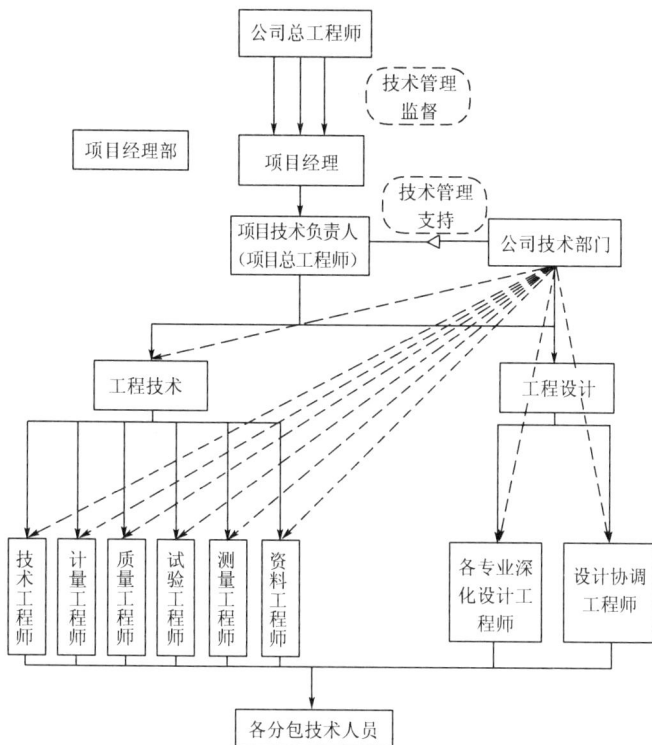

图 2-3 技术管理体系组织系统图

二、施工项目技术管理机构设置及职责

1. 机构设置

根据工程特点、规模、专业内容、设计到位情况,施工总承包的技术管理机构设置,实行动态调整,分阶段配置。特大型工程工程量很大,以及工程施工的复杂性,因此,人员的配置也应重点加强。此外,人员配置要与业主的管理模式相协调,避免发生甲、乙双方管理渠道的梗阻而影响工程进展。

依据普通工程、大型或特大型工程总承包技术管理的内容和根据工程性质发生的管理特点及其利弊关系,项目技术管理机构的设置如图 2-4、图 2-5 所示。

上述机构的设置随工程进展及到位情况逐步完善。如技术部人员设置,除测量、试验及资料管理设专人负责外,另设多名技术管理人员,在工程施工期间可根

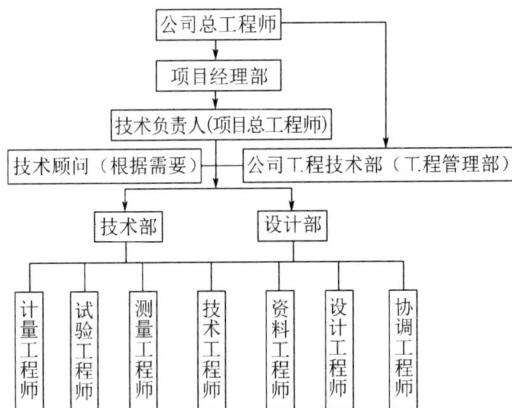

图 2-4 大型或特大型工程施工总承包总体技术管理机构设置

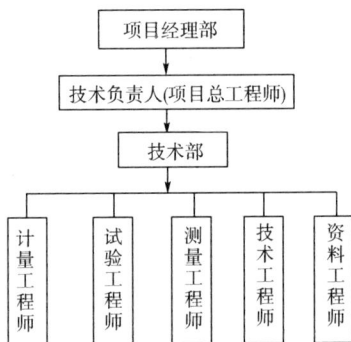

图 2-5 普通工程施工总承包项目技术管理机构设置

据现场工程任务的划分实行分区管理,将现场存在的问题统一由各分区技术人员协调管理,办理各种施工技术文件。

2. 机构职责

施工项目建立以项目技术负责人为首的技术管理体系,体系中的各级机构和人员必须严格履行各自的职责(见表 2-2),接受项目技术负责人/副技术负责人(技术部经理)、技术部、设计部的管理。

表 2-2　　　　　　　项目各部门技术工作职责表

序号	部门名称	部门职责
1	技术部	1.负责项目施工技术管理、施工技术方案编制、图纸会审和技术核定、结构预控验算、结构变形监测、试验检测及施工测量管理工作； 2.负责对分包商施工方案的审定,材料设备的选型和审核,统筹分包工程的设计变更和技术核定工作；参与相关分包商和供应商的选择； 3.参与编制项目质量计划、项目职业健康安全管理计划、环境管理计划；负责技术资料及声像资料的收集、整理工作；与质量管理部紧密配合,参与项目阶段交验和竣工交验,共同负责工程创优活动； 4.协助项目技术负责人进行新技术、新材料、新工艺在本项目的推广和科技成果的总结工作
2	设计部	1.负责项目与设计方沟通与协调以及总承包商内部的深化设计工作； 2.负责各专业深化设计的总体协调,对指定分包商的深化设计图纸进行审核,确保各专业深化设计相互交圈,相互吻合,并呈报业主或设计审批； 3.参与并审核各专业深化设计图,及时向业主报批后落实执行； 4.绘制综合机电协调施工图及机电工程的土建配合图纸； 5.向业主、监理和设计提出就设计方面的任何可能的合理化建议； 6.负责项目内部设计交底工作； 7.设计图纸复印、分发、保管及受控管理；组织相关部门进行竣工图编制工作

三、项目技术管理岗位及职责

根据施工合同形式及工程规模,技术管理各岗位设置,见表 2-3。

表 2-3　　　　　　　技术管理各岗位设置

序号	岗位名称	设置人数	工作职责
1	项目总工	1人	1.协助项目经理管理和领导技术准备和设计协调工作； 2.组织编写施工组织设计方案,负责对技术方案的审定,制订施工方案计划,监督方案执行情况； 3.负责施工过程中总体进度计划、年计划、月计划的审核； 4.负责图纸会审及与各专业间技术接口的处理； 5.负责编制关键工序、特殊过程的质量保证措施； 6.根据需要召开质量会议； 7.负责组织解决各项施工技术问题,参与质量事故分析； 8.负责与业主、监理商议施工图纸中出现的技术问题； 9.指导技术工程师、资料工程师的工作,审核上报监理的各种技术资料

续表

序号	岗位名称	设置人数	工作职责
2	技术部经理	(根据工程规模设置)	1.协助项目总工编制、审批专业性、技术性较强的技术方案; 2.协助项目总工解决结构施工过程中的技术难题; 3.协助项目总工开展施工技术准备工作; 4.完成项目总工安排的其他技术工作; 5.参与编制单位工程施工组织设计,作业指导书,冬雨期措施及施工方案,安全技术措施,架子搭设方案,施工用电组织设计,组织编制保证质量、安全、节约的技术措施计划,并贯彻实施; 6.参加图纸会审,处理设计变更,负责向班组进行技术安全交底; 7.贯彻执行施工验收规范、质量评定标准和操作规程,参与质量和安全检查,保证工程质量和安全生产; 8.主持隐蔽工程验收和分部分项工程质量验收,参与单位工程交工验收; 9.组织技术革新和技术革命活动,推广先进经验
3	技术工程师	(根据工程规模设置)	1.负责编制技术方案及技术措施; 2.负责管理施工方案、施工图纸等受控文件; 3.具体办理工程洽商、变更手续,参与解决各项施工技术问题;协助项目总工、技术部经理进行施工技术准备工作; 4.完成项目总工、技术部经理安排的其他技术工作
4	测量工程师	1人(可根据工程规模增加)	1.负责编制测量方案。负责设置现场永久性测量控制点; 2.负责现场测量控制网的测放。负责对分包商进行测量放线的技术交底,对分包商测放的轴线、标高进行校核; 3.负责总包的测量器具管理
5	资料工程师	1人(可根据工程规模增加)	1.根据工程性质的要求,随着工程进度及时整理技术资料; 2.负责工程分阶段验收及竣工资料的编制; 3.定期检查资料的完整性、连续性、及时到位情况,并对有关人员进行工程技术资料交底; 4.负责施工方案、图纸、变更等受控文件的登记发放工作。 5.完成项目技术负责人(或项目总工程师)交给的其他工作

序号	岗位名称	设置人数	工作职责
6	试验工程师	1人（可根据工程规模增加）	1. 负责试件、试块的取样、送样； 2. 及时取回试验报告交资料工程师存档； 3. 负责作好有关的试验记录
7	计量工程师	1人	1. 收集并保管项目的计量器具,检定合格证书； 2. 建立项目的计量器具台账及计量检定计划； 3. 建立项目小型计量器具比对记录； 4. 标识已检定合格及比对记录； 5. 定期维护保养计量器具,并建立维护保养记录； 6. 及时将台账、检定证书、检定计划、维护保养记录等上报企业（公司）工程技术部门
8	设计工程师	（根据工程合同形式及规模设置）	1. 深化设计工程的方案设计、设计管理、设计决策； 2. 参与项目深化设计工程的招（议）标以及合同谈判等工作； 3. 分析和设计具体项目深化设计工程,组织运作前期规划设计,监督与管理开发过程中的设计问题； 4. 设计指导、准备并绘制深化设计图和效果图；在项目施工期间现场指导,确保项目符合工程深化设计施工图
9	设计协调工程师	（根据工程合同形式及规模设置）	1. 负责项目设计方案深化、报审工作,参加扩初设计、施工图设计阶段的组织管理协调工作,配合施工图审查等工作； 2. 协调设计顾问、设计单位及承包商的工作,负责处理施工过程中发生的设计变更和其他技术问题； 3. 核对施工图,协调解决图纸的技术问题,参与设计审查、图纸会审、设计交底等

第三节 现场施工技术准备工作

一、调查研究收集资料

　　收集研究与施工活动有关的资料,可使施工准备工作有的放矢,避免盲目性。有关施工资料的调查收集可归纳为两部分内容,即自然条件的调查收集和技术经济条件的调查收集。自然条件是指通过自然力活动而形成的与施工有关的条件,如地形地貌、工程地质、水文地质及气象条件等。技术经济条件是指通过社会经济活动而形成的与施工活动有关的条件，如工区供水、供电、道路交通能力；地方建筑材料的生产供应能力及建筑劳务市场的发育程度；当地民风民俗、生活供应保障能力等。现将各种资料调查收集的内容与作用分述如下。

1. 原始资料的调查

原始资料的调查主要是对工程条件、工程环境特点和施工条件等施工技术与组织的基础资料进行调查，以此作为项目准备工作的依据。

(1)施工现场的调查。这项调查包括工程的建设规划图、建设地区区域地形图、场地地形图、控制桩与水准基点的位置及现场地形、地貌特征等资料。这些资料一般可作为设计、施工平面图的依据。

(2)工程地质、水文地质的调查。这项调查包括工程钻孔布置图、地质剖面图、地基各项物理力学指标试验报告、地质稳定性资料、暗河及地下水水位变化、流向、流速及流量和水质等资料。这些资料一般可作为选择基础施工方法的依据。

(3)气象资料的调查。这项调查包括全年、各月平均气温，最高与最低气温，各种气温的天数和时间；雨期起止时间，最大及月平均降水量及雷暴时间；主导风向及频率，全年大风的天数及时间等资料。这些资料一般可作为确定冬、雨期施工工作的依据。

(4)周围环境及障碍物的调查。这项调查包括施工区域现有建筑物、构筑物、沟渠、水井、古墓、文物、树木、电力架空线路、人防工程、地下管线、枯井等资料。这些资料可作为布置现场施工平面的依据。

2. 收集给水排水、供电等资料

(1)收集当地给水排水资料调查。包括当地现有水源的连接地点、接管距离、水压、水质、水费及供水能力和与现场用水连接的可能性。若当地现有水源不能满足施工用水的要求，则要调查附近可作为施工生产、生活、消防用水的地面水或地下水源的水质、水量、取水方式、距离等条件。还要调查利用当地排水设施进行排水的可能性，排水距离、去向等资料。这些可作为选用施工给水排水方式的依据。

(2)收集供电资料调查。包括可供施工使用的电源位置，接入工地的路径和条件，可以满足的容量、电压及电费等资料或建设单位、施工单位自有的发变电设备、供电能力。这些资料可作为选择施工用电方式的依据。

(3)收集供热、供气资料调查。包括冬期施工时附近蒸汽的供应量，接管条件和价格，建设单位自有的供热能力，以及当地或建设单位可以提供的煤气、压缩空气、氧气的能力及它们至工地的距离等资料。这些资料是确定施工供热、供气的依据。

3.收集交通运输资料

建筑施工中主要的交通运输方式一般有铁路、公路、水运和航运等。收集交通运输资料是调查主要材料及构件运输通道的情况,包括道路,街巷,途经的桥涵宽度、高度,允许载重量和转弯半径限制等资料。有超长、超高、超宽或超重的大型构件、大型起重机械和生产工艺设备需整体运输时,还要调查沿途架空电线、天桥的高度,并与有关部门商议避免大件运输对正常交通产生干扰的路线、时间及解决措施。

4.收集"三材"、地方材料及装饰材料等资料

"三材"即钢材、木材和水泥。一般情况下,应摸清"三材"市场行情,了解地方材料,如砖、砂、灰、石等材料的供应能力、质量、价格、运费情况;当地构件制作、木材加工、金属结构、钢木门窗;商品混凝土、建筑机械供应与维修、运输等情况;脚手架、模板和大型工具租赁等能提供的服务项目、能力、价格等条件;收集装饰材料、特殊灯具、防水、防腐材料等市场情况。这些资料用作确定材料的供应计划、加工方式、储存和堆放场地及建造临时设施的依据。

5.社会劳动力和生活条件调查

建设地区的社会劳动力和生活条件调查主要是了解当地能提供的劳动力人数、技术水平、来源和生活安排;能提供作为施工用的现有房屋情况;当地主、副食产品供应,日用品供应;文化教育、消防治安、医疗单位的基本情况以及能为施工提供支援的能力。这些资料是拟订劳动力安排计划、建立职工生活基地、确定临时设施的依据。

二、施工技术准备

技术准备是根据设计图纸、施工地区调查研究收集的资料,结合工程特点,为施工建立必要的技术条件而做的准备工作。

1.熟悉和会审图纸

熟悉和审查施工图纸的主要目的是使施工单位工程技术管理人员了解和掌握图纸的设计意图、构造特点和技术要求,为编制施工组织设计提供各项依据。通常,按图纸自审、会审和现场签证等三个阶段进行。图纸自审是由施工单位主持,并写出图纸自审记录。图纸会审则由建设单位主持,设计和施工单位共同参加,形成图纸会审纪要,由建设单位正式行文,三方共同会签并加盖公章,作为指导施工和工程结算的依据。图纸现场签证是在工程施工中,遵循技术核定和设计变更签证制度,对所发现的问题进行现场签证,作为指导施工、竣工验收和结算的依据。

施工单位熟悉和自审图纸时应注意如下几点:

(1)施工图纸是否符合国家的有关技术政策、经济政策和相关的规定。

(2)施工图纸与其说明书在内容上是否一致,施工图纸及其各组成部分间有无矛盾和错误。

(3)建筑图与其相关的结构图,在尺寸、坐标、标高和说明方面是否一致,技术要求是否明确。

(4)熟悉工业项目的生产工艺流程和技术要求,掌握配套投产的先后次序和相互关系,审查设备安装图纸与其相配合的土建图纸,在坐标和标高尺寸上是否一致,土建施工的质量标准能否满足设备安装的工艺要求。

(5)基础设计或地基处理方案同建造地点的工程地质和水文地质条件是否一致,弄清建筑物与地下构筑物、管线间的相互关系。

(6)掌握拟建工程的建筑和结构的形式和特点,需要采取哪些新技术;复核主要承重结构或构件的强度、刚度和稳定性能否满足施工要求,对于工程复杂、施工难度大和技术要求高的分部(分项)工程,要审查现有施工技术和管理水平能否满足工程质量和工期要求,建筑设备及加工订货有何特殊要求等。

(7)对设计技术资料有否合理化建议及其他问题。

在审查图纸过程中,对发现的问题应做出标记,做好记录,以便在图纸会审时提出。

2. 编制施工组织设计

施工组织设计是指导拟建工程进行施工准备和组织施工的基本的技术经济文件。它的任务是要对具体的拟建工程(建筑群或单个建筑物)的施工准备工作和整个的施工过程,在人力和物力、时间和空间、技术和组织上,作出一个全面而合理,并符合好、快、省、安全要求的安排。有了科学合理的施工组织设计、施工准备工作,正式施工活动才能有计划、有步骤、有条不紊地进行。从施工管理与组织的角度讲,编制施工组织设计是技术准备,乃至整个施工准备工作的中心内容。由于建筑工程没有一个通用定型的、一成不变的施工方法,所以每个建筑工程项目都需要分别确定施工方案和施工组织方法,也就是要分别编制施工组织设计,作为组织和指导施工的重要依据。

3. 编制施工图预算和施工预算

建筑工程预算是反映工程经济效果的技术经济文件,在我国现阶段也是确定建筑工程预算造价的法定形式。建筑工程预算按照不同的编制阶段和不同的作用,可以分为设计概算、施工图预算和施工预算三种。

(1)施工图预算。是按照施工图确定的工程量、施工组织设计所拟定的施工方法、建筑工程预算定额及其取费标准编制的确定建筑安装工程造价和主要物资需要量的技术经济文件。

(2)施工预算。是根据施工图预算、施工图纸、施工组织设计、施工定额等文件进行编制的。它是企业内部经济核算和班组承包的依据,是编制工程成本计划的基础,是控制施工工料消耗和成本支出的依据,是企业内部使用的一种预算。

施工图预算与施工预算存在很大的区别。施工图预算是甲乙双方确定预算造价、发生经济联系的技术经济文件;而施工预算则是施工企业内部经济核算的依据。施工预算直接受施工图预算的控制。

三、施工现场准备

施工现场的准备即通常所说的室外准备。它是按照施工组织设计的要求进行的施工现场具体条件的准备工作,主要内容有清除障碍物、三通一平、测量放线、搭设临时设施等。

1.清除障碍物

施工场地内的一切障碍物,无论是地上的或是地下的,都应在开工前清除。这些工作一般是由建设单位来完成,但也有委托施工单位来完成的。如果由施工单位来完成这项工作,应注意如下几点:

(1)一定要事先摸清现场情况,尤其是在城市的老城区内,由于原有建筑物和构筑物情况复杂,而且往往资料不全,在清除前需要采取相应的措施,防止发生事故。

(2)对于房屋的拆除一般要把水源、电源切断后才可进行拆除。对于较坚固的房屋和地下老基础,则可采用爆破的方法拆除,但这需要委托有相应资质的专业爆破作业单位来承担,并且必须经公安部门批准方可实施。

(3)架空电线(电力、通信)、地下电缆(包括电力、通信)的拆除,要与电力部门或通信部门联系,并办理有关手续后方可进行。

(4)自来水、污水、煤气、热力等管线的拆除,应委托专业公司来完成。

(5)场地内若有树木,须报园林部门批准后方可砍伐。

(6)拆除障碍物后,留下的渣土等杂物都应清除出场外。运输时,应遵守交通、环保部门的有关规定,运土的车辆要按照指定的路线和时间行驶,并采取封闭运输车或在渣土上洒水等措施,以避免渣土飞扬而污染环境。

2.三通一平

在工区范围内,接通施工用水、用电、道路和平整场地的工作简称为"三通一平"。当然,有的工地还需要供应蒸汽,架设热力管线,称为"热通";通压缩空气,称为"气通";通电话作为联络通信工具,称为"话通";还可能因为施工中的特殊要求,有其他的"通",但最基本的、对施工现场施工活动影响最大的还是水通、电通、道路通的"三通"。

(1)场地平整。清除障碍物后,即可进行场地平整工作。平整场地工作是根据建筑施工总平面图规定的标高,通过测量,计算出填挖土方工程量,设计土方调配方案,组织人力或机械进行平整工作。如果工程规模较大,这项工作可以分段进行,先完成第一期开工的工程用地范围内的场地平整工作,再依次进行后续的平整工作,为第一期工程项目尽早开工创造条件。

(2)修通道路。施工现场的道路是组织施工物资进场的动脉。为保证施工物资能早日进场,必须按施工总平面图的要求,修好现场永久性道路及必要的临时道路。为节省工程费用,应尽可能利用已有的道路。为使施工时不损坏路面和加快修路速度,可以先修路基或在路基上铺简易路面,施工完毕后,再铺永久性路面。

(3)通水。施工现场的通水包括给水和排水两个方面。施工用水包括生产、生活与消防用水。通水应按照施工总平面图的规划进行安排。施工给水设施应尽量利用永久性给水线路。临时管线的铺设,既要满足生产用水的需要和使用方便,还要尽量缩短管线。施工现场的排水也十分重要,尤其是在雨季,场地排水不畅,会影响施工和运输的顺利进行,因此要做好排水工作。

(4)通电。包括施工生产用电和生活用电。通电应按照施工组织设计要求布设线路和通电设备,电源首先应考虑从国家电力系统或建设单位已有的电源上获得。如供电系统不能满足施工生产、生活用电的需要,则应考虑在现场建立发电系统,以保证施工的连续、顺利进行。施工中如需要通热、通气或通电信,也应该按照施工组织设计要求,事先完成。

3.测量放线

测量放线的任务是把图纸上所设计好的建筑物、构筑物及管线等测设到地面上或实物上,并用各种标志表现出来,以作为施工的依据。其工作的进行,一般是在土方开挖之前,在施工场地内设置坐标控制网和高程控制点来实现的。这些网点的设置应视工程范围的大小和控制的精度而定。在测量放线前,应对测量仪器进行检验和校正,熟悉并校核施工图纸,了解设计意图,校核红线桩与水准点,制订出测量、放线方案。

建筑物定位放线是确定整个工程平面位置的关键环节,实施施工测量中必须保证精度,杜绝错误,否则其后果将难以处理。建筑物定位、放线,一般通过设计图中的平面控制轴线来确定建筑物的四廓位置,测定并经自检合格后,提交有关部门和甲方(或监理人员)验线,以保证定位的准确性。沿红线的建筑物放线后,还要由城市规划部门验线,以防止建筑物压红线或超红线,为正常顺利的施工创造条件。

4.搭设临时设施

现场生活和生产用的临时设施,在布置安排时,要遵照当地有关规定进行规划布置。如房屋的间距、标准是否符合卫生和防火要求,污水和垃圾的排放是否符合环保的要求等。临时建筑平面图及主要房屋结构图,都应报请城市规划、市政、消防、交通、环境保护等有关部门审查批准。为了施工方便和安全,对于指定的施工用地的周界,应用围栏围挡起来,围挡的形式和材料及高度应符合市容管理的有关规定和要求。在主要入口处设标示牌,标明工程名称、施工单位、工地负责人等。各种生产、生活用的临时设施,包括特种仓库、混凝土搅拌站、预制构件场、机修站、各种生产作业棚、办公用房、宿舍、食堂、文化生活设施等,均应按照批准的施工组织设计规定的数量、标准、面积、位置等要求组织修建,大、中型工程可分批、分期修建。

此外,在考虑施工现场临时设施的搭设时,应尽量利用原有建筑物,尽可能减少临时设施的数量,以便节约用地,节约投资。

四、施工物资准备

物资准备是项目施工必需的物质基础。在施工项目开工之前,必须根据各项资源需要量制订计划,分别落实货源,组织运输和安排好现场储备,使其满足项目连续施工的需要。

1.物资准备工作的内容

物资准备是一项较为复杂而又细致的工作,它包括机具、设备、材料、成品、半成品等多方面的准备。

(1)建筑材料的准备。主要是根据工料分析,按照施工进度计划的使用要求和材料储备定额和消耗定额,分别按照材料名称、规格、使用时间进行汇总,编制出建筑材料需要量计划,为组织备料、确定材料的仓库面积或堆场面积以及组织运输提供依据。建筑材料的准备包括"三材"、地方材料、装饰材料的准备。准备工作应根据材料的需要量计划,组织货源,确定物资加工、供应地点和供应方式,签订物资供应合同。

(2)材料的储备。应根据施工现场分期分批使用材料的特点,按照以下原则进行材料的储备:

1)按工程进度分期、分批进行,现场储备的材料多了会造成积压,增加材料保管的负担,同时,也多占用流动资金;储备少了又会影响正常生产。所以,材料的储备应合理、适宜。

2)做好现场保管工作,以保证材料的原有数量和原有的使用价值。

3)现场材料的堆放应合理。现场储备的材料,应严格按照施工平面布置图的位置堆放,以减少二次搬运,且应堆放整齐,标明标牌,以免混淆。此外,也应做好防水、防潮、易碎材料的保护工作。

4)应做好技术试验和检验工作,对于无出厂合格证明和没有按规定测试的原材料,一律不得使用,不合格的建筑材料和构件,一律不准进场和使用,特别对于没有把握的材料或进口原材料、某些再生材料的储备更要严格把关。

(3)构配件及制品加工准备。根据施工预算提供的构件、配件及制品名称、规格、数量和质量,分别确定加工方案和供应渠道,以及进场后的储存地点和方式,编制出其需要量计划,为组织运输和确定堆场面积提供依据。工程项目施工中需要大量的预制构件、门窗、金属构件、水泥制品以及卫生洁具等,这些构件、配件必须事先提出订制加工单。对于采用商品混凝土现浇的工程,则先要到生产单位签订供货合同,注明品种、规格、数量、需要时间及送货地点等。

(4)施工机具设备的准备。施工所需机具设备门类繁多,如各种土方机械,混凝土、砂浆搅拌设备,垂直及水平运输机械,吊装机械、机具,钢筋加工设备,木工机械,焊接设备,打夯机,抽水设备等,应根据施工方案和施工进度计划,确定其类型、数量和进场时间,然后确定其供应方法和进场后的存放地点、方式,编制出施工机具需要量计划,以此作为组织施工机具设备运输和存放的依据。

(5)模板和脚手架的准备。模板和脚手架是施工现场使用量大、堆放占地大的周转材料。模板及其配件规格多、数量大,对堆放场地要求比较高,一定要分规格、型号整齐码放,便于使用及维修。大钢模一般要求立放,并防止倾倒,在现场也应规划出必要的存放场地。钢管脚手架、桥脚手架、吊篮脚手架等都应按指定的平面位置堆放整齐,扣件等零件还应防雨,以防锈蚀。

2. 物资准备工作的程序

(1)编制物资需要量计划。根据施工预算、分部工程施工方案和施工进度安排,分别编制建筑材料、构(配)件、制品和施工机具设备需要量计划。

(2)组织货源。根据各项物资需要量计划,组织货源,确定加工方法、供货地点和供货方式,签订相应的物资供应合同。

(3)编制物资运输计划。根据各项物资需要量计划和供货合同,确定各项物资运输计划和运输方案。

(4)物资储存和保管方式。根据物资使用时间和施工平面布置要求,组织相应物资进场,经质量和数量检验合格后,按指定地点和方式分别进行储存和保管。

物资准备工作程序流程图如图 2-6 所示。

3. 基本施工班组的确定

基本施工班组应根据工程的特点、现有的劳动力组织情况及施工组织设计的劳动力需要量计划来确定选择。各有关工种工人的合理组织,一般有以下几种形式:

(1)砖混结构的房屋以混合施工班组的形式较好。在结构施工阶段,主要是砌筑工程,应以瓦工为主,配备适量的架子工、木工、钢筋工、混凝土工以及小型机械工等。装饰阶段则以抹灰、油漆工为主,配备适当的木工、管道工和电工等。

这些混合施工队的特点是人员配备较少,工人以本工种为主兼做其他工作,工序之间的衔接比较紧凑,因而劳动效率较高。

(2)全现浇结构房屋以专业施工班组的形式较好。主体结构要浇筑大量的钢筋混凝土,故模板工、钢筋工、混凝土工是主要工种。装饰阶段需配备抹灰、油漆、

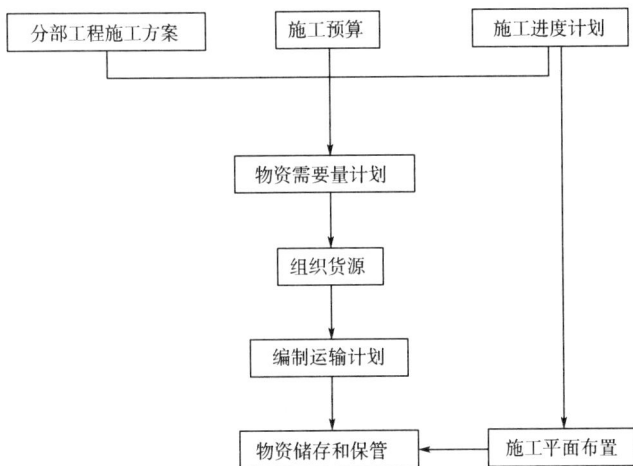

图 2-6　物资准备工作程序流程图

木工及中高级装饰工等。

（3）预制装配结构房屋以专业施工班组的形式较好。这种结构的施工以构件吊装为主，故应以吊装起重工为主。因焊接量较大，电焊工要充足，同时配以适当的木工、钢筋工、混凝土工。同时，根据填充墙的砌筑量配备一定数量的瓦工。装修阶段需配备抹灰工、油漆工、木工等专业班组。

4. 施工队伍的教育

施工前，企业要对施工队伍进行劳动纪律、施工质量和安全教育，要求本企业职工和外包施工队人员必须做到遵守劳动时间，坚守工作岗位，遵守操作规程，保证产品质量，保证施工工期及安全生产，服从调动，爱护公物。同时，企业还应做好职工、技术人员的培训和技术更新工作，只有不断提高职工、技术人员的业务技术水平，才能从根本上保证建筑工程质量，不断提高企业的信誉与竞争力。此外，对于某些采用新工艺、新结构、新材料、新技术的工程，应该先将有关的管理人员和操作工人组织起来进行培训，使之达到标准后再上岗操作。这也是施工队伍准备工作的内容之一。

五、冬、雨期施工准备工作

冬期施工和雨期施工对项目施工质量、成本、工期和安全都会产生很大影响，为此必须做好冬、雨期施工准备工作。在项目冬期施工时，既要合理地安排冬期施工项目，又要重视冬期施工对临时设施的特殊要求，及早做好技术、物资的供应和储备,并加强冬期施工的消防和安保措施。在项目雨期施工过程中,既要合理地确定施工项目和施工进度,又要做到晴、雨结合,尽量增加有效施工天数,同时要做好现场排水和防洪准备,采取有效的道路防滑和防沉陷措施,并加强施工现场物资管理工作。同时要考虑季节影响,一般大规模土方和深基础施工应避开雨期。寒冷地区入冬前应做好围护结构,冬期以安排室内作业和结构安装为宜。

第四节　技术交底管理

一、施工图设计技术交底

1. 施工图设计技术交底的目的

技术交底的目的是使参加工程建设的相关人员正确贯彻设计意图,加深对设计文件特点、难点、疑点的理解,完善设计,掌握关键工程部位的技术质量要求。

2. 施工图设计技术交底程序

施工图设计技术交底一般是在工程开工前由业主(或监理)单位主持,业主、设计、监理、施工、质量监督等有关单位参加进行。首先由设计代表阐述设计概况、设计意图、施工要求及注意事项,施工和监理单位根据现场调查的情况和对设计图的理解,就图纸中的问题向设计代表提出疑问,设计代表进行答疑,设计代表的现场答复,会后应以书面的形式进行确认。如设计代表在现场不能马上答复的问题,设计单位应在规定时间内予以书面答复,并作为设计文件的一部分,在施工中贯彻执行。设计交底的会议纪要需参加各方签字认可。

3. 施工图设计交底的会议纪要

施工图设计交底的会议纪要一般应包含以下内容:

(1)参会单位对设计图纸中存在的问题和矛盾之处提出的意见,设计代表答复同意修改的内容。

(2)施工单位为便于施工,或出于施工质量、安全考虑,要求设计单位修改部分设计的会商结果与解决方法。

(3)交底会上尚未得到解决或需要进一步商讨的问题。

(4)列出参加设计技术交底的单位人员名单,签字后生效。

4. 参加施工图设计技术交底应注意的问题

参加施工图设计技术交底前必须组织项目技术人员结合现场情况对设计图纸进行认真审核,审核中发现的问题应归纳汇总,及时召集有关人员,针对审核中发现的问题进行讨论,弄清设计意图和工程的特点及要求。必要时,可以提出自己的看法或建议。会上拟指派一名代表为主发言人,其他人可视情况适当解释、补充,指定专人对提出和解答的问题做好记录,以便查核。

二、施工技术交底分类与管理

技术交底应包括施工组织设计交底、专项施工方案技术交底、分项工程施工技术交底、"四新"技术交底和设计变更技术交底等。

1. 施工组织设计交底

(1)施工组织设计交底应包括主要设计要求、施工措施以及重要事项等。

(2)施工组织设计交底由项目技术负责人组织专业技术人员、生产经理、质检人员、安全员及分承包方有关人员等进行交底。重点和大型工程施工组织设计交底应由企业的技术负责人进行交底。

2. 专项施工方案技术交底

(1)专项施工方案技术交底,应结合工程的特点和实际情况,对设计要求、现场情况、工程难点、施工部位及工期要求、劳动力组织及责任分工、施工准备、主要施工方法及措施、质量标准和验收,以及施工、安全防护、消防、临时用电、环保注意事项等进行交底。

季节性施工方案的技术交底还应重点明确季节性施工特殊用工的组织与管理、设备及料具准备计划、分项工程施工方法及技术措施、消防安全措施等内容。

(2)专项施工方案技术交底应由项目技术负责人负责,根据专项施工方案对专业工长进行交底。

3. 分项工程施工技术交底

(1)分项工程施工技术交底是将管理层所确定的施工方法向操作者进行交底,是施工方案的具体细化。应按各分部分项工程的顺序、进度独立编写。并应根据工程特点明确作业条件、施工工艺及施工操作要点、质量要求及注意事项等内容。

(2)分项工程施工技术交底应以工艺为主,有工艺流程图。在交底中应详细说明每个分项工程各道工序如何按工艺要求进行正确施工。

(3)应详细介绍分项工程关键、重点、难点工序的主要施工要求和方法。对关键部位、重点部位的施工方法应有详图进行说明。

(4)分项工程施工技术交底应由专业工长对专业施工班组(或专业分包)进行。

4. "四新"技术交底

(1)对于难度较大的"四新"技术,应在施工前编制专项技术交底。结合工程使用的新技术、新材料、新工艺、新产品的特点、难点,明确"四新"技术的使用计划、主要施工方法与措施,以及注意事项等。

(2)"四新"技术交底由项目技术负责人组织相关专业技术人员编制并对专业工长交底。

5.设计变更技术交底

(1)修改量大,变更内容复杂的设计变更及工程洽商应编制设计变更、洽商交底。

(2)设计变更交底应由项目技术部门根据变更要求,并结合具体施工步骤、措施及注意事项等对专业工长进行交底。

第五节 现场施工技术管理

施工现场技术管理的主要任务是运用管理的职能与科学的方法,在施工中正确贯彻国家技术政策和建设单位、监理、公司有关技术工作的指示与决定,科学地组织各项技术工作,保证施工的每一工序符合技术规范、规程的要求,落实实施性施工组织设计所确定的技术任务,达到高效优质完成施工任务的目的,使技术与成本、技术与质量、技术与安全、技术创新与进度达到辩证统一。

现场技术管理工作主要包括现场技术复核、解决现场技术问题、关键工序控制、工程记录(包括会议记录、洽商记录、施工日志、工程影像)等。现场专项技术有统计技术、监测技术等。

一、技术复核

一般来说,技术复核的工作内容有:

(1)在施工准备阶段图纸会审的基础上,每个分项工程开工前,进一步审核施工设计图,如结构内某些构件位置是否互相冲突,目前的原材料、施工工艺控制水平是否能达到设计所要求的质量标准(尤其是结构的耐久性)。

(2)在分项、工序施工前审核技术条件是否满足,如质量检测手段、检测工具、检测方案的适应性。

(3)施工设计图和施工方案是否会由于当前施工条件发生变化而需要修改,如地质地层与施工设计图不符。

(4)仔细推敲施工方案的适宜性,根据施工实际情况,调整局部方案,如分析判断方案计算中各种安全系数是否得当、安全系数要考虑施工人员落实方案的程度等。

(5)对于"四新"、技术革新的施工工艺,应随时总结分析,稳步推进。

(6)对关键部位或影响全工程的施工工艺进行试验、试载,以避免发生重大差错而影响工程的质量和进度。如混凝土高程泵送、支架预压、路基试验等。

(7)在施工过程中,对重要的和处于工期关键线路上的技术工作,必须在分部、分项工程正式施工前进行复核,以免发生重大差错,影响工程质量和进度。

二、解决现场技术问题

1. 技术难点分析和对策

在实施性施工组织设计中,详细分析工程的技术难点,并提出相应的对策,按分部或分项工程列表。

2. 解决现场技术问题的原则

解决技术问题应坚持"尊重科学,实事求是,安全、质量、进度和成本统筹考虑"的原则,应保证工期关键线路的实现。解决技术问题在参照类似工程中成熟经验的基础上,尊重合同文件中"技术规范"的有关条款,依据现行技术标准(规程、规范、规定等),综合考虑对工程进度的影响和可能引起的费用变化。解决技术问题要有科学理论依据,必要时要经过计算、验算、复核、报批后才能实施。当技术问题涉及变更、延期等合同问题时,应根据合同条件和现实情况提出相应的评价。

解决技术问题既要尊重设计,又要考虑从工程施工实际出发,尽可能便于实施,尽可能控制成本,当意见有分歧时,应充分协调各方意见,以理服人。提倡在现场解决问题,即在尊重设计意图,听取业主、监理工程师意见的基础上,尽可能使大量施工技术问题在现场得到及时解决。较大技术问题,或有分歧意见的技术问题,可提前请公司组织专题技术会议研究解决。

召开现场施工技术性会议,宜考虑邀请业主、设计、监理参加。

3. 建立技术咨询渠道

如技术难点的技术水平处于集团企业内领先,可与企业内相关专家取得联系,加强技术信息往来,或者成立专家委员会按照计划进行技术咨询论证。

如技术难点的技术水平处于国内领先,应尽可能多地聘请国内专家成立专家委员会按照计划进行技术咨询论证,必要时通过邀请或国际招标选择国外工程管理咨询公司、专家进行技术课题立项来解决。

三、关键工序控制

每个分项工程都是由多个工序组成,分为一般工序、关键工序。一般工序指的是对施工质量影响不大的常见工序,例如土方开挖。关键工序是对施工质量有重要影响的工序,或是对项目来说在技术上或管理上有困难的工序,这些工序要求项目根据标准、规范,结合自身情况编制施工方案、作业指导书等工艺文件。

1. 需编制作业指导书的工序

在施工项目中,对于具有以下特征的工序必须编制作业指导书:

(1)对于施工缺陷仅在后续工序或使用后才能暴露出来的工序,例如,某些特殊部位的焊接,在焊接过程中,焊接的质量无法检验,只有在下一工序或产品投入使用后,才可能发现其缺陷。

(2)下道工序完成后无法进行检测的工序。例如,混凝土浇筑前的钢筋绑扎。这些过程完成后,都无法进行检验,无法判定产品质量的好与坏。

(3)检测成本太高的工序,最好通过技术管理来保证质量。例如,金属焊接,虽然根据设计要求,对焊缝要进行探伤,但是探伤是有比例的,不能做到每一条焊缝都探伤,如果对每一条焊缝都做检测,成本太大。

2.作业指导书编写的原则

首先要对项目施工中的关键工序、特殊工序进行识别并作出总的规定,包括定义哪些为关键工序,应采用什么样的方法进行控制,所用设备是如何控制的,对人员资格有何要求,应产生哪些记录。并注明当发生人、机、料、法、环等因素的变化时应重新识别关键工序、特殊工序,对关键工序、特殊工序要进行"三认可制度"(方案认可、设备认可、人员资质认可)。例如,主体结构金属焊接应是关键工序,应该在焊接前作出工艺评定,电焊设备完好,设备上所用电流表、电压表都在检定期限内,焊接人员必须有相应等级的国家颁发的资格证书,在施焊时要按照工艺评定的要求控制电流、电压,并做好焊接记录。

对每一个工程项目来说,由于具体人员、设备机具、环境的不同,对关键工序、特殊工序所采用的控制方法也不同,这些具体的施工方法在施工方案或作业指导书中得到体现。例如,设立检查点,并对监测参数、频次、人力资源分布、人员资格要求、施工依照的标准规范、施工具体作业程序和要求、机具安排、天气温度的要求、周边环境、应该产生的记录等情况作详尽的表述和明确规定。

作业指导书应经过项目技术负责人的批准,确保规定和要求、措施得当才能实施。在作业指导书中对设备作出要求后,施工时还要再次对所需设备作出认定才能开始施工。

关键工序、特殊工序中对作业人员的资格要求比较严格,作业人员必须要有资格证书才能施工。国家或行业要求有资格证的岗位作业人员必须具备国家要求的资格证书。对于国家和行业暂时还未要求有资格证的岗位,作业人员必须经过项目的相关培训,考核合格后才能进行作业。

关键工序、特殊工序施工中,要加强事先预防、停点检查、重点监控,运用统计技术和工具对关键工序、特殊工序的工艺参数进行检测、分析,根据分析的结果采取相应的措施,防止出现异常现象。只有这样,才能减少或杜绝质量问题。

3.作业指导书的基本内容

(1)与该作业相关的职责和权限。

(2)作业内容的描述,包括加工的产品及其工序、操作步骤、过程流程图。

(3)所使用的材料和设备,包括材料型号、规格和材质;设备名称、型号、技术参数规定和维护保养规定。

(4)作业所使用的质量标准和技术标准要求,过程能力的要求,判定质量符合标准所依据的准则。

(5)检验和试验方法,包括计量器具要求、调整和校准要求。

(6)对工作环境的要求,包括温度、湿度以及安全和水环保方面的要求。

(7)作业指导书的版面格式要求包含的内容有作业指导文件的名称、统一的标准编号、编写依据、发布和实施日期、编制人、审核人、部门负责人签字以及正文等。

(8)作业指导书的编制首先需要遵循质量管理体系文件编制的原则。除此之外,还应依据下列原则和要求:

1)确定性。作业指导书的重点内容应该是解决如何作业的问题,应列出具体操作的详细过程,包括每一步骤所使用的原材料、仪器设备以及过程作业的结果和判定标准等。

2)实用性。作业指导书的内容和形式应以实用为原则,尽量简洁、易懂,而且要符合文件控制的要求。以文字叙述作业过程时,应选择通俗易懂的语句来表达,方便各个层次人员的理解和领悟。同时尽量多采用图表、图示、流程图和照片等形式,或图文并茂,更容易为使用者接受。

3)必要性。没有必要每个岗位每个活动都必须有作业指导书,应该充分考虑活动的复杂性、事实活动的方式、完成活动所需的技能、人员和资源要求等,以便确定最能适合组织运作需要的作业指导书。

4)协调性。编写作业指导书时,应认真分析现有文件的特点和适用性,以相应的技术规范、标准和有关技术文件作为编写依据,同时也应注意作业指导书的内容并非一定要限制在所依据的质量管理标准要求的范围之内,还可以包括对其他业务活动的控制要求。

4.作业指导书编写注意事项

(1)协调好作业指导书和程序文件之间的关系。

作业指导书主要规定实施某一相活动的职责、范围和工作步骤等,而工作步骤所涉及的具体的纯技术性的细节则要在作业指导书中加以细化和展开,因此,处理好作业指导书和程序文件之间的接口关系非常重要。

(2)切合实际并全面控制。

作业指导书是为了指导实际工作而编写的,因此,要求其内容应符合实际运行情况,作业指导书应注重全面性,每一项活动其实都可以对特定事物质量的控制、指导和评价作用,每一项活动其实都可被视为一个过程,过程必定有输入和输出,所以要想使过程受控,就必须全面分析过程的输入和输出,对各方面因素进行综合考虑,然后明确对各个环节的要求,这样编写出的作业指导书才具有可操作性。在实际运用当中,也会反映出一些存在的问题和缺陷,应根据实施情况和活动的结果加以研究分析,对不适宜的内容进行修改和完善,从而实现增值和持续改进。

(3)形式多样而写法各异。

有的作业指导书可能只针对某一特定的岗位、产品或加工工序,而有的则可能只针对设备、工装或检验试验活动,控制的对象不同就导致作业指导书的编写形式和方法不同,因此,在编写作业指导书时,应根据欲控制的对象,决定控制的内容和要求,并选取相应的表达方式。

5.作业指导书的管理及实施

(1)作业指导书应按照国家、行业及地方现行标准、规范结合实际情况,制订相应的技术工艺准则,经技术负责人审批后施行。

(2)施工过程中使用新结构、新材料、新工艺,应用新型施工机械及采用新的检测、试验手段,必须经过试验和技术鉴定,并制订可行的技术措施,形成新的技术工艺标准补充条文,报经理部审批后施行。

(3)桩基工程、大型土石方、深基坑支护、大体积混凝土、大跨度构件、预应力工程、大型钢结构制作安装、冬期施工、脚手架工程、有特殊工艺要求的工程(保温、特种混凝土等)特殊部位、结构、工序的施工,必须制订有针对性的技术措施,报经理部审批后方可施工。

(4)脚手架施工作业前,现场施工管理人员应将具体的施工准备、工艺标准、质量要求和注意事项等向操作人员进行交底,尤其是一些重要部位和关键工艺的施工,应有针对性地进行技术交底,并制订、实施相应的跟踪检查措施,确保施工质量符合标准。

(5)操作人员必须领会设计图纸要求和技术交底要求,施工过程中应自觉坚持自检、互检、交接检制度,发现问题,及时整改。

四、工程施工记录

工程施工记录包括技术记录、管理记录等,这里所指的工程记录与技术资料、竣工资料有一定的区别,工程记录是以工程技术事务、管理事务的发生、发展、完成为主线。项目经理部自己保存的详细的记录,包括会议记录、洽商记录、施工日志、工程影像等。

1.工程记录的作用

项目经常利用索赔来追回损失、增加利润,索赔能否获得成功主要取决于承包商提供索赔事件的事实依据,即索赔证据,索赔证据之一就是人们常说的工程记录。对项目来说,保持完整、详细的工程记录、保存好与工程有关的个别文件资料是非常重要的。有了详细的工程记录,事先对各种可能出现的问题有所准备,有客观事实作为依据,就拥有主动权,就可有理有节地进行索赔,有理有据地反击甲方的反索赔。

2. 工程记录的要求

(1)真实性。工程记录必须是在实施合同过程中确实存在和发生的,必须完全反映实际情况,经得起对方推敲,虚假证据是违反商业道德的。工程记录应能说明事件发生的过程,应具备关联性,不能零乱和支离破碎,更不能自相矛盾。

(2)及时性。工程记录是工程活动或其他经济活动发生时的同期记录或产生的文件,项目应做好能支持其随后提出索赔所必需的作为索赔理由的当时的记录,任何后补的记录和证据通常不能被认可。

3. 洽商记录

在施工中凡遇到影响成本、进度的技术问题,应及时向业主、设计、监理单位报告。设计变更需要通过洽商记录来反映发生的过程,以利于项目经理部进行索赔,有些设计变更还涉及返工等情况。

洽商记录可作为会议纪要的有益补充。在洽商记录中,应详细叙述洽商的过程、内容及达成的协议或结果。

4. 施工日志

(1)项目施工日志。

施工日志是对工程施工全过程概括的记载,是重要的原始资料。在项目执行ISO 9000系列标准,使质量管理体系有效运行中,施工日志和质量体系各要素有机的结合,进一步显示了它对工程质量的形成和体系审核中不可缺少的积极作用。

施工日志,它是施工形成的重要轨迹,作为现场审核的依据是理所当然的,往往能帮助审核员寻找到质量体系有效运行的客观证据,查到比较真实的情况,同时,项目也能从中发现内部管理上的漏洞。

可以帮助上级管理部门较全面地了解施工情况,如施工进度、质量、安全、工作安排、现场管理水平等。因此,施工现场的施工日志记录是否完整、全面,反映了项目现场施工技术管理的水平。

项目施工日志根据竣工资料的要求,从开工之日起至竣工之日逐日填写,日志所列栏目应逐日逐项填全。项目施工日志与其他工程、质量、体系文件规定的记录不同,它应是一部按时间顺序记载工程项目全程概况的流水账,其记载内容应高度概括、充分突出重点、关键问题,以达到有追溯、查寻和总结的目的。一般应选择以下内容:分部、分项工程内容、施工日期、施工人员概况;技术交底与培训概况;对施工计划与调度概况;对工程质量起主要作用的材料来源与检验情况;对特殊工序和关键工序使用设备概况鉴定的记载;对技术工艺措施变更的记载;施工过程质量检验的概况;对不合格处理概况;工程验收、交付概况;其他特殊情况。

(2)个人施工日志的主要作用。

1)根据自己的岗位职责,记录自己应该做的工作内容;记录领导交办的事项和是否按照领导交办的做的记录,为领导检查工作提供依据。

2)记录每天完成的工程量,所投入的机械设备、人员、材料等,为核算提供依据,为项目成本管理提供依据。

3)记录每天机械实际定额,为分析机械设备人员是否达到应该达到的定额提供依据。根据工程计划和实际投入的机械设备人员,分析是否能满足工程计划要求和是否进一步采取措施,为工程进度管理提供依据。

4)记录施工中设计与实际不符的情况,为设计变更提供依据。

5)记录施工中是否达到规范要求,为资料整理、质量评定提供依据。

6)记录工程开工、竣工、停工、复工的简况与时间和主要施工方法、施工方法改进情况及施工组织措施,为以后撰写施工总结及施工论文提供依据。

7)记录新技术、新材料和合理化建议的采用情况及工程质量的改进情况,为以后 QC 成果提供依据。

(3)个人施工日志的主要内容。

总的原则是:①记你应该做的事(岗位职责);②记你所应接收到、观察到的信息;③记你做的事情;④查你做的事情是否与你应该做的事情(岗位职责)一致;⑤记你所思考到的问题。

一般地,施工日志内容如下:

1)当天施工工程的部位名称、日期、气象,施工现场负责人和各工种负责人的姓名,现场人员变动、调度情况。

2)工程现场施工当天的进度是否满足施工组织设计与计划的要求,若不满足应记录原因,如停工待料、停电、停水、各种工程质量事故、安全事故、设计原因等,当时处理办法,以及建设单位、设计代表与上级管理部门的意见。

3)现场材料情况。例如,钢材、预应力材料品种、规格、数量、厂名、批号、目测钢材情况(如每捆钢筋是否均有标牌,是否生锈,生锈程度等)。

4)记录施工现场具体情况。

①各工种负责人姓名及其实际施工人数。

②各工种施工任务分配情况,前一天施工完成情况,交接班情况。

③当天施工质量情况,是否发生过工程质量事故,若发生工程质量事故,应记录工程名称、施工部位,工程质量事故概况,与设计图纸要求的差距,发生质量事故的主要原因,应负主要责任人员的姓名与职务,当时处理情况,设计、监理、业主代表是否在现场,在场时他们的意见如何及处理办法。

④详细记录当天施工安全情况,如某人违章不戴安全帽进入现场及处理意见。若发生安全事故,应记录出事地点、时间、工程部位,安全设施情况,伤亡人员的姓名与职务,伤亡原因及具体情况,当时现场处理办法,对现场施工影响,包括在场工人思想情绪的影响等。

⑤收到的各种施工技术性文件、书面指令、口头指令,无论来自项目经理部内

部还是外部单位。

⑥现场技术交底与各种技术问题解决过程应做好详细记录。

⑦参与隐蔽工程检查验收的人员、数量,隐蔽工程检查验收的始终时间,检查验收的意见等情况。

⑧业主、监理、设计单位到现场人员的姓名、职务、时间,他们对施工现场与工程质量的意见与建议。

5. 工程影像资料

工程影像资料包括工程摄像、工程照片,它们能良好地再现工程现场情况、施工管理状况。

(1)作用。

作为能说明施工确切情况的重要辅助资料,工程影像的拍摄和保存很有必要,尤其是隐蔽工程、关键工序的施工过程、施工质量控制过程。工程影像的作用大致有:①记录工程经过;②确认使用材料;③确认质量管理状况;④作为解决问题时的资料和证据。

(2)工程影像的内容。

要在施工组织设计中制订拍摄计划,摄影者必须充分了解工程项目,理解摄影的目的,在充分把握结构的类型、规模、使用材料的基础上,根据竣工资料、项目管理计划等方面的要求确定拍摄内容。

工程影像中,通常具备以下几个要素:日期,工序顺序,场所及施工环境,部位,标识,尺寸,施工状况等。为将以上各要素表示清楚,可借助黑板、卷尺等工具。

(3)取景方法。

工程影像基本上都不能再补拍,每次拍摄均须认真对待。

1)全景:一眼即能看清现场整体的进行状况。

2)局部:表现工程局部实施状况的照片,该点所处位置应能分辨清楚。

3)利用黑板、卷尺等工具时,黑板上必须记录以下内容:工程名称、建设方、监理方、拍摄日期、拍摄部位、分项工程(如"钢筋工程")、规格和尺寸(如 400mm×800mm,主筋 Φ 25,箍筋 Φ 10@200)及施工状况等。照片中有黑板、卷尺时,其中的文字或刻度应能辨别清楚,取景时应注意黑板不要过大或过小。为使拍摄对象易于辨别,应清除其他可移动的物体,并应注意光线及阴影。

为正确判断被拍摄对象的大小,特别是当拍摄局部时,为正确表示被拍摄对象的大小、长短、粗细、形状,有必要加设卷尺。

五、统计分析

统计技术是 ISO 9000 质量标准的基础之一。统计技术方法很多,常用的测量分析、调查表、头脑风暴法、水平对比法、分层法、排列图、因果图、对策表、树图、关联图、矩阵图、散布图、直方图、正态概率纸、过程能力分析、流程图、过程决策程序图、柱状图、饼分图、环形图、雷达图、甘特图、折线图、砖图、01 表、PDCA 法、控制图、抽样检验、假设检验、正交试验、可靠性分析、参数估计、方差分析、回归分析、时间序列分析、模拟、质量功能展开、数值的修约以及异常数值的检验和处理等多种统计技术方法。

应用统计分析技术对施工过程进行实时监控,科学地区分出施工质量、进度的随机波动与异常波动,从而对施工过程的异常趋势提出预警,以便及时采取技术措施、管理措施,从而达到提高和控制的目的,同时也可以有效控制成本。

随机波动是偶然性原因(不可避免因素)造成的。它对产品质量影响较小,在技术上难以消除,在经济上也不值得消除。异常波动是由系统原因(异常因素)造成的。它对施工质量影响很大,但能够采取措施避免和消除。

六、工程监测

工程监测内容主要有:对结构物进行如应力、变形、位移、沉降、温度、表观变化等方面的监测,对临时结构安全指标、理论计算假定的监测,对影响工程质量、安全的环境因素的监测。

项目部要根据实施性施工组织设计(方案)所确定的监测任务及所要求的精确度,进一步设计监测方案。监测方法时应考虑其技术要求,确定监测的方法与步骤,包括监测点布置,观测时间与次数,观测精度及其评定方法。选定的仪器与观测点应与监测精度等技术要求相适应。

七、材料代用

巧用材料代用,可产生一定的经济效益。作为工程结构组成的材料代用必须经过设计单位同意并书面签证后,方可使用。

在临时工程施工方案设计前,对库存积压材料、工具进行分析研究,从而进行充分利用。

第六节　工程测量、计量工作管理

一、测量工作管理

1. 施工测量工作内容

建筑工程的施工测量主要包括工程定位测量、基槽放线、楼层平面放线、楼层标高抄测、建筑物垂直度及标高测量、变形观测等。

2. 组建项目测量队

项目经理部组建后,应尽早成立项目测量队。项目技术负责人负责组建工作。测量队隶属于项目经理部的技术部门,属项目经理部管理层机构编制。项目经理部的分部或工点及有条件的项目经理部操作层,可根据工程需要成立测量组,测量组在测量业务上归项目经理部测量队领导。不设测量组的项目经理部,测量队应承担测量组的测量工作。

项目测量管理体系图如图 2-7 所示。

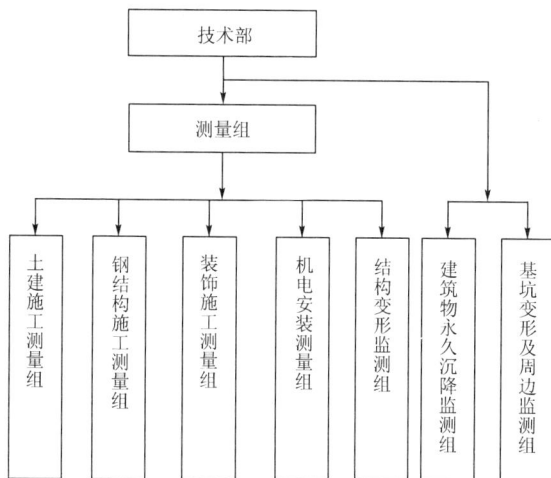

图 2-7　项目测量管理体系图

测量队、组的人员数量必须满足施工需要。测量队队长应具有土木工程专业助理工程师以上职称、从事测量工作 3 年(测量专业毕业的 2 年)以上的技术人员担任。负责仪器操作的人员必须持有测量员岗位证书,其他测工应经基本技能培训合格后上岗。

3. 施工测量仪器

测量队、组的测量仪器与工具配置应符合工程施工合同条件的要求,应根据工程种类配备必要的技术规范、工具书和应用软件。测量仪器、工具必须做到及时检查校正,加强维护,定期检修,使其经常保持良好状态。周期送检的测量仪器、工具应到国家法定的计量技术检定机构检定,测量队负责仪器、工具的送检工作。

4. 重视测量工作

(1)施工测量依据文件。

1)施工测量前应具有建设单位提供的城市规划部门测绘成果、工程勘察报告、施工设计图纸及变更文件、施工场区管线及构筑物测绘成果等资料。

2)与施工测量有关的施工设计图纸及变更文件应包括建筑总平面图、基础平面图、首层平面图、地上标准层平面图及主要方向的剖面图。

3)施工测量人员应全面了解设计意图,对各专业图纸按《建筑工程施工测量规程》(DBJ 01—21)中有关"设计图纸的审核"的要求进行审核,并应及时了解与掌握有关的工程设计变更,以确保测量放样数据的准确可靠。

(2)施工测量场地条件。

要做好施工测量工作,项目技术负责人要督促测量人员树立精确细致、严肃认真的科学态度,了解测量工作在工程中的重要性。重点做好平面坐标、高程等测量数据的计算,做到有计算就必须有复核,确保数据的精度和准确性。实际工作中要熟练掌握仪器操作和测量的方法,对不同的测量对象选用不同的方法及精度要求来进行控制,确保结构物的几何尺寸和线形准确。应尽可能推广应用先进的新技术和新设备,在保证精度要求的前提下提高工作效率。

1)施工场地布置应符合施工组织设计或施工方案的要求,保证施工测量工作要求的通视条件。

2)施工测量场地内的各种测量点应采取有效的保护措施,标识要准确、清楚和醒目,严禁盖压、碰动和毁坏。竣工后仍需保存的永久性场区控制点、高程点应按照《建筑工程施工测量规程》中的相关规定执行。

3)设在变形区域内的控制桩要采取相应的加固措施,防止由于地基变形对桩位产生不利影响。

任何施工项目都需要测量工作的密切配合,特别是结构复杂、质量标准高、施工难度大的工程项目,更需要测量工作的有力支持。测量工作的好坏,直接影响到工程的进度与质量乃至经济效益的发挥。

项目技术负责人要认识到测量工作对工程质量、进度及工程成本控制的重要性。在工程施工中,测量工作必须先行,只有将设计点位测设于实地后,工程施工才能开始进行,这对工程的进度有着决定性的影响。

项目经理部应当重视测量工作,加强领导和监督。根据测量队的工作特殊性,为其创造良好的工作和生活条件,保证必要的交通、后勤服务。

5. 施工测量定位依据点及水准点

(1)施工测量定位依据点及水准点主要包括建设单位为施工单位提供的城市导线点、线线桩、拨地桩、道路中线桩、拟建建筑物角点、原有建筑物(几何关系)、高程控制点、临时水准点等测量起始依据。

(2)施工测量定位依据点及水准点交接工作应在技术部门收到设计文件并具备相应条件后进行。交接工作应在建设单位主持下,由建设、设计、监理和施工单位在现场进行。进行桩点交接时相应的资料必须齐全,一切测量数据、附图和标志等必须是正式、有效、原始文件。

(3)建设单位提供的标准桩应完整、稳固并有醒目的标志,施工单位接桩后,必须对标准桩点采取有效的保护措施,做好标识,严禁压盖、碰撞和毁坏。

（4）交接桩工作办理完毕后,必须填写交接桩记录表,一式四份,建设单位、监理单位、项目部和测量员各一份。

（5）接桩后由测量队（组）对桩点进行复测校核,发现问题应提交建设单位、规划单位或上级测绘部门解决。校核内容包括桩点的高程、边长、方向角、坐标及非桩点定位依据的几何关系。复测记录应保存。

（6）对于建筑单位提供的钉桩通知单或其他原始数据应进行校算,内容包括坐标反算、几何条件核算、定位和高程条件依据的正确性校对、施工图中各种几何尺寸的校核等。起始定位依据必须是唯一确定建筑物平面位置和高程的条件,若有多余定位条件并相互矛盾时,应与建设方及监理协商,在保证首要条件的前提下对次要条件进行修改,对于建筑物定位和高程有关的变更必须有建设方书面确认。

6. 加强测量成果的校核

测量成果不允许有任何差错,否则将造成重大的经济损失,在工程质量和进度上也将造成难以挽回的不利影响,这就要求施工过程中对测量成果的校核工作要及时,走在施工的前头,以保证施工的顺利进行。对隐蔽工程,测量成果的校核更要仔细、全面。测量工作必须严格执行测量复核签认制,以保证测量的工作质量,防止错误,提高测量工作效率。

测量工作是一项精确、细致的工作,贯穿于整个施工过程中,要求项目技术负责人自始至终均给予高度重视,不能有半点马虎和懈怠。对测量人员的管理,仪器的保管与操作,测量的方法与程序等,都要从制度上加以完善,建立一套项目工程测量的规章制度,并形成测量成果的校核和复核体系,以确保工程的质量和进度满足要求,杜绝测量事故的发生。

测量外业工作必须有多余观测,并构成闭合检测条件。控制测量、定位测量和重要的放样测量必须坚持采用两种不同方法（或不同仪器）或换人进行复核测量。利用已知点（包括平面控制点、方向点、高程点）进行引测、加点和施工放样前,必须坚持"先检测后利用"的原则。

7. 施工测量放线的实施

（1）测量工作的程序和原则。

测量工作从布局上按"由整体到局部",逐级加以控制。在程序上按"先控制后碎部"的原则进行,即先完成控制测量,再利用控制测量的成果进行施工放样。在测量精度上,遵循"由高级到低级"的原则,控制测量的精度要求高,施工放样的精度相对较低。

工程项目要积极推广使用各种先进的测量仪器和现代化的测量方法,以提高测量精度和工效,满足施工需要。

(2)施工测量方案与技术交底。

1)建筑小区工程、大型复杂建筑物、特殊工程的施工均应按《建筑工程施工测量规程》中有关"施工测量方案的编制"的要求编制施工测量方案。

2)施工测量方案由测量专业人员会同技术部门共同编写,可以分阶段编写,但应保证在各阶段施工前完成。

3)施工测量方案编制完毕后,应由施工单位的技术、生产、安全等相关部门会签,由技术负责人进行审批。

4)施工测量方案审批后,应进行施工测量交底。

(3)施工测量放线的实施。

1)施工测量各项内容的实施应按照方案和技术交底进行,遇到问题应及时会同技术部门进行方案调整,补充或修改方案。

2)施工测量中必须遵守先整体后局部的工作程序。即先测设精度较高的场地整体控制网,再以控制网为依据进行局部建筑物的定位、放线。

3)施工测量前必须严格审核测量起始依据(设计图纸、文件、测量起始点位、数据)的正确性,坚持测量作业与计算工作步步有校核的工作方法。

4)实测时应做好原始记录。施工测量工作的各种记录应真实、完整、正确、工整,并妥善保存,对于需要归档的各种资料应按施工资料管理规程整理及存档。

5)每次施工测量放线完成后,按施工资料管理规程要求,测量人员应及时填写各项施工测量记录,并提请质量检查员进行复测。

8.施工中的变形观测

(1)规范或设计要求进行新建建筑物变形观测的项目,由建设单位委托有资质的单位完成,施测单位应按变形观测方案定期向建设单位提交观测报告,建设单位应及时向设计及土建施工单位反馈观测结果。

(2)施工现场邻近建(构)筑物的安全监测、邻近地面沉降监测范围与要求由设计单位确定,并由建设单位委托有资质的单位完成,施测单位应按变形观测方案定期向建设单位提交观测报告,建设单位应及时向设计及土建施工单位反馈观测结果。

(3)护坡的变形观测及重要施工设施的安全监测由专业施工单位确定和完成,并应编写变形观测方案,及时整理观测结果,保证施工中的安全。

9.施工测量工作应注意的问题

(1)周密安排,注重测量程序。根据单位、分部、分项工程直到具体工序,从整体上做好周密计划,分清主次与轻重缓急,安排组织好每一个施工测量的环节,使放样工作和施工工序紧密衔接。

在测量放样布局上,按照"由整体到局部"的程序逐级加以控制。

(2)加强图纸与放样数据的审核工作,重视放样成果的现场检查。全面阅读与审核设计图纸,尽早发现设计错误并处理。放样的计算数据要指定专人核对,测量完成后要对放样成果用不同的方法当场检查,以免因疏忽大意或意外因素造成不必要的测量质量事故。

(3)认真做好记录,保存好测量资料。施工测量中必须认真做好记录,连同放样资料一起保存。使用全站仪时要及时传输并储存数据,以防丢失。

(4)测量仪器的使用与保管。使用仪器之前应认真阅读使用说明书,确保仪器的正确使用。严格按照操作规程工作,重视工地现场环境下的仪器保护,在仪器的搬运过程中要防止碰撞及震动。仪器装箱的位置要正确,关箱后扣好。

测量仪器必须有专人保管,不得随意拆卸仪器。平时应保持仪器干净清洁,防止阳光暴晒、雨淋和受潮。

(5)测量安全。对测量人员要进行安全教育,组织学习安全操作规程,严格执行"安全第一,预防为主"的方针。具体要强调以下几点:

1)进入施工现场必须戴安全帽,水上作业必须穿救生衣。

2)仪器架设后操作人员不得离开仪器,在路边架设仪器需有专人保护,设交通标志。

3)严禁塔尺、花杆等测量器具触碰空中和地面上的电缆,特别是裸露电缆。

4)注意施工现场各种交叉作业可能引起的安全问题,上支架测量需设置人行梯。

(6)环境保护施工测量中要注意环境保护,废弃的木桩、油漆桶和记号笔等不得随地乱扔,应按照当地的环保规定统一处理。

二、计量工作管理

1. 计量工作的重要性

计量是实现单位统一、量值准确可靠的测量活动,是现代化建设中一项不可缺少的技术工作的基础,计量检测工作是实现企业管理现代化和提高企业素质的最基本的条件。

近年来,国外经济发达国家把优质的原材料、先进的工艺装备和现代化的计量检测手段视为现代化生产的三大支柱。其实,优质原材料的制取与筛选、先进工艺装备的配备与流程的监控也都离不开计量检测。国外先进生产线的产品品质高,残、次品很少或几乎没有,其中重要的因素就是充分利用了在线测量与监控技术,以现代化的计量检测手段作为其技术保证。

建立完备的计量检测体系,是企业加强科学管理,加快技术进步的重要保证。没有先进、科学的计量检测手段,就不可能生产出高质量的产品。企业计量工作贯穿企业生产经营活动的全过程,为新产品开发、原材料检验、生产工艺监控、产品质量检验、物能能源消耗、安全生产、环境监测、成本核算等提供准确可靠的计量数据。企业的计量技术素质和先进的计量检测设备是保证计量数据准确可靠的基础。

加强计量管理,有利于提高产品质量,提高企业经济效益。对企业计量工作的漠视,已经成为影响我国中小企业提高产品质量和产品科技含量的一个重要因素。

计量检测工作是整个工业企业素质和管理现代化的最基本的条件,更是企业生存和发展的基础。充分发挥计量检测工作在提高质量、降低消耗、增进效益、保证安全生产等方面的作用,可为提高产品质量的总体水平提供可靠的保证。

2. 项目经理部的计量管理工作

项目经理部的计量工作是三位一体管理体系的一个重要组成部分,必须予以高度重视。要将直接用于施工和间接为施工服务的检验、测量和试验设备置于有效的管理和控制之下,通过对施工工艺、质量、安全、环保、能源、经营各环节的计量检测数据的管理,为安全生产、保证工程质量和提高经济效益提供可靠的依据和保障。

为使项目的计量工作沿着标准化、规范化、科学化的轨道发展,应按以下要求进行:

(1)设置项目计量管理机构。由项目技术负责人直接领导计量工作,在试验室设置项目的专职计量员,另在各职能班组设置兼职人员配合项目计量员工作,具体工作落实到人,职责明确,形成完整的项目计量管理体系。

(2)制订项目的计量管理制度。明确计量管理体系各岗位人员的工作职责要求,规定计量器具的管理、使用、检定、维护和保管办法,使计量工作做到有章可循,为规范项目的计量工作奠定良好的基础。

1)计量器具流转制度,内容包括计量器具购置、验收、保管、配备使用、定期检定、标识、维护保养、封存、限制使用、报废处理等。

2)计量技术档案和文件资料、器具档案管理制度,包括存档内容及存档年限。

3)合格检测数据处理、事故处理、计量纠纷和仲裁制度。

4)计量技术机构管理制度(计量检定室)。

5)各级人员岗位责任制。

6)计量监督、检查制度。

7)计量培训制度。

(3)对项目计量人员进行岗位培训,取得资格证后再安排上岗。为保证项目计量工作的连续性和稳定性,中途不得更换计量员。同时,在项目内开展计量技术的培训和学习,贯彻落实计量的法律、法规及上级管理制度,提高计量人员的法制意识和业务水平。

(4)加强计量器具的管理工作,特别要抓好强检计量器具的管理,确保其受检率达到100%。严格执行计量器具流转制度,使计量器具从申购计划、入库检验、登记、立卡、周期检定到降级、停用直至报废等各个环节均处于受控状态,同时对所有在用的计量器具的台账和周检计划实行微机管理,以提高工作效率,保证施工安全和避免计量检测错误。

(5)严格控制对外协、分包、联合体队伍的计量器具管理,并建立相应的管理制度。

3.项目技术负责人的计量管理工作职责

(1)领导项目各部门贯彻实施国家计量法律法规,严格执行局和所属公司(处)的计量管理制度,积极推行使用国家法定计量单位。

(2)根据业主和生产经营的需要,审核计量器具的购置计划。

(3)审批项目年度计量器具送检计划,保证所有在用的计量器具均能按周期进行检定。

(4)根据施工生产和经营管理的需要,建立相应的项目计量工作制度。

1)计量器具流转制度。

2)计量器具使用、保管、维修制度。

3)计量器具校准、溯源制度。

4)专(兼)职计量员岗位责任制度。

5)计量资料(包括账、卡、历史记录等)使用与保管制度。

(5)指导计量人员进行培训取证。

4.项目计量检测设备的管理

(1)项目计量检测设备管理包括计量检测设备配备计划、采购、校准、标志、维护保养、封存、启封及报废。

(2)项目经理部应根据上级的要求和实际需要,编制计量检测设备购置计划,应保证所选择的计量设备的计量性能能满足预期使用的要求,为施工、经营或服务提供计量保证,主要环节如下:

1)项目计量管理机构对使用部门提出的申请采购计量器具的计划进行评审,审查其测量范围、准确度、功能等是否满足测量参数的需要,防止错购、重复购置,避免经济损失。

2)入库检验。新购置的计量检测设备,必须经过首次检定校验,合格后办理入库手续,不合格应进行退货处理。

3)建账登记发放。使用部门领取计量器具时,要经计量部门对每件计量器具进行建账登记、编号、贴上标志、确定检定(校准)周期后发放。

(3)所有计量检测设备,均应按国家和上级确定的周期送法定单位进行检定校准,并应在检定校准之前准备好替代的计量检测设备,以保证现场工作的连续进行。A、B、C类计量器具的划分及管理要求如下:

A类:

1)国家计量法律、法规规定的强制检定的计量器具。

①最高计量标准器具。计量标准器具是指准确度高于计量基准(统一全国量值最高依据的计量器具),用于检定其他计量器具或工作计量器具的计量器具。包括社会公用计量标准器具、部门计量标准器具和企事业单位计量标准器具。企业按《计量标准考核办法》考核合格的计量标准器具就是企业的最高计量标准器具。

②用于贸易结算、安全防护、医疗卫生、环境监测四个方面并列入强检目录的工作计量器具,如压力表、瓦斯计、粉尘测量仪等。

此类计量器具属于强制检定的计量检测设备,必须按规定的周期送往项目所在地区技术监督局进行强制检定。所在地区技术监督局不能承担的强检项目,应报所在省、市技术监督局协调落实。

2)生产、经营活动中关键测量过程使用的计量器具。

①生产工艺过程中用于检测关键参数的计量器具,如张拉千斤顶压力表、全站仪、水准仪等。

②进、出的能源计量器具,如电度表、油量表等。

③进、出的物料计量器具,如混凝土及沥青拌和站的称重计量器具。

此类计量器具在管理上的要求是根据使用部位的不同需求确定合理的检定周期(原则上不超过检定规程规定的检定周期),按时进行检定。

B类:用于内部经营核算,进行工艺控制、质量检测等生产、经营活动中非关键测量过程使用的对量值有一定准确度要求的计量检测设备,如万能材料试验机、混凝土压力机、台秤、架盘天平、游标卡尺等。

此类计量器具属于非强制检定的计量检测设备,可根据就近、就地、方便生产、方便管理的原则自主送国家法定计量检定机构和经批准授权的计量检定机构检定。

C类:生产、经营活动中对测量准确度要求不高的性能稳定、结构简单、低值易耗的一般计量器具,包括生产设备和装置上固定安装不易拆卸的计量器具,以及国家规定标有CCV标志(全国统一的首次强检标志)的计量器具。如电流表、电压表、时间继电器、盒尺、水平尺、量杯等。

此类计量器具属于进行外观检查和比对校验的计量检测设备,应按局或公司主管部门制定的校验规程,由专(兼)职计量员进行校验,并保存校验记录。

(4)计量检测设备的日常管理。

1)计量职能部门必须保存计量检测设备的目录和校准资料。资料应包括计量检测设备的类别、型号、购置日期和厂家、编号、精度以及校准周期台账和计量检测设备的抽检记录等。

2)凡校准合格的计量检测设备应粘贴彩色标志,以证明该计量检测设备的状态处于允许的精度之中,并在该标志上注明下次检定校准的日期。

3)使用部门必须按计量检测设备技术文件的要求进行使用、维护和保养,严禁私自拆修。精密、大型、贵重检测设备,必须指定专人保养、维修、使用,严禁无关人员私自动用。

4)使用部门在操作使用过程中发现不合格的计量检测设备,应立即停止使用,隔离存放,标示明显的标志,并上报项目技术负责人。不合格的计量检测设备在不合格原因排除后,并经再次校准后才能投入使用。若经检定,计量检测设备的精度达不到原等级时,可降级使用,降级使用的计量器具必须经检定部门认可,粘贴"限用证"标志。

5)计量检测设备超过三个月不使用时,应由使用部门提出申请,报公司主管部门审批后予以封存,并按规定做好封存记录。封存的计量检测设备未按规定办理启用手续,不得投入使用。

6)精密、大型、贵重计量检测设备(如全站仪、万能材料试验机等)需要报废时,应经法定检定机构校准出示报废证书后,方可报废。其他计量检测设备需要报废时,应由使用部门提出申请,经公司主管部门批准后方可报废。报废的计量检测应由公司主管部门统一提出处理意见,严禁流入施工生产中使用。报废的计量检测设备应做好记录,项目计量职能部门应及时销账。

(5)计量数据检测的管理。

1)项目部应按施工质量验收规范、施工技术规范、规程和业主的有关规定做好工程质量、安全、环保、能源、物资等计量检测工作,保管好计量检测数据和原始记录。

2)计量检测数据包括工艺质量、安全、环保、能源、经营管理等方面的数据。工艺控制、质量检测、物料及能源的计量检测数据的管理均由各项目对口部门自主完成。

3)在操作使用过程中,当发现计量检测设备处于失准状态时,项目技术负责人必须组织对以前的检验、试验结果和计量数据等进行追溯,对其有效性进行评定,采取必要的改正措施。

4)各项计量检测数据,必须真实准确,记录完整、字迹清楚,符合有关规定。

5)各项计量检测数据,应按要求及时报送上级主管和相关主管部门。

6)对计量检测数据,应做好统计分析工作,并根据对计量检测数据的分析,及时采取合理的管理措施,对工程项目的各项工作进行有效的控制。

(6)对外协、分包、联合体队伍的计量器具管理。

1)必须把对外协、分包、联合体队伍的计量管理纳入项目总的管理中,使其计量检测设备和检测工作处于有效控制之中。

2)外协、分包、联合体队伍用于工艺、质量检测的计量检测设备的目录和周期检定台账,应报项目部,以备项目部对分包方的检查监督使用。

3)项目部应按公司对计量检测设备和计量检测的管理规定,定期对外协、分包、联合体队伍的计量工作进行检查,发现问题及时纠正。

4)若发现外协、分包、联合体队伍不按有关规定执行,并造成检测数据不准确的,将由其承担一切责任,并根据具体情况对其处以一定金额的罚款。

第七节　项目试验工作管理

一、施工现场试验管理

(1)现场试验室应按工程规模配备不少于 1 名专职试验员,专职试验员应持有市建委颁发的试验上岗证。现场试验工应经过培训,考核合格后持证上岗,无证人员不得从事现场试验工作。现场试验工作应由项目技术部门领导。

(2)现场试验室可负责原材料和砂浆、混凝土试块的送试及简易的土工、砂石试验等。现场试验室自行试验的项目,应经上一级主管部门审查批准、备案。原材料试验工作流程如图 2-8 所示,施工试验管理流程图如图 2-9 所示。

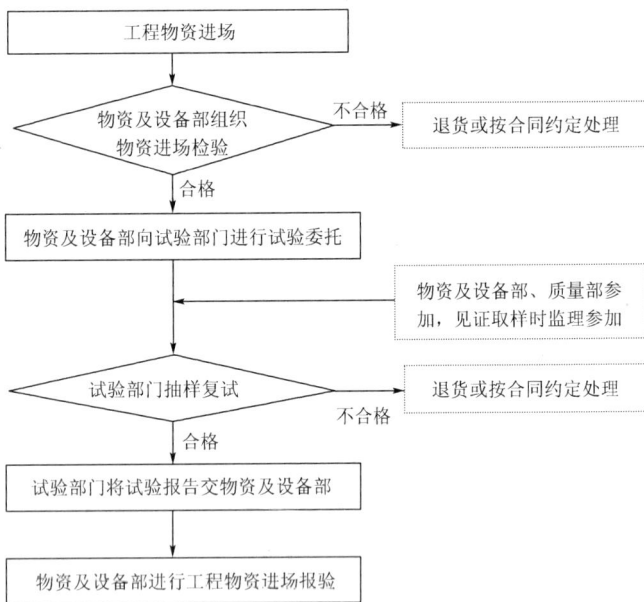

图 2-8　原材料试验工作流程图

(3)施工现场应按工程规模建立能满足要求的现场试验室,按需设置标准养护室或标准养护箱。标准养护室应符合有关规定的要求,应具备温湿度控制装置和喷淋装置,冬施期间应设置控温加热水箱,禁止使用电炉加热及壁挂式电热器。

(4)应根据工程试验的需要选择配备天平、案秤、坍落度筒、烘干电炉、砂浆稠

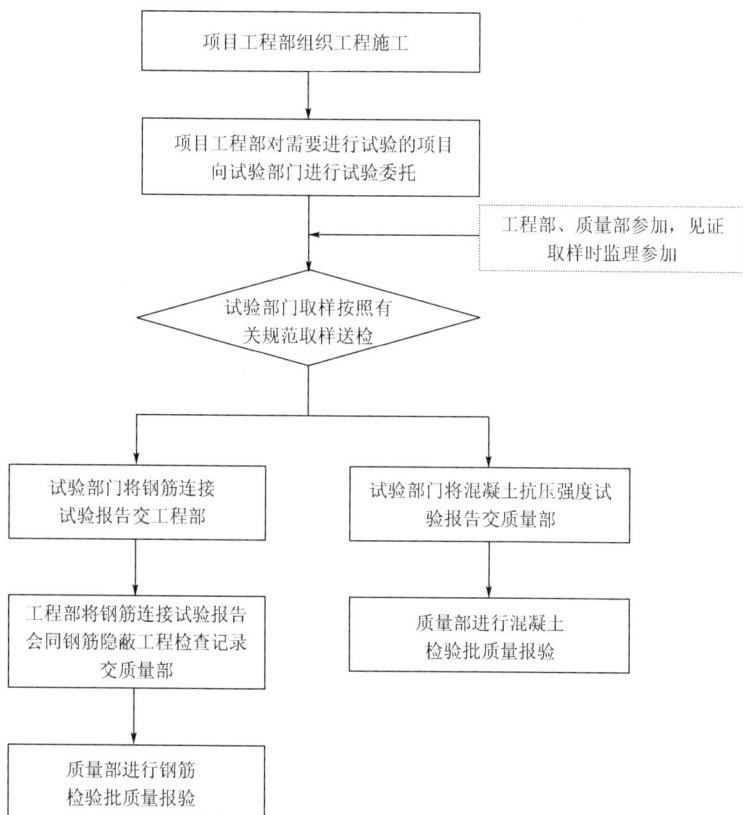

图 2-9　施工试验管理流程图

度、卡尺、钢板尺、温度计、湿度计等试验设备,所用设备应按照计量管理规定进行检定,检定合格方能使用。

(5)现场试验室应有完善的岗位责任制度、计量器具和试验设备管理制度、养护室管理制度及试验人员培训制度。

(6)单位工程施工前,应由项目技术员与试验员结合工程进度编写工程试验计划,包括见证取样和实体检验计划。当施工进度计划或材料变更等情况发生时,应及时调整试验计划。

(7)现场试验员应按试验计划取样送检,各种材料取样和样品的制作应符合相关规定,确保样品的真实性和可靠性。

(8)试件送试后,应及时取回试验报告,对不合格项目应通知项目技术负责人,并按有关规定处理。

(9)现场试验室应建立的台账与记录包括：

1)按照不同品种分别编号建立原材料送试台账。

2)按照单位工程建立混凝土试块台账。试块编号应连续，不得重号、漏号。

3)计量器具试验设备台账和检定记录。

4)砂、石含水率检测记录。

5)坍落度测定记录。

6)养护室温湿度测定记录。每日上、下午应各测定一次，并应记录测定时间、测定值、检测人签字。

7)现场自检回填土干密度试验记录。

8)大气测温记录。

记录的字迹应清晰，不得随意涂改，现场检验试验的原始数据不得改动。

二、有见证取样管理

(1)施工单位的现场试验人员应在建设单位或工程监理人员的见证下，对工程中涉及结构安全的试块、试件和材料进行现场取样，送至有见证检测资质的建筑工程质量检测单位进行检测。

(2)有见证取样项目和送检次数应符合国家和本市有关标准、法规的规定要求，重要工程或工程的重要部位可增加有见证取样和送检次数。送检试样在施工试验中随机抽取，不得另外进行。

(3)单位工程施工前，项目技术负责人应与建设、监理单位共同制订有见证取样的送检计划，并确定承担有见证试验的检测机构。当各方意见不一致时，由承监工程的质量监督机构协调决定。每个单位工程只能选定一个承担有见证试验的检测机构。承担该工程的企业试验室不得担负该项工程的有见证试验业务。

(4)见证取样和送检时，取样人员应在试样或其包装上作出标识、封志。标识和封志应标明样品名称和数量、工程名称、取样部位、取样日期，并有取样人和见证人签字。见证人员应做见证记录，见证记录列入工程施工技术档案。承担有见证试验的检测单位，在检查确认委托试验文件和试样上的见证标识、封志无误后方可进行试验，否则应拒绝试验。

(5)各种有见证取样和送检试验资料必须真实、完整，不得伪造、涂改、抽换或丢失。

(6)对涉及结构安全和使用功能的重要分部工程应进行抽样检测，并应按照各专业分部(子分部)验收计划，在分部(子分部)工程验收前完成。抽测工作实行见证取样。

第八节　分包工程技术管理

这里所指的分包工程指依法进行分包的工程。专业化分包队伍应具备建立一套完整的技术管理体系的能力。对于清包工及零星工程的分包队伍,项目经理部可将其视为现场施工人员,纳入项目经理部的技术管理体系中。

一、专业化施工队的技术管理体系

专业化施工队应完全按照项目经理部技术管理体系的模式建立自己的技术管理体系,对上建立与项目经理部技术管理体系的接口,对下落实到每个现场施工人员。

(1)项目技术负责人在审批专业化施工队的技术管理体系时,应着重审核以下内容:

1)与项目经理部的技术管理体系接口是否顺畅。专业化施工队不得直接与业主、监理机构进行技术问题的处理。

2)对技术难点、关键工序的技术要有分析、把握能力,过程控制能力。

3)专业化施工队进行试验、检测的能力、设备是否满足要求。

4)专业化施工队必须设一名现场技术负责人,每分项工程设专业技术人员1名,每工序施工过程中设专业技术人员带班作业,项目部要及时对这些人员的技术水平进行考核。

5)必须设置专人负责计量工作,负责建立专业化施工队的计量器具台账及器具的标识,负责计量器具的送检,送检证明报项目技术部审核,定期参加项目组织的计量工作会议。

(2)项目技术负责人在审核专业化施工队技术管理体系运行状况时,应着重审核以下内容:

1)理解与执行有关标准、规范、规程、施工工艺标准的程度,反馈现场技术问题、质量问题的及时性,执行项目经理部技术质量要求的程度。

2)分包范围内的专项施工方案和季节性施工措施的编制水平。

3)出现质量问题后,必须制订详细的书面处理措施,并报项目工程(技术)部和项目技术负责人审批后方可实施。

4)与工程进度同步,对分包范围内工程施工原始记录、检查签证记录、施工照片、音像资料以及有关的技术文件和资料进行记录、收集、分类整理、汇总和保管。

二、专业化施工队技术管理的基本要求

1. 开工前的技术准备工作

(1)接受项目经理部的整体技术交底。

(2)独立编制分包范围内的实施性施工组织设计。专业化施工队的实施性施工组织设计应服从项目经理部的实施性施工组织设计。

(3)专业化施工队应建立施工文件发放台账。

2.现场技术管理

(1)接受项目经理部的各级技术交底。

(2)一般情况下,专业化施工队应组织第二级技术交底,交底资料报项目工程(技术)部审核后,由专业化施工队技术负责人进行交底。第二级技术交底以工序为单元向工序技术员、工班长或工序负责人、主要操作人员进行技术交底。二级技术交底过程中应邀请项目工程(技术)部参加。

(3)单项施工方案的管理,报批程序。程序一般为:由分包商现场技术负责人签名后上报项目工程(技术)部→项目工程(技术)部7天内返回审批意见→分包商根据项目工程部审批意见在7天内修改完善,分包商法人代表签名→项目部2天内返回审批意见→双方存档备案。

(4)施工方案的修改。根据设计图纸、现场情况的变化,由分包商提出书面修改意见,修改后的方案必须报项目经理部审批后方可实施。

(5)施工方案的检查。若发现承包商严重违反施工规范、严重违章,不按已批准的方案施工的,项目部有权责令分包商停工,责令限期整改并处罚直接指挥者。

(6)所有原材料、半成品的检验、试验过程,或者由项目经理部直接进行,或者在有项目经理部派出人员监督下进行。

(7)现场技术问题,应及时以书面形式反馈给项目经理部。

第九节　工程洽商、设计变更及深化设计管理

一、图纸会审与工程洽商

1.图纸审查管理

(1)施工单位领取图纸后,应由项目技术负责人组织技术、生产、预算、测量、翻样及分包方等有关部门和人员对图纸进行审查。

(2)图纸审查时应重点审查施工图的有效性、对施工条件的适应性、各专业之间和全图与详图之间的协调一致性等。

(3)图纸审查应形成记录,由施工单位将参加图纸审查的各部门和人员所提出的问题按专业整理、汇总后,报建设(监理)单位,由建设(监理)单位提交给设计单位做设计交底准备。

(4)图纸会审由建设单位组织设计、监理和施工单位技术负责人及有关人员参加。施工单位负责将设计交底内容按专业汇总、整理,形成图纸会审记录。

(5)图纸会审记录应由建设、设计、监理和施工单位的相关负责人签认,形成正式图纸会审记录。不得擅自在会审记录上涂改或变更其内容。

2.工程技术洽商管理

(1)项目在组织施工过程中,如发现设计图纸存在问题,或因施工条件发生变化,不能满足设计要求,或某种材料需要代换时,可向设计单位提出书面工程洽商资料,请求设计单位予以答复。

(2)工程洽商应内容详实、具体准确,必要时可附图。对于原设计的变更处,均应详细标明相关图纸的轴线位置和修改内容,并逐条注明所修改图纸的图号。

(3)设计变更洽商可由技术人员办理,水电、设备安装等专业的洽商由相应专业工程师负责办理。工程分承包方的有关设计变更洽商记录,应经工程总承包单位确认后方可办理,除合同另有规定。

(4)工程洽商内容若涉及其他专业、部门及分承包方,应征得有关专业、部门、分承包方同意后,方可办理。

(5)洽商应有建设单位、监理单位、设计单位、施工单位项目负责人或其委托人共同签认后生效。设计单位如委托建设或监理单位办理签认,应依法办理书面委托书,才能由被委托方代为签认。

(6)施工过程中增发、续发、更换施工图时,应同时签办洽商记录,确定新发图纸的起用日期、应用范围及与原图的关系;如有已按原图施工的情况,要说明处置意见。

(7)各责任人在收到工程洽商记录后,应及时在施工图纸上对应部位标注洽商记录日期、编号、更改内容。

(8)工程洽商记录需进行更改时,应在洽商记录中写清原洽商记录日期、编号、更改内容,并在原洽商被修正的条款上注明"作废"标记。

(9)同一地区内相同的工程如需同一个洽商(同一设计单位,工程的类型、变更洽商的内容和部位相同),可采用复印件,但应注明原件存放处。

3.工程技术洽商报审流程

工程技术洽商报审流程如图2-10所示。

二、设计变更管理

设计变更是指设计部门对原施工图纸和设计文件中所表达的设计标准状态的改变和修改。根据以上定义,设计变更仅包含由于设计工作本身的漏项、错误或其他原因而修改、补充原设计的技术资料。设计变更和现场签证两者的性质是截然不同的,凡属设计变更的范畴,必须按设计变更处理,而不能以现场签证处理。设计变更是工程变更的一部分内容,因而它也关系到进度、质量和投资控制。所以加强设计变更的管理,对规范各参与单位的行为,确保工程质量和工期,控制

总包单位提出工程技术
洽商（含费用估算）报
送监理单位

监理单位接收资料

返回修改

提出修改工程洽商

有异议 监理单位签认

确认

否决工程洽商

监理单位报送建设单位

由监理单位返回总包单位修改

建设单位接收资料

提出修改工程洽商

有异议 建设单位
内部签认 有异议 设计单位签认

确认 确认

否决工程洽商

建设单位将经签认的
洽商返回监理单位

监理单位将洽商
返回总包综合办公室

总包综合办公室下发
各相关部门及分包单位

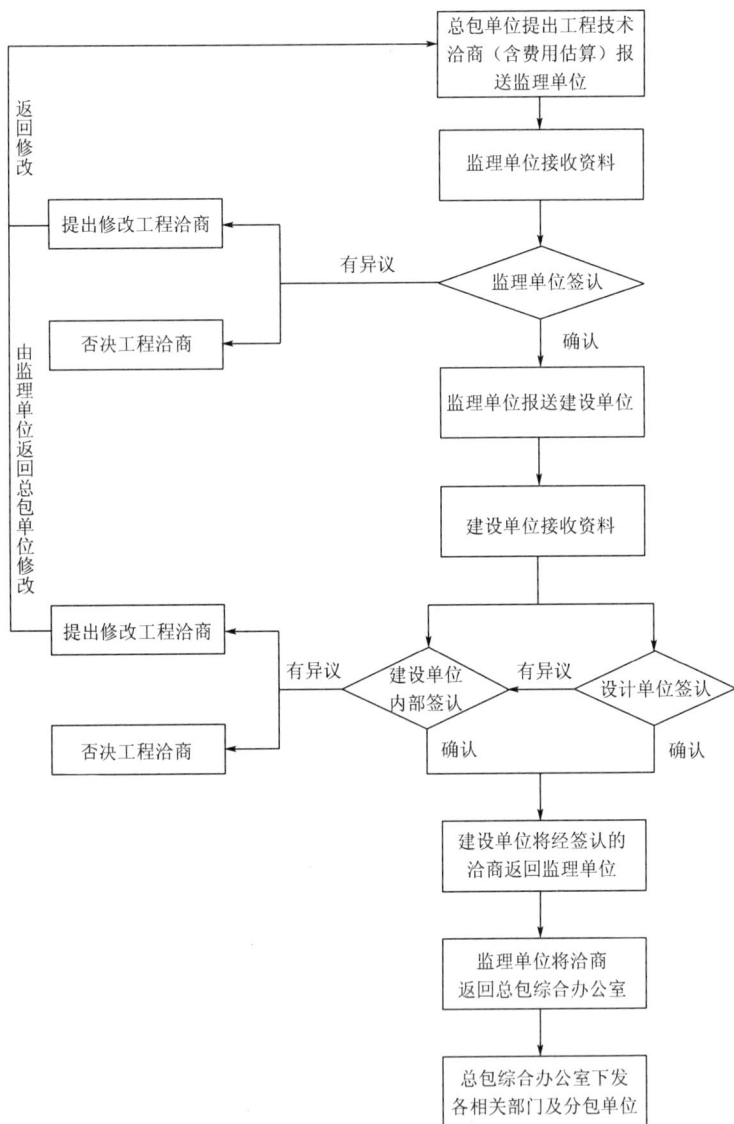

图 2-10 工程技术洽商报审流程图

工程造价，进而提高设计技术都具有十分重要的意义。

设计变更应尽量提前，变更发生得越早则损失越小，反之，就越大。如在设计阶段变更,则只需修改图纸,其他费用尚未发生,损失有限;如果在采购阶段变更,不仅需要修改图纸,而且设备、材料还需重新采购;若在施工阶段变更,除上述费用外,已施工的工程还须拆除,势必造成重大变更损失。所以,要加强设计变更管理,严格控制设计变更,尽可能把设计变更控制在设计阶段初期,特别是对工程造价影响较大的设计变更,要先算账后变更。严禁通过设计变更扩大建设规模、增加建设内容、提高建设标准,要使工程造价得到有效控制。

设计变更费用一般应控制在建筑安装工程总造价的5%以内,由设计变更产生的新增投资额不得超过基本预备费的三分之一。

1.设计变更的类型及等级

(1)设计变更的类型。

1)施工单位提出的设计变更。

2)业主或建设单位提出的设计变更。

3)监理工程师提出的设计变更。监理工程师根据施工现场的地形、地质、水文条件、材料、运距、施工难易程度及现场临时发生的各种情况,按照合理施工的原则,综合考虑后提出的设计变更。

4)工程所在地的第三方提出的设计变更。工程所在地的当地政府、群众或企事业单位为维护自己合法权益所提出的变更。

5)设计方提出的变更。设计单位对原设计有新的考虑或为进一步优化、完善设计所提出的设计变更。

(2)设计变更的等级。

按工程设计变更的性质和费用影响分类,设计变更分为重大设计变更、较大或重要变更、一般变更三个等级。

2.设计变更的处理方式

工程量清单模式下设计变更的处理,不是预算定额模式下变更费用按计价时的定额标准简单加减的算术问题,它常常引起合同双方对增减项目及费用合理性的争执,处理不好会影响工程量清单计价的合理性与公正性,甚至会由此而引起双方在合同方面的争执,影响合同的正常履行和工程的顺利进行。因此,在工程量清单计价模式下,应重视工程变更对工程造价管理的影响,加强设计变更的管理。

工程设计变更内容经分析归纳,一般包括以下几个方面:

(1)更改工程有关部分的标高、基线、位置和尺寸。

(2)增减合同中约定的工程量。

(3)增减合同中约定的工程内容。

(4)改变工程质量、性质或工程类型。

(5)改变有关工程的施工时间和顺序。

(6)其他有关工程变更需要的附加工作。

从上述内容可知,对于一个工程项目而言,工程变更几乎是不可避免的。就工程承包合同的双方而言,建设单位为加强对现场工程量变更签证的管理,把投资控制在预定的范围内,防止因工程量变更引起投资增加,总力图让变更规模在保证设计标准和工程质量的前提下尽可能缩小,以利于控制投资规模。作为承包人的施工单位,由于变更工程总会或多或少地打乱其原来的进度计划,给工程的管理和实施带来程度不同的困难,所以,一方面向建设单位索要比建设单位自己提出的工程变更实际费用大得多的金额,另一方面则向建设单位提出能增加计量支付额度的工程变更,以追求企业经营的最大利润,尽量拿回合同价格范围内的暂定金额。因此对工程变更造价的处理往往成为合同双方争论的焦点和监理工程师处理合同纠纷的难点。根据以往的经验与教训,合同双方及合同的监理单位在处理工程变更时必须坚持公平、公正,严格合同管理的原则,运用灵活的方法进行工程变更的处理。

无论是哪一方提出的工程变更,都必须经过业主和监理工程师的审核同意,在变更指令上签署认可。变更设计必须在合同条款的约束下进行,任何变更不能使合同失效。变更后的单价一般仍执行合同中已有的单价,如合同中无此单价,应按合同条款进行估价,经监理工程师审定、业主认可后,按认可的单价执行。如果监理工程师认为有必要和可取,对变更工程也可采取以计日工计价的方法进行。

3. 设计变更的原则

(1)设计变更必须遵守国家及行业制定的技术标准和设计规范,符合业主和设计单位的有关规定和办法。

(2)设计变更必须坚持高度负责的精神与严肃的科学态度,尊重施工图设计,保持设计文件的稳定性和完整性。在确保技术标准和工程质量的前提下,对于在控制或降低工程造价、加快施工进度、有利于工程管理等方面有显著效果时,方可对施工图设计进行优化与变更。

(3)设计变更应立足于确保结构安全和耐久性,改善使用功能,合理控制造价和方便施工,保证施工质量和工期。

(4)设计变更应本着节约原则,实事求是,严禁弄虚作假,严禁为经济利益而变更。

(5)设计变更应与工程进度同步,不得事后补图。若遇特殊情况,按业主协调会议纪要先行施工,但应及时补办设计变更手续。

(6)对未经业主批准的设计变更,一律不得实施。

(7)任何设计变更申报及批复均以书面为准,无书面确认的设计变更,一律不得实施。

(8)设计变更图表原则上应由原设计单位编制,少数特殊情况经批准也可由业主委托其他有相应资质的设计单位进行编制。

4.设计变更的实施与费用结算

(1)设计变更实施后,由监理工程师签注实施意见,但应注明以下几点:

1)本变更是否已全部实施,若原设计图已实施后才发出变更,则应注明,因会涉及按原图制作加工、安装、材料费以及拆除费。若原设计图没有实施,则要扣除变更前部分内容的费用。

2)若因变更发生拆除项目,已拆除的材料、设备或已加工好但未安装的成品、半成品,均应由监理人员负责组织建设单位回收。

(2)由施工单位编制结算单,经过造价工程师按照标书或合同中的有关规定审核后作为结算的依据,此时也应注意以下几点:

1)由于施工不当,或施工错误造成的,正常程序相同,但监理工程师应注明原因,此变更费用不予处理,由施工单位自负,若对工期、质量、投资效益造成影响的,还应进行反索赔。

2)由设计部门的错误或缺陷造成的变更费用,以及采取的补救措施,如返修、加固、拆除所生的费用,由监理单位协助业主与设计部门协商是否索赔。

3)由于监理部门责任造成损失的,应扣减监理费用。

4)设计变更应视作原施工图纸的一部分内容,所发生的费用计算应保持一致,并根据合同条款按国家有关政策进行费用调整。

5)材料的供应及自购范围也应同原合同内容相一致。

6)属变更削减的内容,也应按上述程序办理费用削减,若施工单位拖延,监理单位可督促其执行或采取措施直接发出削减费用结算单。

7)合理化建议也按照上面的程序办理,奖励、提成另按有关规定办理。

8)由设计变更造成的工期延误或延期,则由监理工程师按照有关规定处理,此处不再赘述。

凡是没有经过监理工程师认可并签发的变更,一律无效;若经过监理工程师口头同意的,事后应按有关规定补办手续。

5.项目经理部的设计变更管理

作为施工方的项目经理部向业主所提出的设计变更要符合有关技术标准和规范、规程,符合节约能源、少占耕地、方便施工、能加快工程进度的原则,设计变更申请资料须包含变更理由、变更项目的施工技术方案、设计草图、变更的工程数量及其计算资料、变更前后的预算对照清单等。在报送变更申请资料之前,项目技术负责人应在现场就具体情况和监理工程师先行沟通。

在抗洪救灾及紧急抢修中所涉及的设计变更,当时无法履行设计变更审批手续,但应注意留存相应的影像资料,待抢险完成后马上按规定程序办理相关手续。

如果是业主发出的正规变更指令,索赔或计价时较易处理。当业主通过口头或暗示方式下达变更指令时,项目经理部应在规定的时间内发出书面信函要求业主对其口头或暗示指令予以确认。当由于工程变更导致工期延长或费用增加时,应及时提出索赔要求,并在规定的时间内计算工期延长或费用增加的数量,保证项目在各个环节上符合合同要求。这样,可使计量支付顺利进行,即使出现合同争议,在进行争议评审或仲裁时,也可处于有利地位,而得到应得的补偿。

三、深化设计工作

1. 深化设计的重要性

随着建筑工程总承包"EPC"一体化进程的加快,国际投资商和业主越来越希望工程总承包商能够提供建筑产品全过程更为广泛的服务功能和技术实力。由于"EPC"管理模式最大的特点是实行设计、采购、施工一体化,把资源最佳配置结合在工程项目上,减少工程链环节,真正体现风险与效益、责任与权利、过程与结果的统一。因此,越来越多的特级资质总承包企业强调以兼具施工和设计能力提升企业的核心竞争力和品牌战略,"EPC"总承包管理模式可有效地控制工程项目的投资、质量和工期进度。

(1)总承包企业在市场竞争条件下生存与发展的需要。

市场竞争日趋激烈给施工企业生存和发展带来了严峻的挑战,施工企业必须有自己企业特色的技术实力和管理能力,才可保持企业的生机活力。

(2)建设施工企业深化设计能力是弥补设计单位施工经验不足的需要。

设计单位依据国家规范设计图纸时,设计方案对应的技术措施有时会有一定的延时性,因为所有的技术创新都是在实践中不断实时更新创造的,而施工单位恰好能凭借自己丰富的施工经验和深化设计能力更直接、更经济地实现设计者意图,为业主节省建筑项目的投资。

(3)建设施工企业深化设计能力是弥补设计单位对建筑材料市场了解不足的需要。

施工单位是捕捉市场建筑材料产品变化的第一人,它对市场同类材料产品的价格、性能、施工难易度以及使用后的效果比设计单位掌握的更全面准确。因此,具备深化设计能力的施工单位更能为业主和设计单位提供可实现的合理化建议。

(4)有利于优化、完善建筑工程各系统的设计,提高整个建筑行业的实用功能。

施工图纸设计下移后,可以充分调动、发挥施工单位参与工程各系统设计的积极性,有利于将施工单位在实践中积累的优化系统、优化建筑材料、方便施工、方便维修保养的经验和教训提前运用到工程设计当中,使工程设计更完善、更具操作性,建筑环境更舒适。

例如,机电空调系统中的 VAV 变风量系统的设计,本意是希望根据建筑内空调负荷的实时变化,调整送风量,避免局部区域过冷或过热,同时节省能源。这种系统要顺利地实现使用功能,必须保证风速采样点的位置设置合理,后期的调试即风平衡、水平衡的调整也是关键,如果采样点的位置太远或太近或者不容易找到,那么整个系统就会传出错误的风量调整信号;如果后期的调整没有必要的可调节的阀门,那么系统调试就不易实现;很可能整个系统按变风量投资却只能实现定风量系统的功能。但是有经验的施工单位要是在实践中已摸索出了一些经验、教训,就可以在工程前期设计中避免类似问题的发生,从而更完美地实现整个工程的使用功能。

在建筑材料方面,施工单位也具有得天独厚的优势,与设计院相比,他们更了解各种材料和设备的优劣、经济性能比、供货周期、生产量、生产极限、操作的方便性等,更有利于保证施工工期,使系统设计更具有可操作性。

(5)弥补了设计单位和施工单位之间的真空地带,有利于建筑工程管理。

目前设计单位具有较强的设计计算能力,但也有一些设计院和大多数年轻同志缺乏施工实践经验,有意或无意地忽略对于施工现场很必要的施工详图的设计,如大型机房内管道支架图,竖井内详细的管道排布及安装图,机电系统各专业管线的布置不够合理,存在位置冲突等问题,而施工单位认为施工图纸设计本应是设计单位的责任,这样就不利于工程施工管理,而且现场会产生比较多的设计变更洽商,给建设单位带来一些经济上的问题和矛盾。

(6)有利于规范建筑市场行为,完善建筑行业的管理。

目前,很多建设单位在挑选承包商时,已经要求承包商具有施工图设计能力,而且很多施工单位也凭借这方面的技术优势赢得了市场份额,在工程中施行施工图的设计职能,但是由于没有相关的法规或管理办法,施工单位的施工图纸设计行为没有得到有效、合法的保护,为赢得市场份额,经常是免费承担了这种责任,不利于建筑行业的规范和管理。若原建设部有步骤地推进图纸设计下移这项工作,就会制定相应的法规和管理办法,那么深化设计方面便有法可依,建筑行业便会更加良性、健康地发展。

(7)有利于建筑行业施工承包单位与国际的接轨。

国际上一些知名的建筑承包单位都具有真正意义上的工程总承包的能力,尤其是具有工程设计能力,而我国施工承包单位在这方面还比较薄弱,加入WTO后,国外建筑公司进入中国市场,或者国外设计单位完成的工程设计都需要施工单位施工前先进行施工图设计,所以施工图纸设计下移,有利于提升施工承包单位的技术实力,有利于建筑工程施工承包单位的发展壮大。

2. 深化设计工作的主要内容

建筑工程承包在工程实施中涉及的深化设计主要包括结构、装修、机电三大部分。对于这三部分工作内容,根据近年来工程实施的情况,通过对设计图纸状况、深化设计内容两个方面进行分析比较,深化设计工作内容分析比较见表2-4。

表 2-4 深化设计工作内容分析比较

内容	结构工程	装修工程	机电工程
设计院提供的图纸状况	混凝土结构工程： 通常设计院提供图纸能够满足结构施工需求，对梁柱节点、特殊的钢筋密集部位或劲性混凝土结构，对结构配筋进行详细设计。 钢结构工程： 设计院仅提供根据结构计算分析确定的主要结构构件断面、重要节点连接构造等影响结构受力的关键性图纸。工程实施需进行大量的加工图设计，包括对原设计不合理处进行必要的调整	大多数的设计院只提供装修初步设计图，实施中常常根据业主的需求进行另行的设计完善细化，装修图纸的深化设计由装修专业分包商或总包商承担。 对于一些特别的公共建筑，设计院提供图纸详细程度可满足施工需求，对深化设计的需求不明显	通常国内设计院提供的机电图纸基本能满足机电各系统的施工需求，但和其他专业配合紧密的图纸，例如土建配合图、机电管线综合排布图、支吊架制作安装详图、吊顶末端器具排布图及机电与结构、幕墙等配合的大样图等，均需要施工单位进行深化。 此外，有外资背景的业主往往提供的机电图纸仅为概念图，需要施工单位中标后完成机电系统的施工图设计、施工图深化设计及相关的图纸报审工作
深化设计内容	混凝土结构工程： 1. 梁柱节点、转换梁等配筋密集部位节点放样、细化； 2. 机电预留洞口布置； 3. 幕墙预埋件布置（由幕墙专业承包商提供）。 钢结构工程： 1. 结构体系建模分析； 2. 构件、节点优化归并； 3. 加工图设计	1. 依据业主要求对原设计方案的调整； 2. 装修详图设计，主要包括大堂、电梯厅、卫生间、会议室的地面、墙面、顶棚分格详图设计，大多由装修专业承包商完成	国内一般机电工程： 1. 土建配合图； 2. 机电管线综合排布图； 3. 支吊架制作安装图； 4. 吊顶末端器具排布图； 5. 大样图等。 外资背景工程： 1. 完善机电系统的施工图设计； 2. 完成机电系统的施工图深化设计

3. 项目深化设计组织机构

工程设计是百年大计,关系到人民生命财产的安全,容不得半点马虎,设计单位在设计计算能力方面明显优于施工单位,是经过各级政府机关审核批准的有资质的单位,而施工单位的优势仅在于施工操作经验上,所以工程的方案设计必须由设计单位负责,施工单位的深化设计也要遵循严格的审核、审批制度,在工程设计的原则性方面必须服从设计单位的要求,对设计方案进行原则性的更改时必须得到设计师的同意,所有的施工图应得到设计单位的审批,方可投入施工。项目深化设计组织机构图如图 2-11 所示。

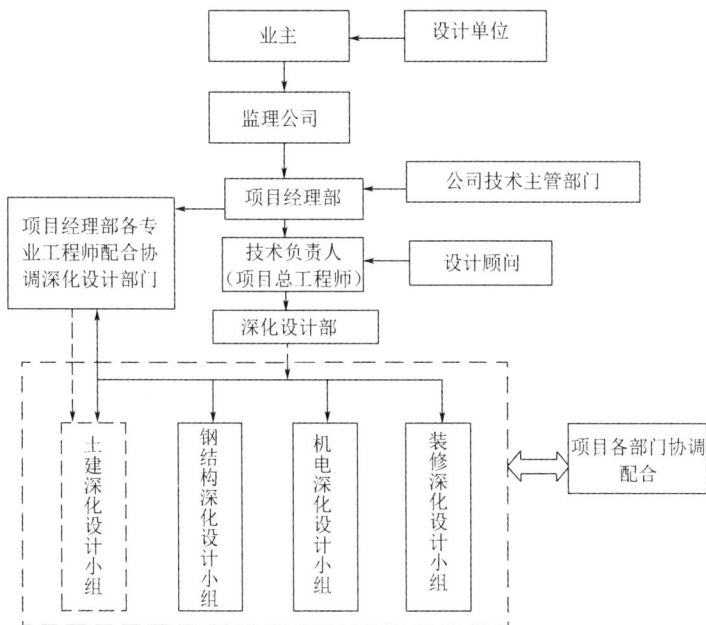

图 2-11 项目深化设计组织机构图

4. 深化设计工作管理

(1)技术文件的传递方式,始终以总承包方项目经理部为中心,做到所有技术文件准备无误传递至各单位,主要表现在如下方面:

1)接受由业主和设计院发放的所有技术文件、图纸和变更等。

2)接受项目经理部内部各有关其他部门、其他分包单位等应考虑的相关技术措施,协调制定解决问题的方案。

3)向深化设计负责单位或加工制作厂传递技术文件,部分技术文件应审核后传递。

4)向总承包方项目经理部内部各有关部门、其他分包单位和结构计算单位等传递相关技术文件。

5)向业主、设计院、监理提交经审核的深化设计图纸。

(2)快捷地进行技术问题沟通,采用深化设计单位或加工制作厂与设计院可直接沟通的方式,沟通内容局限为加工图的技术问题,但所有沟通的内容应由深化设计单位或加工制作厂以文件形式报送总承包项目经理部,文件格式由项目经理部统一确定。

(3)保证深化设计质量,采用"自校、互校、初审、审核、审定"(二校三审)的层层校审方式;深化设计单位或加工制作厂负责进行节点设计和深化设计图绘制,进行校正和初审;项目经理部对提交的图纸进行审核;最后,提交设计院进行审定。

5. 深化设计流程

深化设计管理由深化设计部门负责,工作流程如图 2-12、图 2-13 所示。

6. 深化设计图纸管理

(1)深化设计图纸采用分阶段管理的办法,有计划有步骤地组织深化设计工作,并根据各专业设计协调重点,进行全过程的技术监督。

(2)除土建专业外,其他各专业深化设计图纸均由有设计资质的专业分包单位按照出图计划完成,经内部审核后交项目经理部相关专业深化设计组,各组长组织深化设计图纸的审核,包括与其他专业的配合协调等。如审核不合格,退回分包商修改后重新送审。

(3)经理部审查合格的施工深化图和文件,上报监理单位审批,监理单位负责上报建设单位审批,建设单位则组织内部及设计单位同时审查深化设计图纸。深化设计的审核意见逐级返回,项目部相关专业深化设计组根据审查意见再次组织深化设计的修改报审,直至审批通过。

7. 深化设计图纸送审工作内容

(1)深化设计综合图。

1)按工程进度呈交承包合同范围有关系统的深化设计施工图。有关图纸内容将包括平面、立面和剖面图及系统图、原理图。送审图纸须向设计院、业主及当地相关政府部门分别送审(见表 2-5)。

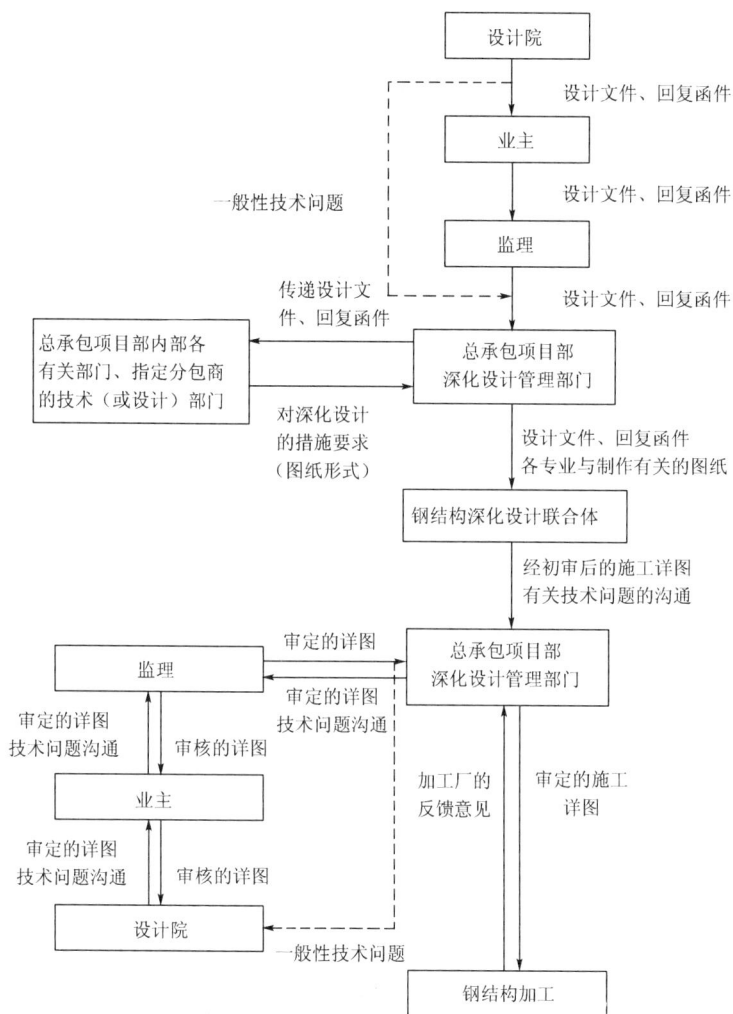

图 2-12　钢结构深化设计流程图

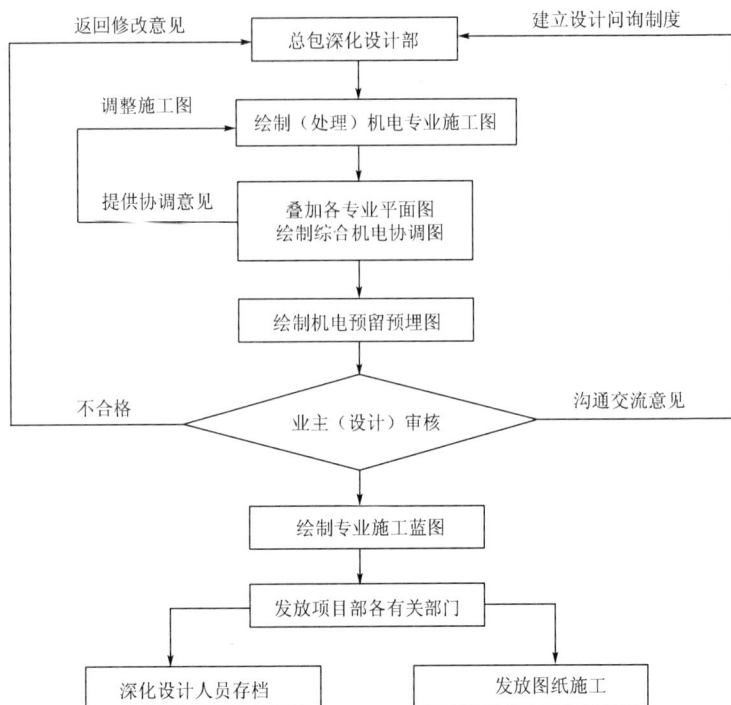

图 2-13　机电深化设计流程图

表 2-5　　　　　　　　　深化设计图纸送审表

致：	收件人	
	最迟返回日期	
自：	提交人	
	提交日期	

新提交 □　　　　　　重新提交 □

图纸内容：

我们请贵方对以下技术文件进行审批：

续表

序号	图号	图名	版本	认可级别			
				A	B	C	D
1			A 版				
2			A 版				
3			A 版				
4			A 版				
5			A 版				
6			A 版				
7			A 版				
8			A 版				
9			A 版				
10			A 版				
11			A 版				
12			A 版				
13			A 版				

审批意见：

审批人签名： 日期： 年 月 日

2)有关图纸经各审批单位初步批阅后，综合有关意见并加以修改，然后再安排送审，直至图纸获批准为止。图纸获批核后，将分送业主、设计单位、工地等单位作为施工记录和验收之用。同时，须以电脑软件档案（AUTOCAD 格式）储放在光碟（CDROM）上送交各单位。

3)施工图经批核后，向负责绘制综合设施施工图的承包单位送上图纸及光碟各一份，以作绘制综合设施施工图之用。

4)所有图纸均需有正式的图签并应标明项目、工程合同及有关图纸的名称、图号、最新修改号及修改内容、日期和图示比例。呈交系统示意图的同时，亦应提供必要的辅助资料以描述各设备的功能和操作。按照有关图纸审批的精神，图纸送审一般只作原则性批核，须有关图纸所示系统经过正式检测完满后，才作为最后批核。

(2)送审图基本要求。

1)图框：注明所参考的相关图纸的图号、图名、版号及出图日期，图纸项目名称、专业名称、系统名称、图纸序列号。

2)图纸版号：升级顺序为 A、B、C、D…。

3)图纸所使用的图纸型号和比例表见表 2-6。

表 2-6 选用图纸型号和比例表

图纸	图纸型号	比例
综合平面图	A0	1：100；1：150；1：200
综合剖面图	A1	1：50
机房大样图	A1	1：50
机电各专业平面及剖面	A0	1：150～1：100
系统流程及示意图	A1	无
装置大样图	A2	1：10～1：50

4）每一项设计或图纸送审时，内容应包括：图号和最新修正编号；图纸名称；送审日期；修正编号。

5）设计院、工程师及其他审批单位应有足够时间审查图纸，以确保图纸能够配合工程进度准时呈交，一般所需的审批时间见表 2-7。

表 2-7 图纸审查审批时间表

初次呈交予建筑师或其他审批单位审图	三星期
再呈交重审	两星期
呈交作正式批准	一星期

第十节 工程技术标准、规范及工程管理

一、技术标准管理

企业执行和应用的技术标准包括国家标准、行业标准、地方标准和企业标准。企业应建立健全技术标准管理体系与管理制度，明确管理岗位和职责。

1. 国家、行业与地方标准的应用

（1）国家、行业与地方标准包括强制性标准与推荐性标准。强制性标准必须严格执行。推荐性标准，鼓励企业自愿采用，一经采用，亦应严格执行。

（2）企业应将标准的贯彻执行和监督检查贯穿于工程项目施工管理的全过程。使物资选用、技术方法、质量验收等工作均符合现行规范与标准要求。

（3）企业可根据具体情况，采取统一或分级购置和发放的办法，配齐所需标准、规范的现行有效版本，并建立目录清单。

（4）应及时掌握有关国家、行业、地方技术标准的发布与修订信息，进行有效

管理。应建立标准的收发记录，并加盖有效标识。作废版本应及时回收处理，对需留存的作废标准，应作出标记，以防误用。

2. 企业技术标准的管理

(1)企业技术标准是对企业范围内需要协调、统一的技术要求、管理要求和工作要求所制定的标准，应根据企业实际需要制定。

企业技术标准有以下几种：

1)产品生产企业由于没有国家、行业、地方标准而制定的企业产品标准。

2)为提高企业施工质量和技术水平，制定的严于国家、行业、地方标准的企业标准。

3)对国家、行业标准进行选择或补充的标准。

4)施工工艺、方法标准。

(2)企业技术标准应由企业法人代表或其授权的主管领导批准、发布，授权的部门统一管理。

(3)制定企业技术标准应遵守以下原则：

1)贯彻国家和地方有关的方针、政策、法律、法规，严格执行强制性国家标准、行业标准和地方标准。

2)保证安全、卫生，充分考虑使用要求，保护消费者利益，保护环境。

3)有利于企业技术进步，保证和提高产品质量，提高社会经济效益。

4)积极采用国际标准和国外先进标准。

5)有利于合理利用资源、能源，推广科学技术成果，有利于产品的通用互换，符合使用要求，技术先进，经济合理。

6)有利于对外经济技术合作和对外贸易。

7)本企业内的标准之间应协调一致。

(4)制订企业技术标准的程序应包括编制计划、调查研究、标准起草、征求意见，对标准草案进行必要的验证、审查、批准、编号、发布等。企业标准的编制、印刷与代号、编号方法，根据国家标准GB1《标准化工作导则》和有关规定执行。

(5)审批企业技术标准时，应具备以下材料：

1)企业标准草案(报批稿)。

2)企业标准草案编制说明(包括对不同意见的处理情况等)。

3)必要的验证报告等。

(6)企业技术标准发布后，应按隶属关系报当地政府标准化行政主管部门和有关行政主管部门备案。备案材料包括备案申报书、标准文本和编制说明等。

(7)企业技术标准应定期复审，复审周期一般不超过三年。当有相应的上级标准发布实施后，应及时复审，并确定其继续有效、修订或废止。

(8)企业技术标准属科技成果，享有知识产权。企业或上级主管部门，对取得显著经济效果的企业标准，以及对企业标准化工作做出突出贡献的单位和个人，应给予奖励;对贯彻标准不力,造成不良后果的,应进行批评教育;对违反标准规定造成严重后果的,按有关法律、法规的规定,追究法律责任。

二、企业标准化的构成与实施

1. 企业标准化的概念和基本任务

企业标准化是指以提高经济效益为目标,以搞好生产、管理、技术和营销等各项工作为主要内容,制定、贯彻实施和管理维护标准的一种有组织的活动。企业标准化有以下三个特征:

(1)企业标准化必须以提高经济效益为中心。企业标准化是以提高经济效益为中心,把能否取得良好的效益,作为衡量企业标准化工作好坏的重要标志。

(2)企业标准化贯穿于企业生产、技术、经营管理活动的全过程。现代企业的生产经营活动,必须进行全过程的管理,即产品(服务)开发研究、设计、采购、试制、生产、销售、售后服务都要进行管理。

(3)企业标准化是制定标准和贯彻标准的一种有组织的活动。企业标准化是一种活动,而这种活动是有组织的、有目标的、有明确内容的。其实质内容就是制定企业所需的各种标准,组织贯彻实施有关标准,对标准的执行进行监督,并根据发展适时修订标准。

2. 企业标准体系的构成

企业标准体系是指企业内部的标准按其内在联系形成的科学有机整体。企业标准体系的构成,以技术标准为主体,包括管理标准和工作标准。

(1)企业技术标准。主要包括技术基础标准、设计标准、产品标准、采购技术标准、工艺标准、工装标准、原材料及半成品标准、能源和公用设施技术标准、信息技术标准、设备技术标准、零部件和器件标准、包装和储运标准、检验和试验方法标准、安全技术标准、职业卫生和环境保护标准等。

(2)企业管理标准。主要包括管理基础标准、营销管理标准、设计与开发管理标准、采购管理标准、生产管理标准、设备管理标准、产品验证管理标准、不合格品纠正措施管理标准、人员管理标准、安全管理标准、环境保护和卫生管理标准、能源管理标准和质量成本管理标准等。

(3)企业工作标准。主要包括中层以上管理人员通用工作标准、一般管理人员通用工作标准和操作人员通用工作标准等。

3. 企业标准贯彻实施的监督

对企业标准贯彻实施进行监督的主要内容是:

(1)国家标准、行业标准和地方标准中的强制性标准、强制性条文企业必须严格执行;不符合强制性标准的产品,禁止出厂和销售。

(2)企业生产的产品,必须按标准组织生产,按标准进行检验。经检验符合标准的产品,由企业质量检验部门签发合格证书。

(3)企业研制新产品、改进产品、进行技术改造和技术引进,都必须进行标准化审查。

(4)企业应当接受标准化行政主管部门和有关行政主管部门,依据有关法律、法规对企业实施标准情况进行的监督检查。

三、工法管理

(1)工法是以工程为对象,工艺为核心,运用系统工程原理,把先进技术和科学管理结合起来,经过工程实践形成的综合配套的施工方法。

工法的内容一般应包括前言、特点、适用范围、施工程序、操作要点、机具设备、质量标准、安全措施、劳动组织、经济效益分析、应用实例等。

(2)工法分为一级(国家级)工法、二级(市级)工法、三级(企业级)工法三个等级,企业工法是整个工法的基础。企业应重视工法的编制与推广应用,利用工法有效地指导施工与管理工作,促进企业技术水平和社会经济效益的提高。

(3)工法的申报、评审、认定和管理均采用自下而上的程序和办法。关键技术达到企业先进水平并有一定经济或社会效益的工法,可由企业自行组织评审认定为三级工法,报上级主管部门备案。达到市级先进技术水平,有较好的经济社会效益的工法,经企业申报,由市建委组织有关专家评审,可认定为二级工法;对于达到国内先进水平,有显著的经济社会效益的工法,经市建委审查推荐,可申报一级工法。

(4)企业可结合实际情况制定工法管理制度,包括工法管理目标、组织体系、编制与审批制度、应用转让和奖励办法、考核制度等。可根据工程任务情况和企业发展目标,制定本企业工法的研究开发及推广应用规划,逐步建立企业工法管理档案。

(5)工法考核结果应作为企业技术进步的一项重要内容。考核工法的主要内容包括:工法研究开发和推广应用规划以及实施情况;获得确认的工法数量和水平;推广应用工法取得的直接经济效益和社会效益。

(6)凡符合国家专利法、国家发明奖励条例和国家科学技术进步奖励条例的工法,可分别申请专利、发明奖和科学技术进步奖。

(7)企业研究开发的工法,可根据国务院《关于技术转让的暂行规定》实行有偿转让。

(8)技术人员研究开发与推广应用工法的成果,应作为其考核、晋升、职称评定的技术业绩;对于技术水平高、经济效益明显的工法,企业应对主要贡献人员给予奖励。

第三章　单位工程施工组织设计编制

第一节　工程概况的编制

施工组织设计中的工程概况,实际上是对整个工程的总说明和总分析,是对拟建工程的整个情况所作的一个简洁、明了、重点突出的文字介绍。目的是了解工程项目的基本全貌,并为施工组织设计其他部分的编制提供依据。

工程概况一般包括:工程主要情况(或工程建设概况)、建筑设计概况、结构设计概况、机电及设备安装专业设计概况、工程施工条件、其他内容等。

一、工程主要情况(或工程建设概况)

单位工程的工程主要情况应包括下列内容,用表格表示(见表3-1)。

(1)工程名称、性质和地理位置。

(2)工程的建设、勘察、设计、监理和总承包等相关单位的情况。

(3)工程承包范围和分包工程范围。

(4)施工合同、招标文件或总承包单位对工程施工的重点要求。

(5)其他应说明的情况。

表 3-1　　　　　　　　　工程建设概况一览表

工程名称		工程地址	
工程类别		占地总面积	
建设单位		勘察单位	
设计单位		监理单位	
质量监督部门		总包单位	
质量要求		承包范围	
合同工期		主要分包单位	
总投资额		分包工程	
工程主要功能或用途			

二、工程建筑设计概况

建筑设计概况应依据建设单位提供的建筑设计文件进行描述,包括建筑规模、建筑功能、建筑特点、建筑耐火、防水及节能要求等,并应简单描述工程的主要装修做法。用表格表示(见表3-2),并附平、剖面图。

表 3-2 建筑设计概况一览表

占地面积			首层建筑面积		总建筑面积	
层数	地 上		层高	首 层	地上面积	
	地 下			标准层	地下面积	
				地 下	防火等级	
装饰装修	外 檐					
	楼地面					
	墙 面					
	顶 棚					
	楼 梯					
	电梯厅	地面:		墙面:		顶棚:
防水	地 下	防水等级:		防水材料:		
	屋 面	防水等级:		防水材料:		
	厕浴间					
	阳 台					
	雨 篷					
保温节能						
绿 化						
环境保护						
其他需要说明的事项:						

三、工程结构设计概况

结构设计简介应依据建设单位提供的结构设计文件进行描述,包括结构形式、地基基础形式、结构安全等级、抗震设防类别、主要结构构件类型及要求等,用表格表示(见表3-3)。

表 3-3 结构概况一览表

地基基础	埋深				持力层				承载力标准值	
	桩基	类型：				桩长：		桩径：		间距：
	箱、筏	底板厚度：					顶板厚度：			
	条基									
	独立柱									
主体	结构形式					主要柱网间距				
	主要结构尺寸	梁：		板：			柱：		墙：	
结构安全等级			抗震等级设防					人防等级		
混凝土强度等级及抗渗要求		基础			墙体				其他	
		梁				板				
		柱				楼梯				
钢筋	类别：									
特殊结构	（钢结构、网架、预应力）									

其他需说明的事项：

四、机电及设备安装概况

机电及设备安装专业设计简介应依据建设单位提供的各相关专业设计文件进行描述，包括给水、排水及采暖系统、通风与空调系统、电气系统、智能化系统、电梯等各个专业系统的做法要求，用表格表示，见表 3-4。

表 3-4   设备安装概况一览表

给水	冷 水		排水	污 水	
	热 水			雨 水	
	消 防			中 水	
弱电	高 压		智能系统	电 视	
	低 压			电 话	
	接 地			安全监控	
	防 雷			楼宇自控	
				综合布线	
中央空调系统					
通风系统					
采暖供热系统					
消防系统	火灾报警系统				
	自动喷水灭火系统				
	消火栓系统				
	防、排烟系统				
	气体灭火系统电梯				
电梯	人梯: 台	货梯: 台	消防梯: 台	自动扶梯: 台	
其他需说明的事项:					

五、工程施工条件分析

由于各地区施工条件千差万别,造成建筑工程施工所面对的困难各不相同,施工组织设计首先应根据地区环境的特点,解决施工过程中可能遇到的各种难题。

(1)项目建设地点气象状况。简要介绍项目建设地点的气温、雨、雪、风和雷电等气象变化情况以及冬、雨期的期限和冬季土的冻结深度等情况(还可包括海拔、日平均温度、极端最低温度、极端最高温度、最大冻结深度、年平均温度、室外风速、室外计算相对湿度、年降水量、风力、雷暴日数、采暖期度日数等)。

(2)项目施工区域地形和工程水文地质状况。简要介绍项目施工区域地形变化和绝对标高、地质构造、土的性质和类别、地基土的承载力、河流流量和水质、最高洪水和枯水期的水位、地下水位的高低变化、含水层的厚度、流向、流量和水质等情况(还可包括场地的地层构造、岩石和土的物理力学性质、地下水的埋藏条件、土的冻结深度等地质情况)。

(3)项目施工区域地上、地下管线及相邻的地上、地下建(构)筑物情况。建设单位在申请领取建设工程规划许可证前,应当到城建档案管理机构查询施工地段的地下管线工程档案,取得该施工地段地下管线现状资料。施工单位在地下管线工程施工前应当取得施工地段地下管线现状资料;施工中发现未建档的管线,应当及时通过建设单位向当地县级以上人民政府建设主管部门或者规划主管部门报告。

(4)与项目施工有关的道路、河流等状况。

1)红线。城市道路两侧建筑用地与道路用地的分界线。

2)蓝线。是指城市规划确定的河、湖、库、渠、人工湿地、滞洪区等城市河流水系和水源工程的保护与控制的地域界线,以及因河道整治、河道绿化、河道生态景观建设等需要而划定的规划保留区。

蓝线划定的目标是维护河流水系的自然性和生态的完整性,保障水源工程的安全性,实现河流水系、水源工程保护在空间上的预先控制。城市蓝线内禁止进行下列建设活动:违反城市蓝线保护和控制要求的建设活动;擅自填埋、占用城市蓝线内水域;影响水系安全的爆破、采石、取土;擅自建设各类排污设施;其他对城市水系保护构成破坏的活动。需要占用蓝线内的用地和水域的,应报经省、市、县人民政府建设主管部门同意,并依法办理相关手续,占用后应当限期恢复。

(5)当地建筑材料、设备供应和交通运输等服务能力状况。简要介绍建设项目的主要材料、特殊材料和生产工艺设备供应条件及交通运输条件。

(6)当地供电、供水、供热和通信能力状况。根据当地供电、供水、供热和通信情况,按照施工需求,描述相关资源提供能力及解决方案。

(7)其他与施工有关的主要因素。

1)紫线。是指国家历史文化名城内的历史文化街区和省、自治区、直辖市人民政府公布的历史文化街区的保护范围界限,以及文化街区外经县级以上人民政府公布保护历史建筑的保护范围界线。在城市紫线范围内禁止进行下列活动:

①违反保护规划的大面积拆除、开发。

②对历史文化街区传统格局和风貌构成影响的大面积改建。

③损坏或者拆毁保护规划确定保护的建筑物、构筑物和其他设施。

④修建破坏历史文化街区传统风貌的建筑物、构筑物和其他设施。

⑤占用或者破坏保护规划确定保留的园林绿地、河湖水系、道路和古树名木等。

⑥其他对历史文化街区和历史建筑的保护构成破坏性影响的活动。

2)黄线。是为了加强城市基础设施用地管理,保障城市基础设施的正常、高效运转,保障城市经济、社会健康发展而划定的。黄线是指对城市发展全局有影响的、城市规划中确定的、必须控制的城市基础设施用地的控制界线。在城市黄线范围内禁止进行下列活动:

①违反城市规划要求,进行建筑物及其他设施的建设;

②违反国家有关技术标准和规范进行建设；

③未经批准，改装、迁移或拆毁原有的城市基础设施；

④其他损坏城市基础设施或影响城市基础设施安全和正常运转的行为。

3) 绿线。是指城市各类绿地范围的控制线。因建设或者其他特殊原因，需要临时占用城市绿线内的用地的，必须依法办理相关审批手续；任何单位和个人不得在城市绿地范围内进行拦河截溪、取土采石、设置垃圾堆场，排放污水以及其他对生态环境构成破坏的活动。各类建筑工程要与其配套的绿化工程同步设计、同步施工、同步验收，达不到规定标准的，不得投入使用。

六、工程概况编制的细节把握

(1) 工程概况的内容要反映设计图纸的要求、建设单位的要求和工程实际情况，要针对工程特点结合调查资料，进行分析研究，找出关键的问题加以说明。对新技术、新材料、新工艺、新结构及施工的难点应着重说明。

(2) 编制工程概况的要求是内容简捷，语言严谨，层次清楚，力求做到概括性、准确性、完整性，阅后使人对工程总体和侧重点有所了解。在实际编写中，由于工程概况的内容比较繁琐、零碎，确实不容易把握好，有的写得太简单，有的则冗长。因此，要在有限的篇幅中使阅读者能完整了解工程概况，则需对工程概况的内容在编写上要概括全面，做到简而精。

(3) 工程概况的内容在具体的表达方式上，要用简练的语言描述，力求达到简明、扼要，不冗长，一目了然的效果。同时为了避免出现用文字叙述冗长、繁琐的情况，其内容应尽量采用图表进行说明，这样清晰易读，使人一目了然。

(4) "工程主要情况（或工程建设概况）、建筑设计概况、结构设计概况、机电及设备安装专业设计概况"的内容通常以图表的形式出现，其目的是把工程概况表达清楚，同时也减少了编制者的文字组织工作，并便于读者查阅。有时为弥补文字介绍的不足，必要时还可以附上拟建工程的平、立、剖面示意图，这样更加直观明了，使人阅后对工程特点有所了解。

第二节　施工部署及编制方法

一、施工部署的确定原则

施工部署是施工组织设计的纲领性内容，施工进度计划、施工准备与资源配置计划、施工方法、施工现场平面布置和主要施工管理计划等施工组织设计的组成内容，都应该围绕施工部署确定的原则进行编制。施工部署原则要宏观，可从以下几个方面考虑：

1. 满足合同要求

一切施工活动要满足合同要求。施工部署原则首先要满足合同工期要求,充分酝酿任务、人力、资源、时间和空间、工艺的总体布局和构思。

2. 施工任务划分与组织安排

明确施工项目管理体制、机构;划分各参与施工单位的任务;确定综合的和专业化的施工组织;划分施工阶段。

3. 确定施工程序和总体施工顺序

单位工程施工程序是指单位工程中各分部工程之间、土建和各专业工程之间或不同施工阶段之间所同有的、密切不可分割的在时间上的先后次序,它不能跳跃和颠倒,它主要解决时间搭接上的问题。

(1)单位工程施工中应遵循"四先四后"的施工程序,即先地下后地上;先主体后围护;先结构后装饰;先土建后专业。

(2)单位工程总体施工顺序是指从基坑挖土到主体结构、装修、机电设备专业安装等,直至工程竣工验收施工全过程的施工先后顺序。

(3)总体施工顺序的描述应体现工序逻辑关系原则,要遵循上述施工程序的一般规律。

4. 确定施工起点流向和施工顺序

(1)确定施工起点流向。施工起点流向是指单位工程在平面或空间上的施工顺序,即施工开始的部位和进展的方向。平面上要划分施工段及施工的起点及流向;空间上考虑分层施工的流向。它的合理确定,将有利于扩大施工作业面,组织多工种平面或立体流水作业,缩短施工周期和保证工程质量。单位工程施工流向的确定一般遵循先地下后地上;先主体后围护;先结构后装饰;先土建后专业的次序。施工流向的确定应考虑生产使用的先后、施工区段的划分与材料、构件、土方的运输方向不发生矛盾,适应主导工程(工程量大、技术复杂、占用时间长的施工过程)的合理施工顺序等因素。

(2)确定施工顺序。施工顺序是指单位工程内部各分部分项工程或施工过程之间施工的先后次序。确定施工顺序既是为了按照客观的施工规律和工艺顺序组织施工,也是为了解决工种之间在时间上的搭接问题,从而在保证质量和安全的前提下,做到充分利用空间,争取时间,实现缩短工期的目的。

施工顺序应根据实际的工程施工条件和采用的施工方法来确定,合理地确定施工顺序是编制施工进度计划的需要。施工顺序的确定应遵循施工程序要求、符合施工工艺、做到施工顺序和施工方法一致、与施工方法和施工机械要求一致,遵循工期和施工组织要求、施工质量和安全要求,充分考虑当地气候对工程的影响等多种因素。

5. 时间连续的部署原则

主要考虑分部分项工程的季节施工,如冬期、雨期、暑期对施工的影响。

6. 考虑各专业配合

从平面、空间占满,做好专业施工的配合角度考虑,各专业工种间良好配合,进行有机穿插、流水作业施工。专业配合主要包括:主体和安装、主体和装修、机电安装和装修的立体、交叉作业等。

主要说明为达到平面、空间占满,立体、交叉作业所采取的方法,如施工分层分段、流水作业、结构分阶段验收、二次结构、机电安装及装修工程的提前插入等。

7. 资源的合理配置

主要考虑劳动力、机械设备的配置和材料的投入,应根据各施工阶段的特点来安排施工部署。建筑物施工方案及机械化施工总方案的拟定,要从施工机械类型和数量、辅助配套或运输机械选择、所选机械化施工方案应是技术先进、经济上合理等因素出发。

8. 工程各个阶段特点的因素

应综合考虑工程各个阶段施工的不同特点,结合其具体情况,进行工程施工总体安排,并对工程各施工阶段(施工准备阶段、基础施工阶段、主体结构阶段、装修阶段)的里程碑目标进行描述。包括地下结构施工到 ±0.000 时间、结构封顶时间、二次结构插入时间、装修工程插入时间、现场施工与材料选型与二次深化设计之间的交叉、初装饰与精装修工程的交叉、土建与机电安装之间的交叉、地上结构与地下室外防水及回填土的交叉、塔式起重机和施工电梯的进退场时间等内容的总体施工部署的安排进行描述。

9. "四新"技术应用

对工程施工中开发和使用的"四新"技术(新技术、新工艺、新材料、新设备)以及《建筑业十项新技术应用(2010)》作出部署,并提出技术和管理要求。对新结构、新材料、新技术组织试制和实验要求。

10. 满足流水施工要求

根据工程特点和要求,考虑是否流水施工。

11. 满足现场环境因素

根据拟建工程周边环境,考虑扰民和环保等因素。考虑场内外运输、施工用道路、水、电、气来源及其引入方案;场地的平整方案和全厂性的排水、防洪;生产生活基地;规划和修建附属生产企业等。

12. 以人为本、科学管理

以人为本的管理是一种新型的管理理念,施工部署原则要以人为根本,把"以人为中心"作为最根本的指导思想,坚持一切从人的需要出发,以调动和激发人的积极性和创造性为根本手段,从而达到提高工作效率和顺利完成施工任务的目的。

13. 创优工程及文明施工的要求

如工程有创优、创杯或创文明工地的奖项要求及其他特殊要求时,应按照这些要求进行部署。

14. 其他

如装修工程宜遵从先室外后室内、先上后下、先湿作业后干作业的原则。还要注意主体工程与配套工程(如变电室、热力点、污水处理等)相适应的原则,力争配套工程为主体施工服务,主体工程竣工时,能立即投入使用。

二、项目管理组织

项目管理组织机构形式应根据施工项目的规模、复杂程度、专业特点、人员素质和地域范围确定,大中型项目宜设置矩阵式项目管理组织,远离企业管理层的大中型项目宜设置事业部式项目管理组织,小型项目宜设置直线职能式项目管理组织。

(1)项目管理组织机构,如图 3-1 所示。

(2)项目管理人员及职责权限,见表 3-5。

表 3-5　　　　　　　　　　项目管理人员职责和权限

序号	岗位名称		姓名	职称	职责和权限
	领导层	项目经理			
		土建副经理			
		机电副经理			
		项目总工			
	管理层	技术部 经理			
		钢筋工程师			
		混凝土工程师			
		试验员			
		测量员			
		资料员			

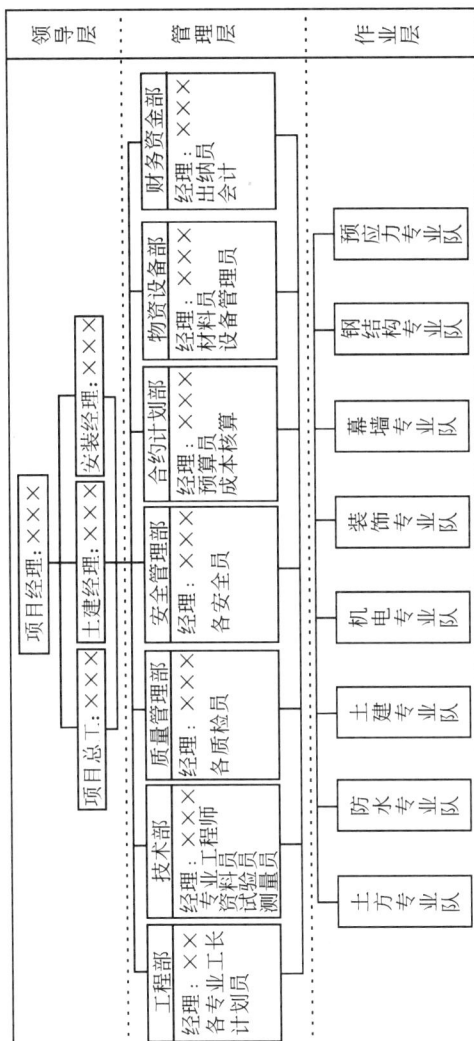

图3-1 项目管理组织机构框图

三、项目管理目标

当单位工程施工组织设计作为施工组织总设计的补充时,其各项目标的确立应同时满足施工组织总设计中确立的施工目标。工程施工目标应根据施工合同、招标文件以及本单位对工程管理目标的要求确定,包括进度、质量、安全、环境和成本等目标。各项目标应满足施工组织总设计中确定的总体目标。通常以表格形式表达,见表 3-6。

表 3-6 **项目管理目标一览表**

项目管理目标名称	目　标　值
项目施工成本	
工期	
质量目标	
安全目标	
环保施工、CI 目标	

四、各项资源供应方式

拟投入的施工力量来源,确定主要分包项目施工单位或对其资质和能力提出明确要求;施工机械设备,物资供应和临时设施提供方式等。可采用表格形式表述,见表 3-7~表 3-10。

表 3-7 **劳务资源安排一览表**

施工项目名称	专业施工队名称	资质要求	开始施工时间	建设工期	分包方式	分包商选择方式	责任人

表 3-8 **工程用大宗物资供应安排一览表**

物资名称	采购单位	拟选供应商	采购地点	要求进场时间	责任人

表 3-9　　　　　　　　大型机械设备采购供应安排一览表

机械设备名称	拟选供应商	提供方式	要求进场时间	计划出场时间	责任人

表 3-10　　　　　　　　施工工具采购供应安排一览表

施工工具名称	估计数量	提供方式	要求进场时间	计划出场时间	聘任人

五、施工流水段的划分及施工工艺流程

1. 施工流水段的划分

施工部署应对本单位工程的主要分部(分项)工程和专项工程的施工做出统筹安排,对施工过程的里程碑节点进行说明。施工流水段划分应根据工程特点及工程量进行合理划分,并应说明划分依据及流水方向,确保均衡流水施工。

(1)作用。流水作业方法是合理组织产品生产的有效手段,它建立在分工协作和大批量生产的基础上,其实质就是连续作业,组织均衡生产。

(2)组织建筑工程流水施工,必须具备以下条件:

1)将拟建工程项目的整个建造过程分解为若干个施工过程,每个施工过程分别由固定的专业队伍负责实施完成。

2)将拟建工程项目划分为若干个施工段(又称为流水段)。

3)确定各施工专业队在各施工段内工作的持续时间。

4)各专业工作队按一定的施工工艺、配备必要的施工机具、使用相同的材料,依次地、连续地进入各施工段反复完成同类型的工作。

5)在保证各施工过程连续施工的前提下,将其施工时间最大限度地搭接起来。

(3)组织流水施工的经济效果。

1)可以缩短施工工期。

2)可以提高劳动生产率。

3)可以降低工程成本。

2. 施工工艺流程

(1)根据工程建筑、结构设计情况以及工期、施工季节等因素,确定单位工程施工工艺总流程,并应有工艺总流程图。

(2)在工艺总流程基础上,可对重要的分部分项工程细化确定分流程图。

六、工程施工重点和难点分析及应对措施

工程的重点和难点对于不同工程和不同企业具有一定的相对性,某些重点、难点工程的施工方法可能已通过有关专家论证成为企业工法或企业施工工艺标准,此时企业可直接引用。重点、难点工程的施工方法选择应着重考虑影响整个单位工程的分部(分项)工程,如工程量大、施工技术复杂或对工程质量起关键作用的分部(分项)工程。

分析工程设计情况、合同文本情况、当地环境情况等,从组织管理和施工技术两个方面提出重点和难点,并且提出简要的应对措施。建议用表格形式表述。

(1)组织管理重点分析及应对措施,参见表 3-11。

表 3-11　　　　　组织管理重点分析及应对措施表

序号	组织管理重点	具体分析	应对措施	责任人

(2)施工技术难点分析及应对措施,见表 3-12。

表 3-12　　　　　施工技术难点分析及应对措施表

序号	施工技术难点	具体分析	应对措施	责任人

七、新技术应用

项目应用的新技术包括两方面:一是建设部推广应用的 10 项新技术,要积极推广应用,在施工部署时要充分予以考虑;二是根据前面分析的一些工程难点,需要开发新的技术来解决,在施工部署时有所考虑。此部分内容不必叙述很多,建议采用表格格式,见表 3-13。

表 3-13 新技术应用要求表

序号	新技术名称	应用部位	应用要点	责任人	应用时间

八、施工部署的编制细节把握

(1)施工组织设计中的施工部署是该工程施工的战略战术性决策意见,施工部署方案应在若干个初步方案的基础上进行筛选优化后确定。

(2)施工部署必须体现出项目经理如何组织施工的指导思想,必须明确项目经理在工程开工前是如何对整个工程施工进行总体布局,而这个布局就是对工程施工所涉及的任务、人力、资源、时间和空间进行构思、总体设计与全面安排。

(3)由于拟建工程的性质、规模、客观条件不同,施工部署的内容和侧重点也各不相同。因此在进行施工部署设计时,应结合工程的特点,对具体情况进行具体分析,遵循建筑施工的客观规律,按照合同工期的要求,事先制定出必须遵循的原则,做出切实可行的施工部署。

(4)施工部署的内容在实际编制中,较多编制人员感到困惑不解,很多情况下写不出东西来,即使写了,往往也不是施工部署的内容写进去。如,经常出现把施工准备、施工方法的内容写进去。在写法上也没有宏观地写,内容原则性不强,其原因是编制人员对施工部署概念不清楚,没有真正理解施工部署的指导思想和核心内容。因此,必须要弄清楚这个问题。

(5)施工部署是在工程实施之前,对整个拟建工程进行通盘考虑、统筹策划后,所做出的全局性战略决策和全面安排,并且明确工程施工的总体设想。

(6)施工部署是宏观的部署,其内容应明确、定性、简明和提出原则性要求。并应重点突出部署原则。施工部署的关键是"安排",核心内容是部署原则,要努力在"安排"上做到优化,在部署原则上,要做到对所涉及的各种资源在时空上的总体布局进行合理的构思。因此,只要抓住和理解其关键核心内容,就能很好地写好施工部署的内容。

第三节 施工进度计划的编制

一、施工进度计划的编制要求

(1)施工进度计划是施工组织设计的主要内容,也是现场施工管理的中心工作,它是对施工现场各项施工活动在时间上所做的具体安排。

(2)施工进度计划应按照施工部署的安排进行编制,是施工部署和施工方法在时间上的具体反映,它反映的是该单位工程在具体的时间内产出的量化过程和结果,反映了施工顺序和各阶段的进展情况,应均衡协调、科学安排。

(3)正确地编制施工进度计划,是保证整个工程按期交付使用,充分发挥投资效果,降低工程成本的重要条件。

(4)单位工程施工进度计划是在确定了施工部署和施工方法的基础上,根据合同规定的工期、工程量和投入的资金、劳动力等各种资源供应条件,遵循工程的施工顺序,用图表的形式表示各分部分项工程搭接关系及工程开竣工时间的一种计划安排。其理论依据是流水施工原理,表达形式采用横道图或网络图。进度计划应分级进行编制,尤其是主体结构施工阶段,应编制二级网络进度计划。施工进度计划具有控制性的特点。

(5)施工进度计划主要突出施工总工期及完成各主要施工阶段的控制日期。

(6)编制施工进度计划及资源需求量计划是在选定的施工方案的基础上,确定单位工程的各个施工过程的施工顺序、施工持续时间、相互配合的衔接关系即反映各种资源的需求情况。编制的是否合理、优化,反映了施工单位技术水平和管理水平的高低。

二、施工进度计划的编制依据

(1)建设单位提供的总平面图,单位工程施工图及地质、地形图、工艺设计图、采用的各种标准图纸及技术资料。

(2)工程项目施工工期要求及开竣工日期。

(3)施工条件、劳动力、材料、构件及机械的供应条件、分包单位情况。

(4)确定的重要分部分项工程的施工方案,包括施工顺序、施工段划分、施工起点流向方法及质量安全措施。

(5)劳动定额及机械台班定额。

(6)招标文件的其他要求。

三、编制施工进度计划的步骤

1. 划分施工过程

对控制性进度计划,其划分可较粗;对实施新进度计划,其划分要细;对主导工程和主要分部工程,要详细具体。

2. 计算工程量、查相应定额

计算工程量的单位要与定额手册的单位一致;结合选定的施工方法和安全技术要求计算工程量;按照施工组织要求,分区、分段、分层计算工程量。

3. 确定劳动量和机械台班数量

根据计算的分部分项工程量 q 乘以相应的时间定额或产量定额，计算出各施工过程的劳动量或机械台班数 p。若 s、h 分别表示该分项工程的产量定额和时间定额，则有[见式(3-1)～式(3-2)]：

$$p = q/s(工日、台班) \tag{3-1}$$

$$p = qh(工日、台班) \tag{3-2}$$

4. 计算各分项工程施工天数

(1)反算法。根据合同规定的总工期和本企业的施工经验，确定各分部分项工程的施工时间；按各分部分项工程需要的劳动量或机械台班数量，确定每一分部分项工程每个工作台班所需要的工人数或机械数量[见式(3-3)]：

$$t = q/(snb) \tag{3-3}$$

式中　q——分部分项工程量；

　　　n——所需工人数或机械数量；

　　　t——要求的工期；

　　　s——分项工程产量定额；

　　　b——每天工作的班次。

(2)正算法。

按计划配备在各分部分项工程上的施工机械数量和各专业工人数确定工期[见式(3-4)]：

$$t = q/(snb) \tag{3-4}$$

5. 编制施工进度计划初步方案

(1)首先划分主要施工阶段，组织流水施工。要安排主导施工过程的施工进度，使其尽可能连续施工。

(2)按照工艺的合理性和工序间尽量穿插、搭接或平行作业方法，得出单位工程施工进度计划的初始方案。

6. 施工计划的检查与调整

(1)施工进度计划的顺序、平行搭接及技术间歇是否合理。

(2)编制的工期是否满足合同规定的工期要求。

(3)对劳动力及物资资源是否能连续、均衡施工等方面进行检查并初步调整。通过调整，在满足工期要求的前提下，使劳动力、材料、设备需要趋于均衡，主要施工机械利用率比较合理。

四、施工进度计划的表示方法

施工进度计划可采用横道图或网络图表示，并附必要说明；对于工程规模较大或较复杂的工程，宜采用网络图表示。

施工进度计划仅需要编制网络进度计划图或横道图,确实无法用图表表述清楚时,可适当配文字进行说明。横道图与网络图的优缺点,详见表 3-14。

表 3-14　　　　　　　横道图与网络图的优缺点比较

形　式	优　　点	缺　　点
横道图	1. 直观、简单、方便,易于为人们所掌握和贯彻; 2. 适应性强。不论工程项目和内容多么错综复杂,总可以用横道图逐一表示出来	难以完整确切地反映各工作项目之间的逻辑衔接和互相制约关系
网络图	1. 准确反映工序之间的关系,能体现主次关系,便于管理人员进行综合调整; 2. 在计算劳动力、资源水泵量时更为容易以找出决定工程进度的关键工作	网络进度计划编制技术掌握较为困难,需要具有综合素质的专业计划工程师编制(具备丰富的施工经验和良好的技术水平;其次,还必须对网络计划技术非常熟悉)

五、施工进度计划的编制细节把握

在编制进度计划时,注意工序安排要符合逻辑关系。

(1)按照各专业施工特点,土建进度按水平流水以分层、分段的形式反映,水、电等专业进度按垂直流水以专业分系统、分干(支)线的形式反映。体现出土建以分层分段平面展开,竖向分系统配合专业施工,专业工种分系统组织施工,以干线垂直展开,水平方向分层按支线配合土建施工的特点。

(2)装修施工按内外檐划分施工顺序:内檐施工体现房间与过道、顶棚与墙面和地面、房间与卫生间的施工顺序;外檐装修体现出与屋面防水的施工顺序;封施工洞、拆除室外垂直运输设备体现出与内外檐装修、专业施工的关系;首层装修体现出与门头、台阶、散水施工的关系,体现土建与专业、内檐与外檐、机械退场与装修收尾的配合协调。

第四节　　施工准备与资源配置计划的编制

施工准备是为拟建工程的施工创造必要的技术、物质条件,是完成单位工程施工任务的首要条件,是为工程早日开工和顺利进行所必须做的一些工作。施工准备不仅存在于开工之前,而且贯穿于整个施工过程之中。

一、技术准备

技术准备应包括施工所需技术资料的准备、施工方案编制计划、试验检验及设备调试工作计划、样板制作计划等。

(1)技术资料文件准备计划。主要指工程施工所需的国家、行业、地方和本企业的有关规范、标准、文件及标准图集配备计划,见表 3-15。

表 3-15 技术文件准备计划一览表

序号	文件名称	文件编号	配备数量	持有人

(2)施工方案编制计划。主要分部(分项)工程和专项工程在施工前应单独编制施工方案。施工方案可根据工程进展情况,分阶段编制完成。需要编制单位(项)工程施工方案的包括分部分项工程、特殊工程、关键与特殊过程、特殊施工时期(冬季、雨季和高温季节)、结构复杂、施工难度大、专业性强的项目(建设部建质[2009]87 号文规定)、规范标准规定、地方及业主规定、企业内控要求所规定的项目。对需要编制的主要施工方案应制定编制计划,见表 3-16。

表 3-16 施工方案编制计划表

序号	文件名称	编制单位	负责人	完成时间

(3)试验检验及设备调试工作计划。应根据现行规范、标准中的有关要求及工程规模、进度等实际情况制订。

1)施工试验检验计划。主要指大宗材料的试验、土建施工过程的一些试验检验。土建施工过程的试验检验包括:屋面淋水试验、地下室防水效果检验、有防水要求的地面蓄水试验、建筑物垂直度标高全高测量、抽气(风)道检验、幕墙及外窗气密性水密性耐风压检测、建筑物沉降观测、节能保温测试以及室内环境检测等,可采用表格形式编制试验检验计划,见表 3-17。

表 3-17 施工试验检验计划表

序号	工程部位	检验项目	单位	检验频率	检验时间	责任人

2)机电设备调试计划。主要指给水管道通水试验、暖气管道散热器压力试验、卫生器具满水试验、消防管道燃气管道压力试验、排水干管通球试验、照明全负荷试验、大型灯具牢固性试验、避雷接地电阻测试、线路插座开关接地检验、通风空调系统试运行、风量温度测试、制冷机组运行调试、电梯运行、电梯安全装置检测、系统试运行以及系统电源及接地检测等。可采用表格形式编制机电设备调试计划,见表 3-18。

表 3-18   机电调试计划表

序号	调试项目	工程部位	调试方式	调试时间	责任人

(4)技术复核和隐蔽验收计划。国家工程质量验收规范对技术复核和隐蔽验收的内容进行有规定,但项目经常会忽视一些应该进行复核或隐蔽的内容,因此项目应提前对此内容进行策划。可采用表格形式编制技术复核和隐蔽验收计划,见表 3-19。

表 3-19   技术复核和隐蔽验收计划表

序号	技术复核、隐蔽验收部位	复核和隐蔽内容	责任人

(5)样板制作计划。应根据施工合同或招标文件的要求并结合工程特点制定。实际上,工程施工每项工序都应该要有样板,这里样板主要指比较大的工程部位,尤其是新材料、新工艺等,更应该先做样板。可采用表格形式编制样板制作计划,见表 3-20。

表 3-20   样板制作计划表

序号	工程部位	样板名称	样板工作量	制作时间	责任人

(6)施工图深化设计。包括钢筋工程翻样、结构模板设计(排版、预留预埋分

布)、板块地面排版设计、吊顶深化设计(吊筋布置、龙骨布置、排版布置)、装饰墙面深化设计、机电安装综合图等。可采用表格形式编制施工图深化设计计划,见表 3-21。

表 3-21　　　　　　　　　样板制作计划表

序号	分部工程名称	深化设计项目	出图时间	责任人

二、现场准备

现场准备应根据现场施工条件和工程实际需要,准备现场生产、生活等临时设施。施工设施包括生产性和生活性施工设施,包括"四通一平"(水通、电通、道路畅通、通信畅通和场地平整),应根据其规模和数量,考虑占地面积和建造费用,见表 3-22。

表 3-22　　　　　　　　　施工设施准备计划

序号	设施名称	种类	数量(或面积)	规模(或可存储量)	设施构造	完成时间	责任人

三、资金准备

资金准备应根据施工进度计划,与项目合约人员、成本管理员共同进行编制资金使用计划,见表 3-23。

表 3-23　　　　　　　　　资金使用计划

分项工程名称	工作量	工期安排	需要资金	资金到位时间

四、劳动力配置计划

按项目主要工种工程量,套用概(预)算定额或者有关资料,结合施工进度计划的安排,配置项目主要工种的劳动力,见表 3-24。

表 3-24　　　　　　　　劳动力配置计划表

序号	专业工种	劳动量（工日）	需要量计划（工日）										责任人
			年					年					
			1	2	3	4	…	1	2	3	4	…	

五、施工物资配置计划

1. 原材料需要量计划

主要指工程用水泥、钢筋、砂、石子、砖、石灰、防水材料等主要材料需要量计划,采用表的形式表示,见表 3-25。

表 3-25　　　　　　　　原材料需要量计划表

序号	材料名称	规格	需要量		需要时间									责任人
			单位	数量	×月			×月			×月			
					1	2	3	1	2	3	1	2	3	

2. 成品、半成品需要量计划

主要指混凝土预制构件、钢结构、门窗构件等成品、半成品,以及安装、装饰工程成品、半成品需要量计划,见表 3-26。

表 3-26　　　　　　　　成品、半成品需要量计划表

序号	成品、半成品名称	规格	需要量		需要时间									责任人
			单位	数量	×月			×月			×月			
					1	2	3	1	2	3	1	2	3	

3. 生产工艺设备需要量计划

主要指构成工程实体的工艺设备、生产设备等,见表 3-27。

表 3-27　　　　　　　　生产工艺设备需要量计划表

序号	生产设备名称	型号	规格	电功率(kVA)	需要量(台)	进场时间	责任人

4. 施工工具需要量计划

主要指模板、脚手架用钢管、扣件、脚手板等辅助施工用工具需要量计划,见表 3-28。

表 3-28　　　　　　　　施工工具需要量计划表

序号	施工工具名称	需用量	进场日期	出场日期	责任人

5. 施工机械、设备需要量计划

主要指施工用大型机械设备、中小型施工工具等需要量计划,见表 3-29。

表 3-29　　　　　　　　施工机械、设备需要量计划表

序号	施工机具名称	型号	规格	电功率(kVA)	需要量(台)	使用时间	责任人

6. 测量设备需用量计划

主要指本工程用于定位测量放线用的计量设备、现场试验用计量设备、质量检测设备、安全检测设备、进场材料计量用设备等,见表 3-30。

表 3-30　　　　　　　　测量设备需用量计划表

序号	测量设备名称	分类	数量	使用特征	确认间距	保管人

六、施工准备与资源配置计划的编制细节把握

(1)单位工程施工组织设计的施工准备与资源配置计划,往往会与分部(分项)工程施工的作业准备工作相混淆。

(2)单位工程开工前的施工准备工作是在拟建工程正式开工前,所进行的带有全局性和总体性的施工准备,其目的是为单位工程正式开工创造必要的施工条件,这是确保工程能顺利开工、连续施工。

第五节　主要施工方案的编制要求

参见本书第三章相关内容。

第六节　施工现场平面布置

一、施工现场平面布置图类别

单位工程施工现场平面布置图应参照施工总平面布置的规定,结合施工组织总设计,按不同施工阶段(一般按地基基础、主体结构、装修装饰和机电设备安装三个阶段)分别绘制,包括:

(1)基础阶段施工平面布置图。

(2)主体阶段施工平面布置图。

(3)装饰装修阶段施工平面布置图。

(4)施工环境平面图。

(5)临建的用电和供水平面布置图。

二、施工现场平面布置图设计内容

(1)工程施工场地状况。

(2)拟建建(构)筑物的位置、轮廓尺寸、层数等。

(3)工程施工现场的加工设施、存贮设施、办公和生活用房等的位置和面积。

（4）布置在工程施工现场的垂直运输设施、供电设施、供水供热设施、排水排污设施和临时施工道路等。

（5）施工现场必备的安全、消防、保卫和环境保护等设施。

（6）相邻的地上、地下既有建（构）筑物及相关环境。

三、施工现场平面布置图设计依据

（1）施工现场平面布置图比例：采用的比例为 $1 : 200 \sim 1 : 500$。

（2）设计的依据。

1）建筑总平面图及施工场地的地质地形。

2）工地及周围生活、道路交通、电力电源、水源等情况。

3）各种建筑材料、预制构件、半成品、建筑机械的现场存储量及进场时间。

4）单位工程施工进度计划及主要施工过程的施工方法。

5）现有可用的房屋及生活设施。包括临时建筑物、仓库、水电设施、食堂、锅炉房、浴室等。

6）一切已建及拟建的房屋和地下管道，以便考虑在施工中利用或影响施工的，则提前拆除。

7）建筑区域的竖向设计和土方调配图。

四、施工现场平面布置图设计步骤

（1）布置起重机位置及开行路线。

（2）布置材料、预制构件仓库和搅拌站位置。

1）布置材料、预制构件堆场及搅拌站位置，材料堆放尽量靠近使用地点。

2）如用固定式垂直运输设备如塔吊，则材料、构配件堆场应尽量靠近垂直运输设备，采用塔式起重机为垂直运输时，材料、构件堆场、砂浆搅拌站、混凝土搅拌站出口等，应布置在塔式起重机有效起吊范围内。

3）预制构件的堆放要考虑吊装顺序。

4）砂浆、混凝土搅拌站的位置应靠近使用位置或靠近运输设备。浇筑大型混凝土基础时，可将混凝土搅拌站设在基础边缘，待基础混凝土浇筑后再转移。砂、石及水泥仓库应紧临搅拌站布置。

（3）布置运输道路。

1）尽可能利用永久性道路提前施工后为施工使用，或先造好永久性道路的路基，在交工前再铺路面。

2）现场的道路最好是环形布置，以保证运输工具回转、调头方便。

3）单位工程施工平面图的道路布置，应与施工总平面图相配合。

（4）布置行政管理及生活用临时性房屋。

1）工地出入口要设门岗。

2)办公室要布置在靠近现场。

3)工人生活用房应尽可能利用建设单位永久性设施,若系新建工程,则生活区应与现场分隔开来。

4)通常新建工程的行政管理及生活用临时房屋由施工总平面图来考虑。

(5)布置水电管网。

1)一般面积在 $5000\sim10000\text{m}^2$ 的单位工程施工用水管管径为 100mm,支管用 40mm 或 25mm,100mm 管可供给一个消防龙头的水量。

2)施工现场应设消防水池、水桶、灭火器等消防设施,施工中的防火尽量利用建设单位永久性消防设备,新建工程则由施工总平面图考虑。

3)当水压不够时可加设加压泵或设蓄水池解决。

4)工地变压站的位置应布置在现场边缘高压线接入处,四周用铁丝网围住,变压站不宜布置在交通要道口。

5)工地排水沟最好与永久性排水系统相结合,特别注意防洪,防止暴雨季节其他地区的地面水涌入现场。此时,在工地四周要设置排水沟。

6)要充分考虑对周边环境的影响,尽可能保持原有的环境地貌,减少对周边环境的影响,同时,生活垃圾、工地废料等都应该采取环保的方法处理。

7)施工环境平面图中应标注污水排放示意、消防点布置、噪声测试点分布、周边环境等。

8)临时用水布置图应根据施工方案中所设计的临时给水系统进行给水管布置,包括水龙头等的布置。

9)临时用电布置图应根据施工方案中所设计的临时用电系统进行电缆布置,包括配电箱、配电柜等的布置。

10)临时道路应根据生产和生活的要求,考虑企业 CI 规划,明确道路的宽度、走向、厚度及材料等问题。

第七节　进度管理计划的编制

施工进度管理计划是保证实现项目施工进度目标的管理计划,包括对进度及其偏差进行测量、分析、采取的必要措施和计划变更等。施工进度计划的实现离不开管理上和技术上的具体措施。另外,在工程施工进度计划执行过程中,由于各方面条件的变化,经常使实际进度脱离原计划,这就需要施工管理者随时掌握工程施工进度,检查和分析进度计划的实施情况,及时进行必要的调整,保证施工进度总目标的完成。

一、工程进度管理与计划

1. 工程进度管理概念

工程进度管理是指在工程项目实施过程中，对各阶段的进展程度和工程项目最终完成的期限所进行的管理，其目的是保证工程项目在满足时间约束条件的前提下实现其总目标。

2. 工程进度管理意义

(1)保证工程项目在合同规定的期限内如期完成、按时交付使用、及时发挥投资效益。

(2)维护国家良好的建设秩序和经济秩序。

(3)可合理安排工程项目的资源供应、节约工程成本，提高建筑施工企业的经济效益。

3. 工程进度管理任务

(1)收集有关工期的信息、确定科学合理的工期目标和进度控制措施。

(2)进行环境及施工现场条件的调查和分析。

(3)编制工程项目的总进度计划并控制其执行，确保整个工程项目按期完成。

(4)编制单项或单位工程施工进度计划并控制其执行，按期完成单位工程的施工任务。

(5)编制分部或分项工程施工进度计划并控制其执行，按期完成各分部分项工程的施工任务。

(6)编制月、旬作业计划并控制其执行，按期完成规定的目标等。

4. 工程进度管理方法和措施

(1)工程进度管理的主要方法是规划、计划、控制和协调。

(2)规划是指根据工程项目的建设工期确定项目的总进度目标，通过对总进度目标进行分解，建立工程项目进度管理的目标体系。

(3)根据规划编制相应的进度计划，控制是指对项目实施的全过程进行跟踪检查，并将计划进度与实际进度进行比较，发现偏离及时采取相应措施进行调整的动态管理过程。

(4)由于工程项目组成复杂，参与建设的各方主体较多，因此，需要协调参与建设的各单位之间、部门之间和工作队组之间的进度关系，才能保证进度目标的顺利实施。

5. 工程项目进度计划的作用

(1)为工程项目实施过程中的进度控制提供依据、指南。

(2)为工程项目实施过程中的劳动力和各种资源配置提供依据。

(3)为工程项目实施有关各方在时间上的协调配合提供依据。

(4)为在规定期限内保质、高效地完成工程建设提供保障。

6. 工程进度计划系统

(1)工程项目总进度计划。

(2)工程项目年度计划:具体安排单项工程或单位工程的开工竣工日期。

(3)单项工程或单位工程进度计划:实施性的进度计划。

(4)分部(分项)工程进度计划:操作性的进度计划。

二、项目施工进度管理计划依据

项目施工进度管理计划应按照项目施工的技术规律和合理的施工顺序,保证各工序在时间上和空间上顺利衔接。不同的工程项目其施工技术规律和施工顺序不同,即使是同一类工程项目,其施工顺序也难以做到完全相同。

因此必须根据工程特点,按照施工的技术规律和合理的组织关系,解决各工序在时间和空间上的先后顺序和搭接问题,以达到保证质量、安全施工、充分利用空间、争取时间、实现经济合理安排进度的目的。

三、施工进度计划目标分解

对项目施工进度计划进行逐级分解,通过阶段性目标的实现保证最终工期目标的完成。在施工活动中通常是通过对最基础的分部(分项)工程的施工进度控制来保证各个单项(单位)工程或阶段工程进度控制目标的完成,进而实现项目施工进度控制总体目标;因而需要将总体进度计划进行一系列从总体到细部、从高层次到基础层次的层层分解,一直分解到在施工现场可以直接调度控制的分部(分项)工程或施工作业过程为止。

四、工期目标控制点设置

应注意结合施工进度网络计划的安排,确定工期目标控制点。控制点的设置应在进度计划的关键线路上。施工进度控制点可采用表格表示,见表 3-31。

表 3-31　　　　　　　工期目标控制点设置表

控制点	控制点项目名称	开工时间	竣工时间

五、施工进度组织管理机构与职责

应建立施工进度管理的组织机构并明确职责,制定相应管理制度。施工进度管理的组织机构是实现进度计划的组织保证,它既是施工进度计划的实施组织,又是施工进度计划的控制组织;既要承担进度计划实施赋予的生产管理和施工任务,又要承担进度控制目标,对进度控制负责,因此需要严格落实有关管理制度和职责。

六、施工进度管理措施

针对不同施工阶段的特点,制定进度管理的相应措施,包括施工组织措施、技术措施和合同措施等,用表格表示,见表 3-32~表 3-34。

表 3-32 确保工期的组织措施表

序号	措施类别		措施内容
1	成立管理组织机构		为确保本工程进度,成立由总包协调部和专业分包商及劳务作业层组成的组织机构
2	定期召开专题会议	总结经验	总结前一阶段工期管理方面的经验教训,提交并协调解决各类问题
		预测调整	根据前期完成情况和其他预测变化情况,及时调整后期计划并下达部署
3	开展工期竞赛活动		拿出一定资金作为工期竞赛奖励基金,引入经济奖励机制,结合质量管理情况,奖优罚劣,充分调动全体施工人员的积极性,确保各项工期目标顺利实现

表 3-33 确保工期的技术措施表

序号	新技术名称	保证措施
1	全站仪测量定位技术	空间定位速度快,精度高,可缩短测量技术间歇
2	钢筋直螺纹连接技术	操作简单、质量可靠、能耗小,速度快且不受气候限制
3	泵送混凝土技术	混凝土质量稳定,施工速度快
4	大模板施工技术	

表 3-34　　　　　　　　　确保工期的合同措施表

序号	合同规定	保证措施
1	施工图纸的提供	
2	工程签证办理	
3	隐蔽工程验收时间	
4	大宗材料提供	
5	资金支付	
6	业主分包项目管理	

七、施工进度动态管理机制

建立施工进度动态管理机制，及时纠正施工过程中的进度偏差，并制定特殊情况下的赶工措施。面对不断变化的客观条件，施工进度往往会产生偏差；当发生实际进度比计划进度超前或落后时，控制系统就要做出应有的反应：分析偏差产生的原因，采取相应的措施，调整原来的计划，使施工活动在新的起点上按调整后的计划继续运行，如此循环往复，直至预期计划目标的实现。

八、周边环境协调措施

根据工程项目周边环境特点，制定相应的协调措施，减少外部因素对施工进度的影响。工程项目周边环境是影响施工进度的重要因素之一，其不可控性大，必须重视诸如环境扰民、交通影响和偶发意外等因素，采取相应的协调措施，可用表格进行表示，见表 3-35。

表 3-35　　　　　　　　　周边环境协调措施

序号	周边环境影响要素	协调、控制措施	责任人

第八节　质量管理计划的编制

一、工程质量管理要求

1. 工程质量

工程质量是国家现行的有关法律、法规、技术标准和设计文件及工程合同中对工程的安全、适用、经济、美观等特性的综合要求,它通常体现在适用性、可靠性、经济性、外观质量与环境协调等方面。

2. 工程质量管理的内容

(1)工程质量是按照工程建设程序,经过工程建设的项目可行性研究、项目决策、工程设计、工程施工、工程验收等各个阶段而逐步形成的,而不仅仅决定于施工阶段。

(2)工程质量包含工序质量、分项工程质量、分部工程质量和单位工程质量。

(3)工程质量不仅包括工程实物质量,而且也包含工作质量。工作质量是指工程建设参与各方,为了保证工程质量所从事技术、组织工作的水平和完善程度。

3. 质量管理的计量工作

计量工作包括生产时的投料计量,生产过程中的监测计量和对原材料、半成品、成品的试验、检测、分析计量等。搞好质量管理计量工作的要求:

(1)合理配备计量器具和仪表设备,且妥善保管。

(2)制定有关测试规程和制度,合理使用计量器具。

(3)改革计量器具和测试方法,实现检测手段现代化。

(4)建立健全质量责任制。

4. 符合质量管理体系要求

质量管理计划可参照《质量管理体系 要求》(GB/T 19001—2008),在施工单位质量管理体系的框架内编制。施工单位应按照《质量管理体系 要求》(GB/T 19001—2008)建立本单位的质量管理体系文件,编制形成文件的程序,加强过程控制,通过持续改进提高工程质量。包括:确定潜在不合格及其原因;评价防止不合格发生的措施的需求;确定和实施所需的措施;记录所采取措施的结果;评审所采取的预防措施。

工程项目可独立编制质量计划,也可以在施工组织设计中合并编制质量计划的内容。质量管理应按照 PDCA 循环模式,质量管理计划应确定相应预防措施,以消除潜在不合格的原因,防止不合格的发生,预防措施应与潜在问题的影响程度相适应。

二、工程质量管理计划的主要内容

(1)建立质量管理体系,开展全面质量管理工作。

(2)建立健全保证质量的管理制度,做好各项基础工作。

(3)组织各种形式的质量检查,经常开展质量动态分析,针对质量通病和薄弱环节,制定措施加以防治。

(4)认真执行奖惩制度,奖励表彰先进,积极发动和组织各种质量竞赛活动。

(5)组织对重大质量事故的调查、分析和处理。

三、单位工程施工质量管理计划内容

1. 工程施工质量目标及其目标分解

工程质量目标应不低于工程合同明示的要求,并应具有可测量性,并分解为分部工程、分项工程和工序质量控制子目标,尽可能地量化和层层分解到最基层,建立阶段性目标。

2. 建立项目质量管理的组织机构并明确职责

应明确质量管理组织机构中各重要岗位的职责,与质量有关的各岗位人员应具备与职责要求匹配的相应知识、能力和经验。

3. 制定技术保障和资源保障措施

应采取各种有效措施,确保项目质量目标的实现,包括原材料、构配件、机具的要求和检验,主要的施工工艺,主要的质量标准和检验方法,暑期、冬期和雨期施工的技术措施,关键过程、特殊过程、重点工序的质量保证措施,成品、半成品的保护措施,工作场所环境以及劳动力和资金保障措施等。

(1)确定质量控制点。控制阶段按照事前(施工准备阶段)、事中(施工阶段)、事后(检查验收阶段)三个阶段。控制环节主要指一些重要的管理活动,如建立机构、图纸会审、编制方案、技术交底、测量控制等,另外针对分部分项工种的施工活动,如基坑开挖、粗钢筋绑扎、预埋件埋设等。可采用表格形式表述质量控制点,见表 3-36。

表 3-36　　　　　　　　　　　质量控制点

控制阶段	控制环节	控制要点	控制人	参与控制人	主要控制内容	工作依据

(2)关键过程和特殊过程质量控制。

1)关键过程控制:是施工难度大、过程质量不稳定或出现不合格频率较高的过程;对产品质量特性有较大影响的过程;施工周期长,原材料昂贵,出现不合格后经济损失较大的过程;基于人员质素、施工环境等方面的考虑,认为比较重要的其他过程。例如测量放线、地基处理、基坑支护、钢筋焊接、混凝土浇筑等工程。

2)特殊过程控制:是对形成的产品是否合格不易或不能经济地进行验证的过程。例如桩基础工程、预应力工程、建筑防水工程等。

关键过程和特殊过程的确定,建议以表格形式表示,见表 3-37。

表 3-37　　　　　　　　关键过程和特殊过程质量控制表

施工阶段	关键过程	特殊过程	责任人	实施时间	控制措施
基础阶段					
主体阶段					
安装阶段					
初装修阶段					
精装修阶段					

4. 制定现场质量管理制度

按照质量管理 8 项原则中的过程方法要求,将各项活动和相关资源作为过程进行管理,建立质量过程检查、验收及质量责任制等相关制度,对质量检查和验收标准做出规定,采取有效的纠正和预防措施,保障各工序和过程的质量。质量管理制度主要有:

(1)培训上岗制度。

(2)质量否决制度。

(3)成品保护制度。

(4)质量文件记录制度。

(5)工程质量事故报告及调查制度。

(6)工程质量检查及验收制度。

(7)样板引路制度。

(8)自检、互检和专业检查的"三检"制度。

(9)对分包工程质量检查、基础、主体工程验收制度。

(10)单位(子单位)工程竣工检查验收。

(11)原材料及构件试验、检验制度。

(12)分包工程(劳务)管理制度等。

第九节　施工项目安全管理计划

一、安全生产策划

1. 安全生产策划的内容

针对工程项目的规模、结构、环境、技术方案、施工风险和资源配置等因素进

行安全生产策划,策划的内容包括:

(1)配置必要的设施、装备和专业人员,确定控制和检查的手段、措施。

(2)确定整个施工过程中应执行的文件、规范。如脚手架工程、高空作业、机械作业、临时用电、动用明火、沉井、深挖基础施工和爆破工程等作业规定。

(3)确定冬季、雨季、雪天和夜间施工时的安全技术措施及夏季的防暑降温工作。

(4)对危险性较大的分部分项工程要制订安全专项施工方案;对于超出一定规模的危险性较大的分部分项工程,应当组织专家对专项方案进行论证。

(5)因工程项目的特殊需求所补充的安全操作规定。

(6)制订施工各阶段具有针对性的安全技术交底文本。

(7)制订安全记录表格、确定收集、整理和记录各种安全活动的人员和职责。

2. 安全生产管理机构及人员

专职安全生产管理人员,主要负责安全生产,进行现场监督检查;发现安全事故隐患向项目负责人和安全生产管理机构报告;对于违章指挥、违章作业的,立即制止。

项目经理部,应建立以项目经理为组长的安全生产管理小组,按工程规模设安全生产管理机构或配专职安全生产管理人员。

班组设兼职安全员,协助班组长进行安全生产管理。

3. 安全生产责任体系

(1)项目经理为项目经理部安全生产第一责任人。

(2)分包单位负责人为单位安全生产第一责任人,负责执行总包单位安全管理规定和法规,组织本单位安全生产。

(3)作业班组负责人作为本班组或作业区域安全生产第一负责人,贯彻执行上级指令,保证本区域、本岗位安全生产。

4. 安全生产资金策划

施工现场安全生产资金主要包括:

(1)施工安全防护用具及设施的采购和更新的资金。

(2)安全施工措施的资金。

(3)改善安全生产条件的资金。

(4)安全教育培训的资金。

(5)事故应急措施的资金。

由项目经理部制定安全生产资金保障制度,落实、管理安全生产资金。

5. 安全生产管理制度

安全生产管理制度主要包括:

(1)安全生产许可证制度。

(2)安全生产责任制度。

(3)安全生产教育培训制度。

(4)安全生产资金保障制度。

(5)安全生产管理机构和专职人员制度。

(6)特种作业人员持证上岗制度。

(7)安全技术措施制度。

(8)专项施工方案专家论证审查制度。

(9)施工前详细说明制度。

(10)消防安全责任制度。

(11)防护用品及设备管理制度。

(12)起重机械和设备实施验收登记制度。

(13)三类人员考核任职制度。

(14)意外伤害保险制度。

(15)安全事故应急救援制度。

(16)安全事故报告制度。

二、危险源辨识及风险评价

施工现场作业和管理业务活动中的危险源与不利环境因素很多,存在的形式也较复杂,这对识别工作增加了难度。如果把各种危险源与不利环境因素,按其在事故发生发展过程中所起的作用或特征进行分类,会对危险源与不利环境因素的识别工作带来方便。

1. 危险源的分类

危险源的分类有多种方法,通常有以下几种:

(1)按在事故发生发展过程中的作用分类。

危险源表现形式不同,但从事故发生的本质讲,均可归结为能量的意外释放或者有害物质的泄漏、散发。人类的生产和生活离不开能量,能量在受控条件下可以做有用功,一旦失控,能量就会做破坏功。如果意外释放的能量作用于人体,并且超过人体的承受能力,则造成人员伤亡;如果意外释放的能量作用于设备、设施、环境等,并且能量的作用超过其抵抗能力,则造成设备、设施的损失或环境破坏。根据在事故发生、发展过程中的作用,可把危险源分为第一类危险源和第二类危险源两大类。

1)第一类危险源。

根据能量意外释放理论,能量或有害物质的意外释放是伤亡事故发生的物理本质。于是,把生产过程中存在的、可能发生意外释放的能量(能源或能量载体)或有害物质称作第一类危险源。

能量与有害物质是危险源产生的根源,也是最根本的危险源。一般地说,系统具有的能量越大,存在的有害物质的数量越多,系统的潜在危险性和危害性也越大。另一方面,只要进行施工作业活动,就需要相应的能量和物质(包括有害物质),因此所产生的危险源是客观存在的。

一切产生、供给能量的能源和能量的载体在一定条件下,都可能是危险源。例如,高处作业(如吊起的重物等)的势能,带电导体上的电能,行驶车辆或各类机械运动部件、工件等的动能,噪声的声能,电焊时的光能,高温作业的热能等,在一定条件下都能造成各类事故。静止的物体棱角、毛刺、地面等之所以能伤害人体,也是因人体运动、摔倒时的动能、势能造成的。这些都是由于能量意外释放形成的危险因素。

有害物质在一定条件下能损伤人体的生理机能和正常代谢功能,破坏设备和物品的效能,也是最根本的危险源。例如,作业场所中由于存在有毒物质、腐蚀性物质、有害粉尘、窒息性气体等有害物质,当它们直接、间接与人体或物体发生接触,导致人员的死亡、职业病、伤害、财产损失或环境的破坏等。

人体受到超过其承受能力的各种形式能量作用时受伤害的情况见表 3-38。

表 3-38　　　　　各种能量对人体伤害情况表

施加的能量类型	产生的伤害	事故类型
机械能	移位、刺伤、割伤、撕裂、挤压皮肤的肌肉、骨折、内部器官损伤	高处坠落、物体打击、机械伤害、起重伤害、坍塌、放炮、火药爆炸、车辆伤害、锅炉爆炸、压力容器爆炸
热能	皮肤发炎、凝固、烧伤、烧焦、焚化伤及全身	一、二、三度烧伤、灼烫、火灾
电能	干扰神经、肌肉功能、电伤,以及凝固、烧焦和焚化伤及身体任何层次	触电、烧伤
化学能	化学性皮炎、化学性烧伤、致癌、致遗传突变、致畸胎、急性中毒、窒息	中毒和窒息、火灾、化学灼伤包括由于动物性和植物性毒素引起的损伤

2)第二类危险源。

正常情况下,施工生产过程中的能量或有害物质受到约束或处于受控时,不会发生意外释放,即不会发生事故。但是,一旦这些约束或限制能量或有害物质的措施受到破坏或失效(故障),处于失控状态,就会发生能量或有害物质的意外释放和泄漏,则将发生事故。导致能量或有害物质约束或限制措施破坏或失效的各种不安全因素称作第二类危险源。

第二类危险源主要包括物的故障、人的失误和环境因素三种类型。

① 物的故障。包括机械、设备、设施、系统、装置、工具、用具、物质、材料等,也包括厂房、房屋。根据物在事故发生中的作用,可分起因物和致害物二种,起因物是指导致事故发生的物体或物质,致害物是指直接与人体接触(或人体暴露于其中),而造成伤害及中毒的物体或物质。用于支撑人的任何表面一般也可认为是物,如楼板、作业平台等,当然也可以成为独立的事故起因物,除非该表面作为某物体技术上(设计上)的一部分。物的故障是指机械设备、设施、系统、装置、元部件等在运行或使用过程中由于性能(含安全性能)低下而不能实现预定的功能(包括安全功能)的现象。不安全状态是存在于起因物上的,是使事故能发生的不安全的物体条件或物质条件。从安全功能的角度,物的不安全状态也是物的故障。在施工生产过程中,物的故障的发生是不可避免的,迟早都会发生;故障的发生具有随机性、渐近性或突发性,故障的发生是一种随机事件。造成故障发生的原因很复杂。可能是由于设计、制造缺陷造成的;也可能由于安装、搭设、维修、保养、使用不当或磨损、腐蚀、疲劳、老化等原因造成;可能由于认识不足、检查人员失误、环境或其他系统的影响等。但故障发生的规律是可知的,通过定期检查、维修保养和分析总结可使多数故障在预定期间内得到控制(避免或减少)。掌握各类故障发生的规律和故障率是防止故障发生造成严重后果的重要手段。发生故障并导致事故发生的这种危险源,主要表现在发生故障、误操作时的防护、保险、信号等装置缺乏、缺陷和设备、设施在强度、刚度、稳定性、人机关系上有缺陷两方面。例如超载限制或起升高度限位安全装置失效使钢丝绳断裂、重物坠落;围栏缺损、安全带及安全网质量低劣为高处坠落事故提供了条件;电线和电气设备绝缘损坏、漏电保护装置失效造成触电伤人,短路保护装置失效又造成配电系统的破坏;空气压缩机泄压安全装置故障使压力进一步上升,导致压力容器破裂;通风装置故障使有毒有害气体浸入作业人员呼吸道;有毒物质泄漏散发、危险气体泄漏爆炸,造成人员伤亡和财产损失等,都是物的故障引起的危险源。

② 人的失误。是指人的行为结果偏离了被要求的标准,即没有完成规定功能的现象。人的失误会造成能量或危险物质控制系统故障,使屏蔽破坏或失效,从而导致事故发生。人的失误包括人的不安全行为和管理失误两个方面。

不安全行为是指违反安全规则或安全原则,使事故有可能或有机会发生的行为。违反安全规则或安全原则包括违反法律、规程、条例、标准、规定,也包括违反大多数人都知道并遵守的不成文的安全原则,即安全常识。例如吊索具选用不当,吊物绑挂方式不当使钢丝绳断裂吊物失稳坠落;起重吊装作业时,吊臂误碰触外电线路引发短路停电;误合电源开关使检修中的线路或电器设备带电,意外启动;故意绕开漏电开关接通电源等都是人的失误形成的危险源都属于不安全行为。

管理失误。施工现场安全生产保证体系管理是为了保证及时、有效地实现安全目标,在预测、分析的基础上进行策划、组织、协调、检查等工作是预防物的故障和人的失误的有效手段。管理失误表现在以下方面:

a.对物的管理,有时称技术原因。包括技术、设计、结构上有缺陷,作业现场、作业环境的安排设置不合理等缺陷,防护用品缺少或有缺陷等。

b.对人的管理。包括:教育、培训、指示、对施工作业任务和施工作业人员的安排等方面的缺陷或不当。

c.对施工作业程序、操作规程和方法、工艺过程等的管理失误。

d.安全监控、检查和事故防范措施等方面的问题。

e.对工程施工和专项施工组织设计安全的管理失误。

f.对采购安全物资的管理失误。

③ 环境因素。人和物存在的环境,即施工生产作业环境中的温度、湿度、噪声、振动、照明或通风换气等方面的问题,会促使人的失误或物的故障发生。环境因素见表 3-39。

表 3-39　　　　　　　　　　环境因素一览表

类　别	内　容
物理因素	噪声、振动、温度、湿度、照明、风、雨、雪、视野、通风换气、色彩
化学因素	爆炸性物质、腐蚀性物质、可燃液体、有毒化学品、氧化物、危险气体
生物因素	细菌、真霉菌、昆虫、病毒、植物、原生虫等

(2)按导致事故和职业危害的直接原因分类。

根据《生产过程危险和危害因素分类与代码》(GB/T 13861－2009)的规定,将生产过程中的危险因素与危害因素分为 6 类。此种分类方法所列危险、危害因素具体、详细、科学合理,适用于项目经理部对危险源识别和分析,经过适当的选择调整后,可作为危险源提示表使用。

表 3-40　　　　　　　　　　导致事故直接原因分类表

类别	内　容
物理性 危害因素	①设备、设施缺陷(强度不够、刚度不够、稳定性差、密封不良、应力集中、外形缺陷、外露运动件缺陷、制动器缺陷、控制器缺陷、设备设施其他缺陷); ②防护缺陷(无防护、防护装置和设施缺陷、防护不当、支撑不当、防护距离不够、其他防护缺陷); ③电危害(带电部位裸露、漏电、雷电、静电、电火花、其他电危害); ④噪声危害(机械性噪声、电磁性噪声、流体动力性噪声、其他噪声); ⑤振动危害(机械性振动、电磁性振动、流体动力性振动、其他振动); ⑥电磁辐射(电离辐射:x 射线、Y 射线、R 粒子、质子、中子、高能电子束等); ⑦非电离辐射(紫外线、激光、射频辐射、超高压电场); ⑧运动物危害(固体抛射物、液体飞溅物、反弹物、岩土滑动、料堆垛滑动、气流卷动、冲击地压、其他运动物危害); ⑨明火; ⑩能造成灼伤的高温物质(高温气体、高温固体、高温液体、其他高温物质); ⑪能造成冻伤的低温物质(低温气体、低温固体、低温液体、其他低温物质); ⑫粉尘与气溶胶(不包括爆炸性、有毒性粉尘与气溶胶); ⑬作业环境不良(作业环境不良、基础下沉、安全过道缺陷、采光照明不良、有害光照、通风不良、缺氧、空气质量不良、给排水不良、涌水、强迫体位、气温过高、气温过低、气压过高、气压过低、高温高湿、自然灾害、其他作业环境不良); ⑭信号缺陷(无信号设施、信号选用不当、信号位置不当、信号不清、信号显示不准、其他信号缺陷); ⑮标志缺陷(无标志、标志不清楚、标志不规范、标志选用不当、标志位置缺陷、其他标志缺陷)
化学性 危害因素	①易燃易爆性物质(易燃易爆性气体、易燃易爆性液体、易燃易爆性固体、易燃易爆性粉尘与气溶胶、其他易燃易爆性物质) ②自燃性物质; ③有毒物质(有毒气体、有毒液体、有毒固体、有毒粉尘与气溶胶、其他有毒物质); ④腐蚀性物质(腐蚀性气体、腐蚀性液体、腐蚀性固体、其他腐蚀性物质); ⑤其他化学性危害因素
生物性 危害因素	①致病微生物(细菌、病毒、其他致病微生物); ②传染病媒介物; ③致害动物; ④致害植物; ⑤其他生物性危害因素
行为性 危害因素	①指挥错误(指挥失误、违章指挥、其他指挥错误); ②操作失误(误操作、违章作业、其他操作失误); ③监护失误; ④其他错误; ⑤其他行为性危害因素

(3)按引起的事故类型分类。

根据 GB 6441－1986《企业职工伤亡事故分类》标准,综合考虑事故的诱导性原因、致害物、伤害方式等特点,将危险源及危险源造成的事故分为 16 类。此种分类方法所列的危险源与企业职工伤亡事故处理调查、分析、统计、职业病处理和职工安全教育的口径基本一致,为企业安全管理人员、广大职工所熟悉、易于接受和理解,便于实际应用。

1)物体打击,是指物体在重力或其他外力的作用下产生运动,打击人体造成人身伤亡事故,不包括因机械设备、车辆、起重机械、坍塌等引发的物体打击。

2)车辆伤害,是指施工现场内机动车辆在行驶中引起的人体坠落和物体倒塌、飞落、挤压伤亡事故,不包括起重设备提升、牵引车辆和车辆停驶时发生的事故。

3)机械伤害,是指机械设备运动(静止)部件、工具、加工件直接与人体接触引粼的夹击、碰撞、剪切、卷人、绞、碾、割、刺等伤害,不包括车辆、起重机械引起的机械伤害。

4)起重伤害,是指各种起重作业(包括起重机安装、检修、试验)中发生的挤压、坠落、(吊具、吊重)物体打击和触电。

5)触电,包括雷击伤亡事故。

6)淹溺,包括高处坠落淹溺,不包括矿山、井下透水淹溺。

7)灼烫,是指火焰烧伤、高温物体烫伤、化学灼伤(酸、碱、盐、有机物引起的体内外灼伤)、物理灼伤(光、放射性物质引起的体内外灼伤),不包括电灼伤和火灾引起的烧伤。

8)火灾。

9)高处坠落,是指在高处作业中发生坠落造成的伤亡事故,不包括触电坠落事故。

10)坍塌,是指物体在外力或重力作用下,超过自身的强度极限或因结构稳定性破坏而造成的事故,如挖沟时的土石塌方、脚手架坍塌、堆置物倒塌等,不适用于车辆、起重机械、爆破引起的坍塌。

11)放炮,是指爆破作业中发生的伤亡事故。

12)火药爆炸,是指火药、炸药及其制品在生产、加工、运输、贮存中发生的爆炸事故。

13)化学性爆炸,是指可燃性气体,粉尘等与空气混合形成爆炸性混合物,接触引爆能源时,发生的爆炸事故(包括气体分解、喷雾爆炸)。

14)物理性爆炸,包括锅炉爆炸、容器超压爆炸、轮胎爆炸等。

15)中毒和窒息,包括中毒、缺氧窒息、中毒性窒息。

16)其他伤害,是指除上述以外的危险因素,如摔、扭、挫、擦、刺、割伤和非机动车碰撞、轧伤等(坑道作业、矿山、井下还有冒顶片帮、透水、瓦斯爆炸等危险因素）。

2. 危险源与不利环境因素识别的方法

(1)项目经理部识别施工现场危险源与不利环境因素方法有许多,如现场调查工作任务分析、安全检查表、危险与可操作性研究、事件树分析、故障树分析等,项目经理主要采用调查的方法。

(2)现场调查方法(见表 3-41)。

表 3-41　　　　　　　　　　**危险源现场调查方法**

现场调查的形式	①询问、交谈:对于项目经理部的某项工作和作业有经验的人,往往能指出工作和作业中的危险源和不利环境因素,从中可初步分析出该项工作和作业中存在的各类危源与不利环境因素; ②现场观察:通过对施工现场作业环境的现场观察,可发现存在的危险源与不利环境因素,但要求从事现场观察的人员具有安全、环保技术知识、掌握职业健康安全与环境的法律法规、标准规范; ③查阅有关记录:查阅企业的事故、职业病记录,可从中发现存在的危险源与不利环境因素; ④获取外部信息:从有关类似企业、类似项目、文献资料、专家咨询等方面获取有关危险源与不利环境因素信息,加以分析研究,有助于识别本工程项目施工现场有关的危险源与不利环境因素; ⑤检查表:运用已编制好的检查表,对施工现场进行系统的安全环境检查,可识别出存在的危险源与不利环境因素
现场调查的 具体步骤	①组织相关人员进行危险源与不利环境因素识别知识培训,并进行现场实地练习; ②对作业与管理业务活动分类和危险源与不利环境因素分类作出规定,编制相应的调查、识别表式,由相关人员逐类调查,找出危险源与不利环境因素,并按表式内容进行记录。必要时可以在企业或社会中寻求帮助。危险源与不利环境因素可按作业与管理活动分类汇总记录,也可按引发的事故类型汇总记录; ③由专人对调查内容进行汇总、确认、登记,建立项目经理部总的危险源识别与不利环境因素识别清单; ④项目经理部根据内外环境的变化,及时识别新出现的危险源、不利环境因素,对相应清单进行更新; ⑤定期对危险源和不利环境因素识别结果的充分性进行评审,必要时应进行调整

3. 危险源与不利环境因素识别的注意事项

(1)应充分了解危险源与不利环境因素的分布。

1)从范围上讲,应包括施工现场内受到影响的全部人员、活动与场所,以及受到影响的社区、排水系统等。包括可施加影响的供应商和分包商等相关方的人员、活动与场所。

2)从状态上讲,应考虑以下三种状态:

a.正常状态,指固定、例行性且计划中的作业与程序。

b.异常状态,指在计划中,然而不是例行性的作业,如机械的例行维修保养。

c.紧急状态,指可能或已发生的紧急事件,如恶劣的突发性气候或事故。

3)从时态上讲,应考虑以下三种时态:

a.过去,以往发生或遗留的问题。

b.现在,现在正在发生的、并持续到未来的问题。

c.将来,不可预见什么时候发生且对安全和环境造成较大影响,如:新材料的使用、工艺变化、法律法规变化带来的问题。

4)从内容上讲,应包括涉及所有可能的伤害与影响。包括人为失误,物料与设备过期、老化、性能下降造成的问题。

(2)弄清危险源或不利环境因素伤害与影响的方式或途径。

(3)确认危险源和不利环境因素伤害与影响的范围。

(4)要特别关注重大危险源与不利环境因素,防止遗漏。

(5)对危险源与不利环境因素保持高度警觉,持续进行动态识别。

(6)充分发挥员工对危险源与不利环境因素识别的作用,广泛听取每一个员工,包括供应商、分包商的员工的意见和建议,必要时还可征求上级单位、设计、监理和政府主管部门的意见。

4.危险源安全风险评价

(1)评价方法。

评价应围绕可能性和后果两个方面综合进行。项目管理人员通过定量和定性相结合的方法进行危险源的评价,通过全体员工参与,筛选出应优先控制的重大危险源,具体讲主要采取专家评估法直接判断,必要时可采用作业条件危险性评价法、安全检查表判断。

1)专家评估方法。

组织有丰富知识,特别是有系统安全工程知识的专家,熟悉本工程管理施工生产工艺的技术和管理人员组成评价组,通过专家的经验和判断能力,对管理、人员、工艺、设备、环境等方面已识别的危险源,评价出对本工程项目施工安全有重大影响的重大危险源。

作业条件危险性评价法(LEC法)。危险性分值(D)取决于以下三个因素的乘积:

$$D = LEC$$

式中　L——发生事故的可能性大小,其取值见 L 值表;

　　E——人体暴露于危险环境的频繁程度,其取值见 E 值表;

　　C——发生事故可能造成的后果,其取值见 C 值表。

　　其中,将 L 值用概率表示时,绝对不可能发生的事故概率为 0,但是,从系统安全角度考虑,绝对不发生事故是不可能的,所以,认为的将发生事故可能性极小的分数定为 0.1,最大定为 10,在 0.1～10 之间定出若干个中间值,见表 3-42。

表 3-42　　　　　　　　　　　　　　L 值表

事故发生的可能	分数值	事故发生的可能性	分数值
完全可能预料	10	很不可能,可以设想	0.5
相当可能	6	极不可能	0.2
可能,但不经常	3	实际不可能	0.1
可能性小,完全意外	1		

　　将 E 值最小定为 0.5,最大定为 10,在 0.5～10 之间定出若干个中间值,见表 3-43。

表 3-43　　　　　　　　　　　　　　E 值表

暴露于危险环境频繁程度	分数值	暴露于危险环境频繁程度	分数值
连续暴露	10	每月一次暴露	2
每天工作时间内暴露	6	每年几次暴露	2
每周一次暴露或偶然暴露	3	非常罕见地暴露	0.5

　　将需要救护的轻微伤害 C 规定为 1,将造成多人死亡的可能性值规定为 100,其他情况为 1～100 之间,见表 3-44。

表 3-44　　　　　　　　　　　　　　C 值表

发生事故产生的后果	分数值	发生事故产生的后果	分数值
大灾难,许多人死亡	100	严重,重伤	7
灾难,数人死亡	40	重大,致残	3
非常严重,一人死亡	15	引人注目,需要救护	1

　　D 值为危险分值。根据其大小分为以下几个等级,见表 3-45。

表 3-45　　　　　　　　　　　　D 值表

危险程度	分数值	危险程度	分数值
极其危险,不可能继续作业	>320	一般危险,需要注意	20～70
高度危险,要立即整改	160～320	稍有危险,可以接受	<20
显著危险,需要整改	70～160		

2)安全检查表。

列出各层次的不安全因素,确定检查项目,以提问的方式把检查项目按过程的组成顺序编制成表,按检查项目进行检查或评审。

(2)重大危险源的判定依据。

1)严重不符合法律法规、标准规范和其他要求。

2)相关方有合理抱怨的要求。

3)曾发生过事故,且没有采取有效防范控制措施。

4)直接观察到可能导致危险的错误,且无适当控制措施。

5)通过作业条件危险性评价方法,总分高于 160 分高度危险的。

(3)安全风险评价结果应形成评价记录,一般可与危险源识别结果合并记录,通常列表记录。对确定的重大危险源还应另列清单,并按优先考虑的顺序排列。

三、施工安全应急预案

工程项目经理部应针对可能发生的事故制定相应的应急救援预案,准备应急救援的物资,并在事故发生时组织实施,防止事故扩大,以减少与之有关的伤害和不利环境影响。

1. 应急预案的编制要求

应急预案的编制应与安保计划同步编写。根据对危险源与不利环境因素的识别结果,确定可能发生的事故或紧急情况的控制措施失效时所采取的补充措施和抢救行动,以及针对可能随之引发的伤害和其他影响所采取的措施。

应急预案是规定事故应急救援工作的全过程。

应急预案适用于项目部施工现场范围内可能出现的事故或紧急情况的救援和处理。

(1)应急预案中应明确应急救援组织、职责和人员的安排,应急救援器材、设备的准备和平时的维护保养。

(2)在作业场所发生事故时,如何组织抢救,保护事故现场的安排,其中应明确如何抢救,使用什么器材和设备。

(3)应明确内部和外部联系的方法、渠道,根据事故性质,规定由谁及在多少时间内向企业上级、政府主管部门和其他有关部门上报、需要通知有关的近邻及消防、救险、医疗等单位的联系方式。

(4)工作场所内全体人员如何疏散的要求。

2. 应急预案的主要内容

(1)应急救援组织和人员安排,应急救援器材、设备的配备与维护,应急组织机构如图 3-2 所示。

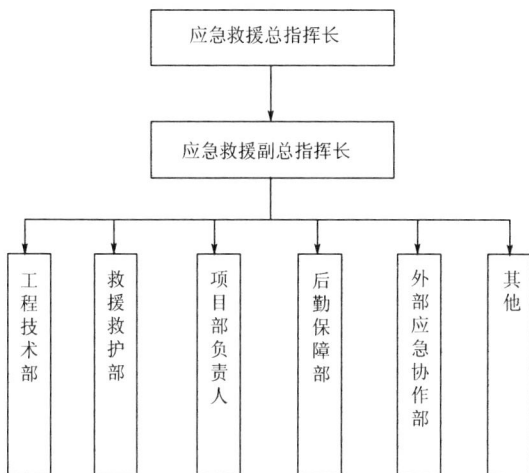

图 3-2 应急救援组织机构图

(2)在作业场所发生事故时,保护现场、组织抢救的安排,其中应明确如何抢救,使用什么器材、设备。

(3)建立内部和外部联系的方法、渠道,根据事故性质,按规定在相应期限内报告上级、政府主管部门和其他有关部门,通知有关的近邻及消防、救险、医疗等单位。

(4)作业场所内全体人员的疏散方案。

3. 应急救援指挥流程

应急救援指挥流程,如图 3-3 所示。

4. 应急预案的审核和确认

由施工现场项目经理部的上级有关部门,对应急预案的适宜性进行审核和确认。

四、施工项目安全保证计划

根据安全生产策划的结果,编制施工项目安全保证计划,主要是规划安全生

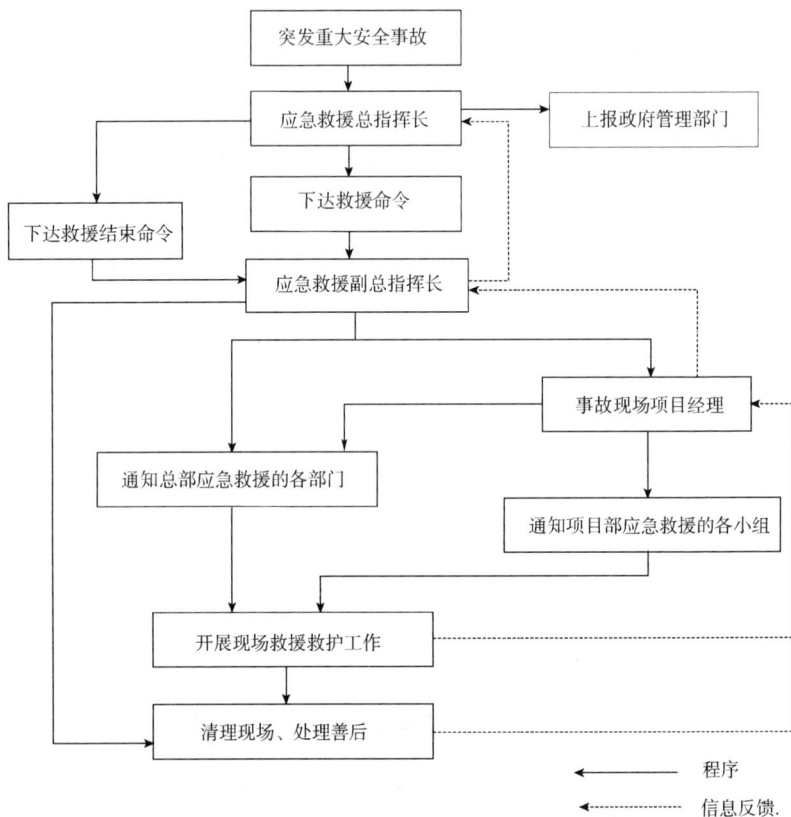

图 3-3　重大安全事故应急救援指挥程序图

产目标,确定过程控制要求,制订安全技术措施,配备必要资源,确保安全保证目标实现。它充分体现了施工项目安全生产必须坚持"安全第一、预防为主"的方针,是生产计划的重要组成部分,是改善劳动条件,搞好安全生产工作的一项行之有效的制度,其主要内容有:

(1)项目经理部应根据项目施工安全目标的要求配置必要的资源,确保施工安全保证目标的实现。危险性较大的分部分项工程要制订安全专项施工方案并采取安全技术措施。

(2)施工项目安全保证计划应在项目开工前编制,经项目经理批准后实施。

(3)施工项目安全保证计划的内容主要包括工程概况,控制程序,控制目标,组织结构,职责权限,规章制度,资源配置,安全措施,检查评价,奖惩制度等。

(4)施工平面图设计是项目安全保证计划的一部分,设计时应充分考虑安全、防火、防爆、防污染等因素,满足施工安全生产的要求。

(5)项目经理部应根据工程特点、施工方法、施工程序、安全法规和标准的要求,采取可靠的技术措施,消除安全隐患,保证施工安全和周围环境的保护。

(6)对结构复杂、施工难度大、专业性强的项目,除制订项目总体安全保证计划外,还须制订单位工程或分部、分项工程的安全施工措施。

(7)对高空作业、井下作业、水上作业、水下作业、深基础开挖、爆破作业、脚手架上作业、有害有毒作业、特种机械作业等专业性强的施工作业,以及从事电气、压力容器、起重机、金属焊接、井下瓦斯检验、机动车和船舶驾驶等特殊工种的作业,应制订单项安全技术方案和措施,并应对管理人员和操作人员的安全作业资格和身体状况进行合格审查。

(8)安全技术措施是为防止工伤事故和职业病的危害,从技术上采取的措施,应包括防火、防毒、防爆、防洪、防尘、防雷击、防触电、防坍塌、防物体打击、防机械伤害、防溜车、防高空坠落、防交通事故、防寒、防暑、防疫、防环境污染等方面的措施。

(9)实行总分包的项目,分包项目安全计划应纳入总包项目安全计划,分包人应服从承包人的管理。

五、施工项目安全保证计划的实施

施工项目安全保证计划实施前,应按要求上报,经项目业主或企业有关负责人确认审批后报上级主管部门备案。执行安全计划的项目经理部负责人也应参与确认。主要是确认安全计划的完整性和可行性;项目经理部满足安全保证的能力;各级安全生产岗位责任制和与安全计划不一致的事宜都是否解决等。

施工项目安全保证计划的实施主要包括项目经理部制订建立安全生产管理措施和组织系统、执行安全生产责任制、对全员有针对性地进行安全教育和培训、加强安全技术交底等工作。

第十节 环境管理计划的编制

一、环境管理计划定义

环境管理计划已成为施工组织设计的重要组成部分。对于通过了环境管理体系认证的施工单位,环境管理计划可参照《环境管理体系 规范及使用指南》(GB/T 24001—2004),在施工单位环境管理体系的框架内,针对项目的实际情况编制。环境管理计划相关定义如下:

(1)持续改进。强化环境管理体系的过程,目的是根据组织的环境方针,实现对整体环境表现(行为)的改进。

(2)环境。组织运行活动的外部存在,包括空气、水、土地、自然资源、植物、动物、人,以及它们之间的相互关系。

(3)环境因素。一个组织的活动、产品或服务中能与环境发生相互作用的要素。

(4)环境影响。全部或部分地由组织的活动、产品或服务给环境造成的任何有害或有益的变化。

(5)环境管理体系。整个管理体系的一个组成部分,包括为制定、实施、实现、评审和保持环境方针所需的组织机构、计划活动、职责、惯例、程序、过程和资源。

(6)环境管理体系审核。客观地获取审核证据并予以评价,以判断组织的环境管理体系是否符合所规定的环境管理体系审核准则的一个以文件支持的系统化验证过程,包括将这一过程的结果呈报管理者。

(7)环境目标。组织依据其环境方针规定自己所要实现的总体环境目的,如可行应予以量化。

(8)环境表现(行为)。组织基于其环境方针、目标和指标,对它的环境因素进行控制所取得的可测量的环境管理体系结果。

(9)环境方针。组织对其全部环境表现(行为)的意图与原则的声明,它为组织的行为及环境目标和指标的建立提供了一个框架。

(10)环境指标。直接来自环境目标,或为实现环境目标所需规定并满足的具体的环境表现(行为)要求,它们可适用于组织或其局部,如可行应予以量化。

(11)相关方。关注组织的环境表现(行为)或受其环境表现(行为)影响的个人或团体。

(12)组织。具有自身职能和行政管理的公司、集团公司、商行、企事业单位、政府机构或社团,或是上述单位的部分或结合体,无论其是否法人团体、公营或私营。

(13)污染预防。旨在避免、减少或控制污染而对各种过程、惯例、材料或产品的采用,可包括再循环、处理、过程更改、控制机制、资源的有效利用和材料替代等。

二、环境管理计划内容

(1)确定项目重要环境因素,制订项目环境管理目标。

1)建筑工程常见的环境因素包括如下内容:

①大气污染。

②垃圾污染。

③建筑施工中建筑机械发出的噪声和强烈的振动。

④光污染。

⑤放射性污染。

⑥生产、生活污水排放。

环境因素可用表格表示,表格及示例见表 3-46。

表 3-46　　　　　　　　　　环境因素评价表

序号	工序/工作活动	环境因素	环境影响	评价方法
1	混凝土搅拌	粉尘排放	污染大气	定性
		噪声排放	影响居民	定量
2				
3				
4				
5				

2)环境管理目标,可用表格进行表示,并可对实现环境管理目标的方法和时间进行细化,见表 3-47、表 3-48。

表 3-47　　　　　　　　　　环境管理目标

序号	环境因素	环境目标	环境指标	完成期限	责任实施部门	协助管理部门	实施监控部门
1							
2							
3							

表 3-48　　　　　　实现环境管理目标的方法和时间表

序号	环境目标和指标	实现方法	责任人	实施时间
1				
2				
3				

(2)建立项目环境管理的组织机构并明确职责。

(3)资源配置:根据项目特点进行,可用表格表示,见表 3-49。环境保护资源包括洒水设施、覆盖膜等防护用品和粉尘测定仪、噪声测定仪以及有毒气体测定仪等环境检测器具。

表 3-49　　　　　　　　　环境保护的资源配置

序号	环境保护用资源名称	数量	使用特征	保管人
1				
2				
3				

（4）制订现场环境保护的控制措施，包括现场泥浆、污水和排水；现场爆破危害防止；现场打桩震害防止；现场防尘和防噪声；现场地下旧有管线或文物保护；现场溶化沥青及其防护；现场及周边交通环境保护；以及现场卫生防疫和绿化工作等措施。

（5）建立现场环境检查制度，并对环境事故的处理做出相应规定。包括施工现场卫生管理制度、现场化学危险品管理制度、现场有毒有害废弃物管理制度、现场消防管理制度、现场用水、用电管理制度等。

第十一节　成本管理计划的编制

一、成本管理

1. 成本管理的内容

（1）建立与健全工程成本责任制。

（2）建立与健全工程成本管理制度。

（3）认真做好工程成本管理的基础工作。

（4）完善定额管理；材料物资计量验收保管。

（5）建立和健全各项原始记录。

2. 工程成本分类

工程成本以发生时间划分为预算成本、计划成本、实际成本。

3. 降低工程成本的途径

（1）架料、模板投入量越大，固定成本越大，反之，固定成本越小。为此就必须优化施工方案，选用先进的搭设脚手架支撑方案，减少投放，合理组织架料、模板的进出场，减少现场存放时间，以减少租赁费用。

（2）合理选用机械设备，减少投入，合理组织机械进退场，减少租赁费用，以减少固定成本。

(3)尽量减少临建设施的搭设,减少临建费用,以减少固定成本。

(4)压缩管理人员与非生产人员的编制,以减少现场管理费用。

(5)缩短工期,减少分摊固定费用的比例。

(6)优化技术措施,合理确定进料规模,以节约材料。

(7)减少现场材料的浪费。

(8)减少材料采购成本。

(9)合理组织材料进场,减少二次搬运。

(10)防止计划外用工、重复用工,防止返工费用发生。

(11)适当降低劳务用工的取费。

二、施工成本管理计划内容

(1)根据项目施工预算,制订项目施工成本目标。

(2)根据施工进度计划,对项目施工成本目标进行阶段分解。

(3)建立施工成本管理的组织机构并明确职责,制定相应管理制度。

(4)采取合理的技术、组织和合同等措施,控制施工成本。

(5)确定科学的成本分析方法,制定必要的纠偏措施和风险控制措施。

三、施工成本管理计划编制

1. 施工成本目标及分解目标

成本目标分解至如合约与索赔、安全控制、技术方案、质量成品完工率、材料合格率、材料供应与管理、周转料具与机械、现场组织协调、电气工程、水暖通风工程、现场经费、临设管理等方面。

(1)施工成本目标控制,见表 3-50。

表 3-50　　　　　　　　　目标成本控制表

项目	目标成本
总费用	
1.直接费用	
人工费	
材料费	
机械使用费	
其他直接费	
2.间接费用	
施工管理费	

(2)施工成本目标,见表 3-51。

表 3-51　　　　　　　　　　　成本目标分解表

规划项目名称	成本降低额(万元)					
	总计	直接成本				间接成本
		人工费	材料费	机械费	其他直接费	
合约与索赔						
安全控制						
技术方案						

2. 施工成本控制措施

主要从技术、组织和合同方面采取措施进行控制,可用表格进行表示,见表 3-52、表 3-53。

表 3-52　　　　　　　技术节约降低成本措施计划表

序号	技术措施内容	计算依据	计划差异
1			
2			
3			

表 3-53　　　　　　　组织措施降低成本计划表

序号	分部分项工程名称	预算成本	计划成本	差异额	降低措施	责任人
1						
2						
3						

3. 风险控制措施

(1)识别风险因素。风险类型一般分为:管理风险、人力资源风险、经济与管理风险、材料机械及劳动力风险、工期风险、技术质量安全风险、工程环境风险等,示例及内容见表 3-54。

表 3-54　　　　　　　　　　　风险因素表

序号	风险因素	产生原因	风险强度	可能产生的后果
1	管理风险	各级管理机构及制度不完善	中	造成经济及声誉损失;出现较严重的质量、安全等事故
2	人力资源	管理及操作人员的能力、素质和经验不够	中	可能产生意外的技术、安全事故;操作缓慢,满足不了进度要求
3	经济与管理风险	业主及总包资金供应不及时,市场价高于定额价	高	导致工程停工、窝工、机械停滞使用、资金沉没等严重经济损失
4	工期风险	劳动力、机械、天气、资金等造成工期延期	低	被业主索赔工期损失;工程无法按合同交付使用

(2)估计风险出现概率和损失值,示例见表 3-55。选择合理的风险估计方法(概率分析法、趋势分析法、专家会议法、德尔菲法或专家系统分析法);估计风险发生概率;确定风险后果和损失严重程度。

表 3-55　　　　　　估计风险出现概率和损失值表

序号	风险因素	1	2	3	4	5	6	7
1	发生概率	20%	20%	50%	5%	40%	10%	25%
2	对工程的影响程度(用成本来计量)	2%	1%	10%	1%	0.5%	2%	2%
3	损失值(万元)	520	260	2600	260	130	2600	520

(3)分析风险管理重点,制订风险防范控制对策。根据估计风险出现概率和损失值,列出重点风险因素,并提出防范对策。可用表格形式表述,示例见表 3-56。

表 3-56　　　　　　　　　风险防范控制对策

序号	重点风险因素	防范对策
1	经济与管理风险	做好与建设单位、监理单位的协调工作,争取工程款及时到位,准时发放劳务队工资,机械租赁费等;材料周转资金提前做好计划,确保不能因为资金方面问题耽误进场等
2		
3		
4		

（4）明确风险管理责任。根据所确定的重点风险，落实到人进行防范和控制。可用表格形式表述，示例见表 3-57。

表 3-57　　　　　　　风险管理责任表

序号	风险名称	管理目标	防范对策	管理责任人
1	经济管理风险	规避	提前落实资金来源	×××
2				
3				
4				

4. 成本管理的协调性要求

成本管理是与进度管理、质量管理、安全管理和环境管理等同时进行的，是针对整体施工目标系统所实施的管理活动的一个组成部分。在成本管理中，要协调好与进度、质量、安全和环境等的关系，不能片面强调成本节约。

第十二节　其他管理计划的编制

根据工程所处位置、合同要求等情况，管理计划可增设，如：绿色施工管理计划、防火保安管理计划、合同管理计划、总承包管理计划、创鲁班奖管理计划、质量保修管理计划、施工平面布置管理计划、成品保护计划、CI 管理计划等。举例说明如下。

一、绿色施工管理计划

1. 绿色施工管理要求

主要包括组织管理、规划管理、实施管理、评价管理和人员安全与健康管理 5 个方面。

建设工程施工阶段严格按照建设工程规划、设计要求，通过建立管理体系和管理制度，采取有效的技术措施，全面贯彻落实国家关于资源节约和环境保护的政策，最大限度节约资源，减少能源消耗，降低施工活动对环境造成的不利影响，提高施工人员的职业健康安全水平，保护施工人员的安全与健康。

2. 绿色施工管理计划内容

（1）环境保护措施，制订环境管理计划及应急救援预案，采取有效措施，降低环境负荷，保护地下设施和文物等资源。

（2）节材措施，在保证工程安全与质量的前提下，制订节材措施。如进行施工方案的节材优化,建筑垃圾减量化,尽量利用可循环材料等。

(3)节水措施,根据工程所在地的水资源状况,制订节水措施。

(4)节能措施,进行施工节能策划,确定目标,制订节能措施。

(5)节地与施工用地保护措施,制订临时用地指标、施工总平面布置规划及临时用地节地措施等。

二、施工项目信息管理计划

信息管理计划的制定应依据项目管理实施计划中的有关内容,一般包括信息需求分析,信息的编码和分类,信息管理任务分工和职能分工,信息管理工作流程,信息处理要求及方式,各种报表、报告的内容和格式。信息管理计划是现代管理制度中的重要一环,信息处理工作的规范化、制度化、科学化,将大大提高信息处理的效率和质量。同时,科学有效的信息处理系统也将能够很好的保障信息在管理运作过程中的顺畅与安全。

1.信息需求分析

信息需求分析是要识别组织各层次以及项目有关人员的信息需求,应能明确项目有关人员成功实施项目所必要的信息。其内容不仅应包括信息的类型、格式、内容、详细程度、传递要求、传递复杂性等,还应进行信息价值分析。应满足信息格式标准,包括信息源标准、加工处理标准、输入输出标准;以信息目录表的形式进行规范统一;注意扩容性。进行项目信息需求分析时,应考虑项目组织结构图,项目组织分工及人员职责和报告关系,项目涉及的专业、部门,参与项目的人数和地点,项目组织内部对信息的需求,项目组织外部(如合同方)对信息的需求,项目相关人员的有关信息等。

2.信息的编码和分类

主要包括项目编码、管理部门人员编码、进度管理编码、质量管理编码、成本管理编码。

3.信息管理任务和职能分工

按照任务职责分工表的规定,对信息管理系统所有人员细化明确职责,包括信息收集、处理、输入、输出等环节的职责,且职责应进行量化或模拟量化。

4.信息管理工作流程

信息管理工作流程应反映了工程项目组织内部信息流和有关的外部信息流及各有关单位、部门和人员之间的关系,并有利于保持信息畅通。确定信息管理工作流程时,应保证管理系统的纵向信息流、管理系统的横向信息流及外部系统信息流三种信息流有明晰的流线,并都应保持畅通。以模块化的形式进行编制,以适应信息系统运行的需要;必须进行优化调整,剔除不合理冗余的流程,并应充分考虑信息成本;每个模块内不得出现循环流程。

5.信息处理要求及方式

为了便于管理和使用,必须对所收集到的信息、资料进行处理。信息处理要满足快捷,准确,适用,经济的目标,信息处理方式可以采用手工处理,机械处理,计算机处理。

在项目执行过程中,应定期检查计划的实施效果并根据需要进行计划调整。

第四章 施工方案编制

第一节 施工方案的作用

一、主要分部、分项工程施工方案

应结合工程的具体情况和施工工艺、工法等按照施工顺序进行描述,施工方案的确定要遵循先进性、可行性和经济性兼顾的原则。

1. 主要施工方案的目的

施工方案是在对工程概况和施工特点分析的基础上,确定施工的程序和顺序、施工的起点流向、主要的分部分项工程的施工方法及施工机械的选择。

2. 确定施工程序

(1)先地下后地上(主要指先完成管道、管线等地下设施,土方工程的基础工程,然后开始地上工程的施工)。

(2)先主体后围护。

(3)先结构后装饰。

(4)先土建后设备。

(5)交工验收。

3. 确定施工起点流向

施工起点就是确定单位工程在平面和竖向上施工开始的部位和开展的方向:

(1)对单层建筑物应分区分段地确定平面上的施工流向;

(2)对多层建筑物除每一层的流向外,还应确定竖向的流向。

4. 主要分部、分项工程施工方案编制应考虑的因素

(1)满足用户的使用要求。

(2)生产性房屋应首先注意生产工艺流程。

(3)单位工程中技术复杂且对工期有影响的关键部位。

(4)满足施工技术和施工组织要求:当基础埋深不一致时,应按先深后浅顺序施工;当有高低层或高低跨并列时,应先从并列处开始施工;对装配式房屋,结构安装与构件运输不能相抵触。

二、专项工程施工方案

对脚手架工程、起重吊装工程、临时用水用电工程、季节性施工等专项工程所采用的施工方案应进行必要的验算和说明。

1. 确定临时用水工程施工方案

综合考虑施工现场用水量、机械用水量、生活用水量、生活区生活用水量、消防用水量等,确定总用水量,选择水源,设计临时给水系统。

2. 确定临时用电工程施工方案

计算用电量,并综合考虑全工地所使用的机械动力设备、其他电气工具及照明用电的数量等,确定总用电量,选择电源,设计临时用电系统。

3. 确定季节性施工方案

应根据工程进度安排,确定施工的项目,提出防范措施。

第二节　施工方案编制原则

为了使施工方案有效指导施工,必须科学地编制施工方案,使施工方案具有很强的针对性与适用性。

一、编制前做到充分讨论

主要分部分项工程在编制前,由技术负责人组织本单位技术、工程、质量、安全等部门相关人员,以及分包相关人员共同参加方案编制讨论会,在讨论会上讨论流水段划分、劳动力安排、工程进度、施工方法选择、质量控制等内容,并在讨论会上达成一致意见,这样,方案的编制就不会流于形式,而是有很好的实施性了,这样的方案才能真正指导施工。

二、施工方法选择要合理

最优的施工方法是要方法同时具有先进性、可行性、安全性、经济性,但这四个方面往往不能同时达到,这就需要我们根据工程实际条件、施工单位的技术实力和管理水平综合权衡后决定,只要能满足各项施工目标要求、适应施工单位施工水平,经济能力能承受的方法就是合理的方法。

三、切忌照抄施工工艺标准

现在有很多施工工艺方面的书籍,这些工艺标准大部分是提炼出来的、带有共性、普遍性的工艺,没有针对性、放之四海而皆准。如果施工方案大部分是照抄这样的工艺标准、照抄规范而不给出具体的构造和节点,则这样的方案是没有针对性的,这样的方案不论写多厚,也没有什么价值,更谈不上指导施工了。

四、各项控制措施要实用

各项措施的制订一定要根据工程目标采取有针对性的控制措施,不要泛泛而谈,也不要采用施工不方便或者成本费用较高的措施,选择的措施一定要适合工程特点及所选择的施工方法,一定要实用、在适用的基础上做到尽可能经济。

第三节　施工方案的基本结构形式

一、分项工程概况

(1)项目名称、参建单位相关情况。

(2)建筑、结构等概况及设计要求。

(3)工期、质量、安全、环境等合同要求。

(4)施工条件。

二、施工安排

(1)确定进度、质量、安全、环境和成本等目标。

(2)确定项目管理小组或人员以及确定劳务队伍。

(3)确定施工流水段和施工顺序。

(4)确定施工机械。

(5)确定施工物质的采购:建筑材料、预制加工品、施工机具、生产工艺设备等需用量、供应商。

(6)分析重点和难点,并提出主要技术措施。

三、施工进度计划

根据工艺流程顺序,编制详细的进度,以横道图方式表示,也可采用网络图形式表示。

四、施工准备与资源配置计划

基本同单位工程施工组织设计的要求,注意施工方案中应该更具体,更缜密。

五、施工方法及工艺要求

(1)明确施工方法与施工工艺要求。

(2)明确各环节的施工要点和注意事项等。

(3)"四新"技术应用计划。

（4）季节性施工措施。

六、主要施工管理计划

包括进度管理计划、质量管理计划、安全管理计划、环境管理计划、成本管理计划、消防保卫管理计划等，基本同施工组织设计的要求。

第四节　施工方案的编制内容

一、施工方案的编制依据

编制依据包括单位工程施工组织设计、有关的技术标准、施工图纸及变更洽商等。

（1）编制依据的编写内容，应根据单位工程施工组织设计中制订的编制计划和施工图纸，参照有关的技术规范、标准及其他内容，如施工现场勘察得来的资料和信息、四新技术等。同时依靠施工单位本身的施工经验、技术力量及创造能力。

（2）在编写编制依据时，有的施工方案涉及的编制依据较多，在编制时可以做一些简单的选择，但必须根据各分部（分项）工程或专项工程的特点，应将主要的编制依据罗列出来。

（3）通常情况下，一般对编制依据只作简要说明，但当采用的企业标准与国家或行业规范标准不一致时，应重点说明。

（4）编制依据的表达形式，可以采用文字叙述，当不便采用文字表达时，可以列表形式出现，表格内容要求填写正确，规范、规程和标准必须写全称、编号，且是现行有效的。

二、工程概况的编制

1. 工程概况的内容

（1）分部（分项）工程或专项工程名称、工程地质、建设单位、设计单位、监理单位、质量监督单位、施工总承包、主要分包等基本情况。

（2）合同范围、合同性质、投资性质、合同工期、招标文件或总承包单位对工程施工的重要要求等。

（3）建筑设计概况、结构设计概况、专业设计概况、工程的难点等。包括工程项目的平面组成、层数、建筑面积、抗震设防程度、混凝土等级、砌体要求、主要工程实物量和内外装修情况等。

（4）建设地点的特征。包括工程所在地位置、地形、工程与水文地质条件、不同深度的土质分析、冻结时间与冻层厚度、地下水位、水质、气温、冬雨期起止时间、主导风向、风力等。

（5）施工条件。包括水、电、道路、场地等情况；建筑场地四周环境、材料、构件、加工品的供应和加工能力；建筑机械和运输工具可供本工程项目使用的程度；施工技术和管理水平等。

2. 工程概况的附图

（1）周边环境条件图。主要说明周围建筑物与拟建建筑的尺寸关系、标高、周围道路、电源、水源、雨污水管道及走向、围墙位置等；城市市政管网系统工程等。

（2）工程平面图。可以看到建筑物的尺寸、功能及维护结构等，是合理布置施工平面的要素。

（3）工程结构剖面图。以此了解工程结构高度、楼层结构高度、楼层标高、基础高度及地板厚度等，是施工的依据。

三、施工安排的编制

包含组织机构及职责、施工部位、施工流水组织、劳动力组织、现场资源协调、工期要求、安全施工条件等内容。

1. 组织机构及职责

根据施工组织设计所确定的总承包组织机构对该分部分项工程所涉及的机构细化，并明确分工及职责、奖惩制度。

组织机构应细化到分包管理层，在总承包层面范围，其组织机构除了反映组织关系外，还应在方框图中注明岗位人员的姓名及职称、主要负责区域及分工。具体组织结构关系需根据工程实际及施工单位的管理模式确定。

2. 施工部位

施工部位与施工组织及施工方法有着密切的联系，在施工安排中应明确该分部分项工程包含哪些施工部位。

3. 施工流水组织

根据单位工程的施工流水组织对分部分项工程的施工流水组织进行细化。分部分项工程的施工流水组织包括各分包队伍施工任务划分、施工区域的划分、流水段划分及流水顺序。例如模板工程，就应该按水平部位、竖向部位分别划分流水段、根据工期及模板配置数量说明模板如何流水。

4. 劳动力组织

列表说明各时间段（或施工阶段）的各工种构成的劳动力（包含总分包管理人员、前方技术工、后方技术工、配合的特殊工种、力工等）数量。劳动力数量确定方面要根据定额、经验数据及工期要求确定。

在用表格说明各时间段的劳动用工外，宜绘制动态管理图直观显示各时间段劳动力总数及工种构成比例。

明确现场管理人员根据进度安排提前核实本工种的劳动力数量及比例构成，特别是高峰阶段的劳动力用工，当发现不能满足进度要求时，要督促分包负责人及时调配以满足施工需要。

5. 现场资源协调

这里的现场资源主要指：大型运输工具如塔吊、电梯等，现场场地，公用设施如脚手架、综合加工厂等，周转材料如模板、架料等。在方案中应明确总承包总协调人，根据主导工程及时调整资源配给，保证关键线路的施工进度不滞后。

6. 工期要求

此处所指工期要求是要将该分部分项工程各施工部位的开始时间及结束时间描述清楚。

此处工期的确定是根据项目编制的三级进度计划确定，在确定时应根据流水段的划分及资源配置核实三级进度计划的工期安排，不合适的地方及时调整修正。

7. 安全施工条件

安全施工条件对保障施工人员生命及财产安全、减少和防止各种安全事故的发生具有重要意义。在施工安排时，必须明确各部位施工时安全作业条件，强调不具备条件时应采取措施达到安全条件，否则不准施工。

四、施工进度计划的编制

1. 施工进度计划编制要求

(1)分部(分项)工程或专项工程施工进度计划，应按照施工安排并结合总承包单位的施工进度计划进行编制。

(2)施工进度计划编制应内容全面、安排合理、科学实用，在进度计划中应反映出各施工区段或各工序之间的搭接关系、施工期限和开始、结束时间。

(3)施工进度计划应能体现和落实总体进度计划的目标控制要求，通过编制分部(分项)工程或专项工程进度计划进而体现总进度计划的合理性。

2. 施工进度计划的表示

施工进度计划可采用横道图或网络图表示，并附必要说明。

五、施工准备与资源配置计划的编制

1. 施工准备

(1)技术准备。包括施工所需技术资料的准备、图纸深化和技术交底的要求、试验检验和测试工作计划、样板制作计划以及与相关单位的技术交接计划等。

（2）现场准备。包括生产、生活等临时设施的准备以及与相关单位进行现场交接的计划等。

（3）资金准备。编制资金使用计划等。

（4）施工方案针对的是分部（分项）工程或专项工程，在施工准备阶段，除了要完成本项工程的施工准备外，还需注重与前后工序的相互衔接。

2. 资源配置计划

（1）劳动力配置计划。确定工程用工量并编制专业工种劳动力计划表。根据施工工艺要求，提出不同工种的需求计划，见表4-1。

表 4-1　　　　　　　　劳动力需求计划

序号	工程名称	需用人数	进场时间	技术等级要求

（2）物资配置计划。根据设计要求和施工工艺要求，提出各种物资需用计划，内容包括工程材料和设备配置计划、周转材料和施工机具配置计划以及计量、测量和检验仪器配置计划等。要求与单位工程施工组织设计基本相同。

六、施工方法及工艺要求的编制要求

施工方法及工艺要求要具体描述分部（分项）工程或专项工程施工工艺流程及技术要点，对施工特点、难点、重点提出施工措施及技术要求。要求施工方法和工艺科学先进、经济合理、具体实用，有针对性、可操作性。施工方法是工程施工期间所采用的技术方案、工艺流程、组织措施、检验手段等，它直接影响施工进度、质量、安全以及工程成本。

（1）明确分部（分项）工程或专项工程施工方法并进行必要的技术核算，对主要分项工程（工序）明确施工工艺要求。

（2）对易发生质量通病、易出现安全问题、施工难度大、技术含量高的分项工程（工序）等应做出重点说明。

（3）对开发和使用的新技术、新工艺以及采用的新材料、新设备应通过必要的试验或论证并制订计划。对于工程中推广应用的新技术、新工艺、新材料和新设备，可以采用目前国家和地方推广的，也可以根据工程具体情况由企业创新；对于企业创新的技术和工艺，要制定理论和试验研究实施方案，并组织鉴定评价。

（4）季节性施工措施。根据施工地点的实际气候特点，提出具有针对性的施工措施。在施工过程中，还应根据气象部门的预报资料，对具体措施进行细化。

主要分项工程施工方案的"施工方法及工艺要求"参见本章第五节相关内容。

第五节 主要分项工程施工方法及工艺要求的编制

一、模板工程施工方法及工艺要求

1. 流水段的划分

根据施工组织设计的要求划分施工流水段。

(1)±0.000 以下水平构件与竖向构件划分图,当水平构件与竖向构件分段不一致时,应分别表示。

(2)±0.000 以上水平构件与竖向构件划分图,当水平构件与竖向构件分段不一致时,应分别表示。

2. 模板与支撑配置数量

应根据施工流水段划分、工期、质量、模板周转使用及施工工艺等方面进行配置。模板配制的原则,应符合施工组织设计中模板工程的相关要求。

3. 隔离剂的选用及使用注意事项

具体说明隔离剂的型号和名称,使用技术要求及有关注意事项。

4. 模板设计

模板作为一种非实体性周转性材料,不但对施工质量、工期起到关键性作用,而且模板在设计中还有许多关系安全的环节,以及降低成本投入的因素,因此,在进行模板设计时,应着重考虑以下方面:

一是既要考虑技术上的先进性,操作上的可行性,又要兼顾施工的安全性和经济合理性,将"设计上的节约是最大的节约,设计上的浪费是最大的浪费"这一理念始终贯穿于模板设计的全过程。

二是在进行模板体系设计时,应综合考虑结构形式、工期、质量、安全等方面的因素,根据不同部位的结构特点设计不同的模板体系,模板及其支架应具有足够的承载能力、刚度和稳定性,能可靠地承受浇筑混凝土的重量、侧压力以及施工荷载。模板设计的内容主要是模板及其支架的设计,包括类型、方法、节点图等,设计图应是详图,不是示意图。设计时应对不同类型的结构构件,分别进行设计。

模板设计的内容在表达形式上,应采用文字配合图示说明,力求做到图文并茂。

(1)±0.000 以下模板设计:类型、方法、节点。应根据结构构件类型,采用文字描述与图相结合的方式,分部位描述模板设计的类型、方法和节点图。

1)基础垫层模板设计:类型、方法。

2)底板导墙模板设计:类型、方法、节点图。

3)基础底板模板设计:类型、方法、节点图。

4)墙体模板设计:类型、方法、配板图、重要节点图。

5)柱子模板设计:类型、方法、节点图、安装图。

6)梁、板模板设计:类型、方法、节点图。

7)模板设计计算书(可作为附录)。

(2)±0.000以上模板设计:应根据结构构件类型,采用文字描述与图相结合的方式,分部位描述模板设计的类型、方法和节点图。

1)墙体模板设计:类型、方法、配板图、重要节点图。

2)柱子模板设计:类型、方法、节点图、安装图。

3)梁、板模板设计:类型、方法、节点图。

4)模板设计计算书(可作附录)。

(3)楼梯、电梯井模板设计(地上、地下):类型、方法、节点图。

(4)阳台及栏板模板设计:类型、方法、节点图。

(5)门窗洞口模板设计(地上、地下):类型、方法、节点图。

(6)特殊部位模板设计:类型、方法、节点图。由平面或立面特殊造型引起的,如屋顶结构造型、外飘窗、施工缝、变形缝、后浇带、模板接高等。

5.模板的制作与加工

(1)说明模板是现场制作还是外加工。

(2)说明对模板制作与加工的要求(材质、制作),明确主要技术参数及质量标准。

(3)明确对模板制作与加工的管理和验收的具体要求。

按上述内容及要求对各类型模板制作与加工分述。

6.模板的存放

(1)说明对模板存放的位置及场地地面的要求。

(2)说明一般技术与管理的注意事项,如标识、安全文明等。

7.安装

依据工程质量验收规范、工程技术标准及施工组织设计的要求,并结合本工程模板施工的特点详细描述以下几方面内容:

(1)模板安装的一般要求。

(2)±0.000以下模板的安装。

1)基础底板模板的安装顺序及技术要点。

2)墙模板的安装顺序及技术要点。

3)柱模板的安装顺序及技术要点。

4)梁、板模板的安装顺序及技术要点。

(3)±0.000以上模板的安装。

1)墙模板的安装顺序及技术要点。

2)柱模板的安装顺序及技术要点。

3)梁、板模板的安装顺序及技术要点。

4)门窗洞口、楼(电)梯模板的安装顺序及技术要点。

5)特殊部位模板的安装顺序及技术要点。

8. 模板的拆除

(1)模板拆除的顺序。

(2)描述各部位模板的拆除顺序。

(3)侧模拆除的要求。包括常温时侧模拆除的要求、冬施时侧模拆除的要求。

(4)底模及其支架拆除的要求。底模拆除应以平面图形式,标注标准拆模强度。在平面图上具体注明哪些构件的模板是 50%拆,哪些模板是 75%拆,哪些模板是 100%拆。

(5)当施工荷载产生的效应比使用荷载更不利时所采取的措施。

(6)后浇带模板的拆除时间及要求。

(7)预应力构件模板的拆除时间及要求。

(8)其他构件模板的拆除顺序及要求。

9. 模板的维护与修理

(1)各类模板在使用过程中的注意事项。

(2)多层胶合板的维修。

(3)大钢模、角模的维修。

二、钢筋工程施工方法及工艺要求

1. 流水段划分

根据施工组织设计的要求划分施工流水段:

(1)±0.000 以下水平构件与竖向构件划分图,当水平构件与竖向构件分段不一致时,应分别表示。

(2)±0.000 以上水平构件与竖向构件划分图,当水平构件与竖向构件分段不一致时,应分别表示。

2. 钢筋原材供应

应明确钢筋供应厂家,钢筋供应计划及钢筋进场堆放等要求。

3. 钢筋的检验

说明钢筋检验内容和现场检验、试验的标准和要求。

4. 钢筋的加工

(1)说明钢筋加工要求。

(2)描述钢筋的加工方法:

1)钢筋除锈的方法及设备:冷拉调直、电动除锈机、手工法。

2)钢筋调直的方法及设备:调直机、数控调直机、卷扬机。

3)钢筋切断的方法及设备:切断机、无齿锯。

4)钢筋弯曲成型的方法及设备:箍筋135°弯曲成型的方式及技术要求。

(3)加工品的管理。

5.钢筋的连接

(1)机械连接。

1)直螺纹连接的技术要求及施工要点。

2)冷挤压连接的技术要求及施工要点。

3)设备选型:主要技术参数的确定。

4)质量检验:取样数量、外观检查内容、拉伸试验的要求、连接缺陷及预防措施。

(2)焊接。

1)闪光对焊的技术要求及施工要点。

2)电弧焊的技术要求及施工要点。

3)电渣压力焊的技术要求及施工要点。

4)设备选型:主要焊接参数的确定:焊接电流、电压、焊接方式、焊接时间。

5)质量检验:取样数量、外观检查内容、拉伸试验的要求、焊接缺陷及预防措施。

6.钢筋的安装

这部分内容应参照验收规范、工艺标准及设计要求进行详细描述。在用文字描述的同时,尽量采用图配合说明,做到图文并茂。

(1)绑扎的一般要求。

(2)绑扎接头的技术要求。

(3)钢筋锚固和绑扎搭接接头的技术要求。

(4)基础底板钢筋的安装。描述安装顺序及技术要点。

(5)墙体钢筋的安装。描述安装顺序及技术要点。

(6)柱钢筋的安装。描述安装顺序及技术要点。

(7)梁、板钢筋的安装。描述安装顺序及技术要点。

(8)楼梯钢筋的安装。描述安装顺序及技术要点。

三、混凝土工程施工方法及工艺要求

1.流水段划分

应根据施工组织设计中流水段划分的原则划分,将水平构件与竖向构件分别绘制。

2. 混凝土的拌制

(1)原材料的允许偏差(计量设备应定期校验、骨料含水率应及时测定)。

(2)搅拌的最短时间。

3. 混凝土的运输

(1)运输时间的控制。

(2)预拌混凝土运输台班的选定。

(3)现场各部分混凝土输送方式的选择:

1)塔式起重机吊运。

2)泵送与塔式起重机联合使用。

3)泵送。

4. 混凝土浇筑

(1)一般要求。

1)对模板、钢筋、预埋件的隐检。

2)混凝土浇筑过程中对模板的观察。

(2)施工缝的留置和在继续浇筑前的处理方法及要求;施工缝留置、继续浇筑时的要求。

(3)混凝土的浇筑工艺要求及措施。

1)浇筑层的厚度;允许间隔时间;振动棒移动间距(应通过计算确定)。

2)分层厚度及保证措施:倾落自由高度,相同配合比减石子砂浆厚度、分层厚度浇筑控制等。

3)框架梁柱节点浇筑方法及要求。

(4)±0.000 以下混凝土的浇筑方法。

1)垫层:浇筑方法。

2)基础底板:浇筑方法、浇筑方向、泵管布置等。如底板是大体积混凝土,应描述大体积混凝土的浇筑方法、养护方法、测温监测及防止混凝土裂缝的技术措施(另编专项施工方案)。

3)墙体:浇筑方法、布料杆设置位置及要求。

4)柱:浇筑方法。

5)梁、楼板:浇筑方法。

(5)±0.000 以上混凝土的浇筑方法。

1)泵送混凝土的配管设计。

2)混凝土泵的类型。

3)混凝土布料杆的选型及平面布置。

4)柱:浇筑方法。

5)墙体:浇筑方法。

　　6)梁、楼板:浇筑方法。

　　7)楼梯:浇筑方法。

　　(6)后浇带混凝土的浇筑方法。

5.混凝土的养护

　　混凝土的养护方法通常采用刷养护剂、蓄水洒水和保温保湿措施。应说明各部位混凝土构件的养护方法和要求。

　　(1)混凝土养护的一般要求。

　　(2)梁板的养护方法。

　　(3)墙体的养护方法。

　　(4)柱子的养护方法。

　　(5)后浇带的养护方法。

四、砌体工程施工方法及工艺要求

1.施工流水段的划分

　　应根据施工组织设计中对施工流水段划分的原则划分,并附±0.000以下施工流水段划分图一张,±0.000以上施工流水段划分图一张。

2.墙上临时施工洞的留置

　　在墙上留置临时施工洞,应符合《砌体工程施工质量验收规范》(GB 50204—2002)的要求。抗震设防烈度为9度的建筑物,临时施工洞位置应会同设计单位共同确定。

3.基本要求

　　砌体砌筑的一般要求。

4.烧结普通砖、烧结多孔砖砌体砌筑的施工方法及技术要求

　　(1)确定基础墙砌筑的工艺流程。

　　(2)确定墙体砌筑的工艺流程。

　　(3)说明湿润砖的方法及技术要求。

　　(4)说明砂浆搅拌的技术要求。

　　(5)说明构造柱设置位置。

　　(6)过梁、圈梁设置位置。

　　(7)明确基础部分的组砌方法:应说明采用何种排砖法、何种砌筑法。

　　(8)明确砖墙部分的组砌方法:应说明采用何种排砖法、何种砌筑法。

　　(9)描述砖基础砌筑的方法及技术要求:应重点描述抄平放线、皮数杆制作安装、组砌方法、排砖、砌砖、构造柱施工及拉结筋留设等主要工序的施工要点及技术要求。

(10)描述砖墙砌筑的方法及技术要求:应重点描述抄平放线、皮数杆制作安装、组砌方法、排砖、选砖、砌砖、砌筑高度、留槎、拉结筋或网片安放及构造柱做法等主要工序的施工要点及技术要求。

(11)明确墙体设置脚手眼的要求。

5.混凝土小型空心砌块砌体砌筑的施工及技术要点

(1)确定墙体砌筑的工艺流程。

(2)确定砌块排列的方法和要求。

(3)湿润砌块的方法和技术要求。

(4)明确砂浆搅拌的技术要求。

(5)说明构造柱设置位置。

(6)过梁、圈梁设置位置。

(7)现浇钢筋混凝土带设置部位。

(8)抱框设置部位。

(9)砌样板墙的要求。

(10)描述墙体砌筑的方法及技术要求:应重点描述抄平放线、皮数杆制作安装、组砌方法、砌块砌筑、砌筑高度、留槎、拉结筋或网片安放及构造柱做法等重要工序的施工要点及技术要求。

(11)灌芯柱混凝土施工的技术要求。

6.蒸压粉煤灰砖、蒸压灰砂砖砌体砌筑的施工方法及技术要求

(1)确定基础墙砌筑的工艺流程。

(2)确定墙体砌筑的工艺流程。

(3)湿砖的方法和技术要求。

(4)明确砂浆搅拌的技术要求。

(5)说明构造柱设置位置。

(6)过梁、圈梁设置位置。

(7)明确基础部分的组砌方法:应说明采用何种排砖法、何种砌筑法。

(8)明确砖墙部分的组砌方法:应说明采用何种排砖法、何种砌筑法。

(9)描述砖基础砌筑的方法及技术要求:应重点描述抄平放线、皮数杆制作安装、组砌方法、排砖、砌砖、抹防潮层、拉结筋设置等主要工序的施工要点及技术要求。

(10)描述砖墙砌筑的方法及技术要求:应重点描述抄平放线、皮数杆制作安装、组砌方法、排砖、选砖、砌砖、砌筑高度、留槎、墙体拉结筋或网片安放及构造柱做法等主要工序的施工要点及技术要求。

(11)明确墙体设置脚手眼的要求。

7.填充墙砌体砌筑的施工方法及技术要点

(1)确定填充墙砌筑的工艺流程。

(2)确定填充墙体砌块排列的方法和要求。

(3)湿润砌块的方法和技术要求。

(4)说明砂浆搅拌的技术要求。

(5)说明构造柱设置位置。

(6)过梁、圈梁设置位置。

(7)现浇钢筋混凝土带设置部位。

(8)抱框设置部位。

(9)说明填充墙砌筑的方法及技术要求:应重点描述抄平放线、皮数杆制作安装、组砌方法、砌体灰缝、墙底部砌筑、砌块搭接长度、墙体拉结筋或网片安放、圈梁、过梁、现浇混凝土带及构造柱做法等主要工序的施工要点及技术要求。

(10)明确填充墙与结构的拉结方法及技术要求。

(11)明确加气混凝土砌块与门窗口的连接方法及技术要求。

(12)明确空心砖墙与窗口的连接做法及技术要求。

五、防水工程施工方法及工艺要求

内容主要包括采用该种类型防水施工所采用的施工方法及技术要求,包括施工顺序、施工工艺及各工序施工操作方法要点、细部构造要求、特殊部位的处理;对主要防水材料的性能、配合比,特别是新技术、新材料、新工艺、新设备的操作等。

(1)防水材料的类型较多,如卷材类、涂膜类等,应根据设计所选择的防水材料类型,明确防水层的施工工艺和方法,如地下防水工程,当采用卷材时应采取的施工方法是外贴法还是内贴法,粘贴施工工艺是冷粘、热熔、自粘或卷材热风焊接等。

(2)对所选定的施工工艺和具体的操作方法要重点描述,并说明技术要求,如沥青的熬制温度、配合比控制、铺设厚度、卷材铺贴方向、搭接缝宽度及封缝处理等。

(3)对涂膜类防水应描述施工工艺、各工序具体的施工操作方法要点及技术要求。

(4)对采用的新技术、新材料、新工艺、新设备的操作应重点描述。

(5)应说明防水层施工的环境条件和气候要求。

(6)应明确防水层施工完成后,保护层施工前的防水层蓄水试验方法和技术要求。

(7)在对防水施工各工序操作要点进行描述和对细部构造要求说明时,应尽量做到图文并茂、形象直观。

(8)季节性施工措施。主要是指雨期防水施工措施和冬期防水施工措施。应说明冬期、雨期如何从事防水施工,特别是高温、多雨、大风、降温等天气应有相应措施,确保人身安全和施工质量。

六、脚手架工程施工方法及工艺要求

1.脚手架设计

(1)对脚手架设计的要求。

1)脚手架设计包括构造设计和设计计算两大部分。构造设计要满足规范要求,同时计算也要满足要求。

2)对于构造设计中涉及的数据,应符合规范、标准的要求,做到每一个数据均有据可查。构造设计的描述应做到图文并茂。

3)对于一些特殊部位的构造设计,当不能遵循规范要求时,应重点说明,并采取相应的对策。

4)在进行设计计算时,可以采用手算,也可以采用软件电算,提倡采用安全计算软件计算,如,采用中国建筑科学研究院开发的建筑施工安全计算软件进行计算。

采用安全计算软件,能减少施工人员计算强度,在保证安全的前提下节省工程造价,达到事半功倍的效果。

(2)落地式外脚手架设计。

1)构造设计。构造设计包括:基础设计、立杆的构造、纵、横向扫地杆的构造、纵向水平杆的构造、横向水平杆的构造、脚手板铺设要求、栏杆与挡脚板的要求、连墙件布置、门洞布置、剪刀撑与横向斜撑布置、斜道布置、扣件、安全网布置、防电避雷措施。

2)设计计算。包括:荷载计算、纵、横向水平杆的强度、挠度计算、扣件的抗滑承载力计算、立杆的稳定性计算、连墙件的强度、稳定性和连接强度的计算、立杆的地基承载力验算。计算方法可参照《建筑施工扣件式钢管脚手架安全技术规范》(JGJ 130-2011)。

(3)附着式升降脚手架。

1)构造设计。脚手架的平立面布置和提升机构的立面布置;底部承力桁架的组合系统;主框架;支架体系;爬升系统;荷载预警系统;动力及控制系统;安全保证系统;附墙承载力、动力构件;脚手板与栏杆、护栏的要求;安全网布置;防电避雷措施。

2)设计计算。定型主框架、定型支撑框架、导轨与每个楼层的固定、设计荷载。压杆及受拉杆件的长细比等组成均应进行设计验算。防坠、防倾安全装置性能验算。

(4)悬挑式脚手架(型钢和钢管)。

1)构造设计。脚手架的平立面布置;纵、横向水平杆布置;立杆布置;连墙件布置;门洞布置;剪刀撑与横向斜撑布置;斜道布置;脚手板与栏杆、护栏要求;安全网布置;防避雷电措施。说明挑梁与横梁的选型、布置;立杆与挑梁或横梁的连接方式与做法。

2)设计计算。纵、横向水平杆的强度、挠度计算;扣件的抗滑承载力计算;立杆的稳定性计算;连墙件的强度、稳定性和连接强度的计算;挑梁与横梁的强度、挠度、稳定性计算;挑梁或支撑杆与结构的连接强度计算;支撑杆的稳定性验算。

(5)门式脚手架。

1)构造设计。脚手架的平立面布置;基础设计;门架构造与布置;配件布置;加固杆布置;转角处门架连接做法;连墙件布置;通道洞口做法;斜梯做法;脚手板与栏杆、护栏布置;安全网布置;防电避雷措施。

2)设计计算。荷载计算;立杆的稳定性计算;脚手架最大搭设高度计算;连墙件的稳定性和抗滑承载力计算;立杆地基承载力验算。

(6)吊篮脚手架。

1)构造设计。吊篮和挑梁的固定方法,对吊篮和挑梁、吊绳、手扳和倒链进行设计计算。

2)设计计算。吊篮和挑梁的连接强度计算、吊绳的强度计算、手扳和倒链计算。

(7)卸料平台(落地式和悬挑式)。

1)构造设计。落地式卸料平台的平立面布置;纵、横向水平杆的布置;立杆的布置;剪刀撑和斜撑的布置;悬挑式卸料平台的平立面布置;钢梁选型、设计布置;钢丝绳选型布置;脚手板与栏杆、护栏的要求,安全网布置。

2)设计计算。主、次梁抗弯强度、稳定性验算,钢丝绳及拉环的强度验算。

(8)外墙三角片挂脚手架。外墙三角片挂脚手架是配合外墙钢大模板施工的专用脚手架,由大模板厂家设计。用于外墙保温墙体的挂架对拉螺栓应由施工单位明确,由模板厂作专门设计,并进行悬臂抗弯及变形验算。

对以上各类脚手架设计时,在采用文字描述的同时,应用图示说明,做到图文并茂,形象直观,一目了然。脚手架设计应有设计计算书。

2.脚手架施工方法及工艺要求

主要内容包括脚手架的搭设和拆除两部分。

(1)脚手架的搭设。

1)简述脚手架搭设的总体要求。

2)确定脚手架搭设顺序。

3)说明各部位构件的搭设技术要点及搭设时的注意事项。

(2)脚手架的拆除。

1)说明脚手架拆除前的准备工作。

2)确定脚手架的拆除施工工艺。把拆除脚手架的流程和顺序在此描述清楚，这很关键。重点说明拆除要求和卸料要求。

七、冬期施工方法及工艺要求

冬期施工施工方法的选择是确定施工方案的核心。在选择冬期施工方法时，要充分考虑工程质量、进度、经济效益等因素，并根据工程所在冬期气候特点和变化规律、热源设备、冬期施工的资源条件及能源条件等确定施工方法，所选择的施工方法及采取的技术措施还应符合《建筑工程冬期施工规程》(JGJ/T 104－2011)的规定。

各分项工程施工方法除按常温施工要求外，主要描述冬期施工的方法及措施。以下对常见的冬期施工分项工程的施工方法及技术措施编写要点分述如下：

1. 土方工程冬期施工

(1)一般要求。

(2)土方开挖施工方法及技术要点。

(3)土方回填施工方法及技术要点。

2. 地基与基础工程冬期施工

(1)一般要求。

(2)桩基础工程施工方法及技术要点。

(3)上层锚杆施工方法及技术要点。

(4)地下连续墙施工方法和技术要点。

3. 钢筋工程冬期施工

(1)一般要求。

(2)钢筋负温冷拉和冷拉方法。

(3)钢筋负温焊接方法及技术要点。

4. 模板工程冬期施工

(1)模板的类型。

(2)模板的保温措施。

(3)模板的拆除要求。

5. 混凝土工程冬期施工

(1)混凝土冬期施工方法的选择，是指混凝土浇筑后，在养护期间选择何种养护措施，如综合蓄热法、暖棚法等。选择冬期施工方法时，应考虑的主要因素是：自然条件、结构特点、原材料情况、工期限制、能源状况和经济指标等。

(2)冬期施工对混凝土原材料的要求。

1)水泥。

2)骨料。

3)外加剂。

4)掺合料。

(3)对混凝土原材料加热的要求。

1)采用现拌混凝土,原材料加热要求。

2)采用预拌混凝土,搅拌站原材料加热要求。

(4)混凝土搅拌。

1)投料顺序。

2)拌制时间要求。

3)出机温度要求。

(5)混凝土运输。

1)运输工具。

2)运输中的要求。

3)混凝土出机(出罐)温度计算。

(6)混凝土浇筑。

1)一般要求。

2)混凝土浇筑技术要点。

3)混凝土浇筑前入模温度计算。

(7)混凝土养护。

1)养护的方法。

2)保温措施。

(8)混凝土试件留置。

(9)混凝土测温。

(10)混凝土质量控制及检查。

(11)混凝土热工计算。

6. 钢结构工程冬期施工

(1)一般要求。

(2)钢结构制作施工要点及技术要求。

(3)钢结构安装施工要点及技术要求。

7. 屋面保温、防水工程冬期施工

(1)一般要求。

(2)保温层施工。

(3)找坡层、找平层施工。

(4)防水层施工。

8. 砌筑工程冬期施工

(1)冬期砌筑工程施工方法选择。

(2)砌筑工程的冬施一般要求。

(3)外加剂使用要求。

(4)砌体施工。

1)对材料的要求。

2)砂浆拌制要求。

3)砌筑工艺要求。

4)保温要求。

5)测温要求。

(5)砂浆试块的留置。除应按常温规定要求外,应增设不少于两组与砌体同条件养护的试块,分别用于检验各龄期强度和转入常温 28d 的砂浆强度。

9. 装饰装修工程冬期施工

(1)一般要求。

(2)施工方法及技术要求。

10. 机电设备安装工程冬期施工

(1)一般要求。

(2)施工方法及技术要求。

11. 其他项目冬期施工

根据工程实际及需要编制。

八、工程施工测量施工方法及工艺要求

施工测量方法包括起始依据点的检测、场区控制网测量、建筑物平面控制网的测量、建筑物定位放线、验线与基础及 ±0.000 以上施工测量等。

1. 起始依据点的检测

描述平面控制点或建筑红线桩点、水准点等检测情况,并有检测方法及结果。

2. 场区控制网测量

应根据场区情况、设计与施工的要求,按照便于施工、控制全面、安全稳定又能长期保留的原则,设计和布设场区平面控制网与高程控制网。

(1)场区平面控制网的布设。场区平面控制网的布设应根据场区的地形条件和建(构)筑物的布置情况布设,说明采用什么形式的控制网布设,是采用建筑方格网、还是导线网、三角网等。明确所采用的控制网形式布设的方法及主要技术要求。

(2)场区高程控制网的布设。说明高程控制网布设的一般规定和布设依据,明确本工程水准测量的等级及主要技术要求等。

3.建筑物平面控制网布设

(1)说明建筑物平面控制网布设的一般规定。

(2)说明布设的依据和方法,并附建筑物平面控制网布设图。

(3)明确建筑物平面控制网的主要技术要求。

(4)平面控制网的轴线加密,说明加密的依据及加密的方法,并图示。

4.建筑物高程控制网的布设

明确布设依据,布设方法,主要技术要求及水准点布设平面图等。

5.建筑物定位放线、验线

主要包括:建筑物定位放线与主要轴线控制桩、护坡桩、基桩的定位与监测。

(1)说明建筑物定位原则。

(2)确定建筑物定位方法及定位步骤。

定位的方法应以建筑物的形状不同而异,矩形建筑物宜用直角坐标法定位;任意形状建筑物宜用极坐标法定位;当量距有困难时,宜选用角度交会法定位。

(3)明确建筑物定位后的验线,由哪一级验线。

(4)说明护坡桩、基桩的定位与监测方法。

6.基础施工测量

包括桩基施工测量、基槽(坑)开挖的抄平放线、基础放线、±0.000标高以下的抄平放线。

(1)桩基和沉井施工测量。

1)描述桩基和沉井施工测量的方法和技术要求。

2)桩基和板桩测设的平面位置允许误差。

3)沉井中线的允许误差及中线投点允许误差。

4)沉井标高测设的允许误差。

(2)基槽(坑)开挖中的放线与抄平。

1)描述基槽(坑)开挖放线的方法和接近槽(坑)底、清槽时的测量方法及技术要求。

2)基槽(坑)放线的允许偏差。

(3)基础放线。

1)明确基础平面轴线投测方法及技术要求。

2)垫层边线的投测方法及技术要求。

3)基础放线允许偏差。

(4)±0.000以下各层测量放线。

1)明确±0.000以下各层平面轴线的投测方法及技术要求。

2)允许偏差。

(5)±0.000 以下部分标高控制。

1)高程控制点的联测。

2)明确±0.000 以下高程的传递方法,并图示。

3)描述土方开挖标高控制方法。

4)描述各平面层标高控制方法。

5)说明标高校测与精度要求。

7. ±0.000 以上施工测量

包括首层、非标层与标准层的结构测量放线、竖向控制与标高传递。大型预制构件的弹线及结构安装测量等。

(1)±0.000 以上平面轴线投测。平面轴线的竖向投测,主要是各层平面放线和结构竖向控制的依据,其中,以建筑物轮廓轴线和控制电梯井轴线的投测更为重要。

1)明确±0.000 以上平面轴线投测方法,如采用外控法还是内控法。

①外控法。首层放线验收后,应将控制轴线引测(弹出)在外墙立面上,作为各施工层轴线竖向投测的依据,可避免投测误差积累。

②内控法。若场地通视条件限制,可采用内控法投测轴线,即当视线不够开阔,不便架设经纬仪时,应改用激光铅直仪通过预留孔洞向上投测。这时的控制网由外控转为内控,其图形应平行于外廓轴线。

±0.000 以上建筑物平面控制轴线最好选在建筑物外廓轴线上、单元或施工流水段的分界线上、楼梯间或电梯间两侧的轴线上。由于施工现场情况复杂,利用这些控制线的平行线进行投测较为方便。

2)描述轴线投测的方法及技术要求。

3)明确轴线竖向投测允许误差。

4)描述结构施工各部位放线的技术要求。

5)明确施工层各部位放线允许偏差。

(2)±0.000 以上部分标高的竖向控制与传递。标高的竖向传递,可用钢尺以首层±0.000 线为基准向上竖直量取。当传递高度超过钢尺整尺长时,应另设一道标高起始线。为了便于校核,每栋建筑物应由 3 处分别向上传递标高。

1)明确标高竖向传递方式。

2)确定起始标高线及标高传递点的设置。

3)描述标高竖向传递方法及技术要求。

4)描述施工层抄平的方法及技术要求。

5)说明标高的竖向控制方法。

6)明确标高竖向传递允许误差。

(3)砌体结构施工测量。

1)描述在基础墙顶及楼板上的放线要求。

2）说明墙体砌筑中如何控制标高的要求。

3）明确设置皮数杆的技术要求。

4）描述墙体砌筑中的测量作业要求。

（4）钢筋混凝土结构施工测量。

1）说明现浇钢筋混凝土结构钢筋上测设标高的要求。

2）描述现浇柱支模检测模板的方法及技术要求。

3）明确预制梁柱安装前弹线的技术要求。

4）说明预制柱安装时的测量方法。

5）说明柱顶处的梁与屋架位置线的测设要求。

6）说明预制梁安装后复测的要求。

（5）二次结构测量。二次结构施工应以原有各层平面控制轴线及标高为准测设，其他要求参考砌体结构施工测量。

8. 装饰及安装工程测量

这部分内容主要包括会议室、大厅、外饰面、玻璃幕墙等室内外装饰测量；电梯、旋转餐厅、管线等安装测量。

（1）装饰与安装施工测量的一般要求。

（2）室内地面面层施工测量。

1）说明室内地面面层施工测设标高的方法。

2）说明在基层上弹线分格技术要求（允许误差）。

3）说明面层标高与水平检测点间距的要求。

4）描述室内地面面层铺砌施工测量的方法及要求。

（3）吊顶和屋面施工测量。

1）说明吊顶施工测量的作业方法及技术要求。

2）说明屋面施工测量的作业方法及技术要求。

（4）墙面施工测量。

1）说明内墙面装饰施工测量的技术方法和要求。

2）说明外墙面装饰施工测量的技术方法和要求。

（5）玻璃幕墙和门窗安装测量。

1）说明安装施工测量前的准备工作。

2）说明安装测量方法及技术要求。

（6）电梯与管道安装测量。

1）说明电梯安装测量的方法及技术要求。

2）说明管道安装测量的方法及技术要求。

9. 重点部位的测量控制方法

（1）建筑物大角垂直度的控制方法。

(2)楼层的竖向结构垂直度测量控制方法。

(3)墙、柱施工精度测量控制方法。

(4)门、窗洞口测量控制方法。

(5)电梯井施工测量控制方法。

10.各主要分项工程的高程控制

(1)钢筋工程的高程控制方法。

(2)模板工程的高程控制方法。

(3)混凝土工程的高程控制方法。

(4)砌体工程的高程控制方法。

(5)室内地面工程的高程控制方法。

11.验线工作

验线工作一般由规划验线、监理验线和施工单位的主管部门验线三级组成。应明确各部位、各分项工程测量放线后应由哪一级验线及验线的内容。

12.测量控制桩点的标志、埋设和保护要求

控制桩应按照规程规定的标准进行埋设,一般应埋设在距基坑放坡线 1m 以外的坚固地方,其深度应大于当地的冻土线深度,桩顶周围应砌筑 20cm 高的保护台或设置其他保护措施。

13.沉降测量

包括:沉降测量观测点的设置,采用的仪器及测量技术要求等。建筑物沉降测量一般由建设单位委托有资质的专业测量单位完成。

14.测量资料管理

包括成果资料整理的标准、规格,提交资料的内容及手续方法等。

第六节 主要分项工程施工方案编制深度把握

对影响整个工程施工的分部分项工程、特殊过程、关键过程、本工程的难点部分、专项工程等,应确定其施工方法,明确原则性施工要求。

一、测量放线施工方案编制深度

施工测量是保证工程的平面位置、高程、竖向和几何形状符合设计要求和施工的依据。

1.平面控制测量

(1)建立平面控制网:说明轴线控制的依据及引至现场的轴线控制点位置。

(2)平面轴线的投测:确定地下部分平面轴线投测方法;确定地上部分平面轴

线投测方法。

2.高程控制测量

(1)建立高程控制网,说明标高引测的依据及引至现场的标高的位置。

(2)确定高程传递的方法。

(3)明确垂直度控制的方法。

3.说明对控制桩的保护要求

(1)轴线控制桩点的保护。

(2)施工用水准点的保护。

4.明确测量控制精度

(1)轴线放线误差。

(2)标高误差。

(3)轴线竖向投测误差。

5.制定测量设备配置计划

(1)施工测量仪器的配备应满足测量内容和精度的要求。

(2)施工测量仪器应按计量管理的要求进行定期检定,同时还应定期校准和维护,发现问题及时处理,保证测量工作的准确性。

6.沉降观测

当设计或相关标准有明确要求时,或当施工中需要进行沉降观测时,应确定观测部位、观测时间及精度要求。沉降观测一般由建设单位委托有资质的专业测量单位完成该项工作,施工单位配合。

7.质量保证要求

提出保证施工测量质量的要求。

二、土方开挖施工方案编制深度

应确定采用什么机械,开挖流向并分段,土方堆放地点,是否需要降水、采用什么降水设备,垂直运输方案等。

(1)计算土方工程量(挖方、填方)。

(2)根据工程量大小,确定采用人工挖土还是机械挖土。

(3)确定挖土方向并分段、坡道的留置位置、土方开挖步数,每步开挖深度。

(4)确定土方开挖方式。采用机械挖土时,按上述要求选择土方机械型号、数量和放坡系数。

(5)当开挖深基坑土方时,应明确基坑土壁的安全措施,是采用逐级放坡的方法还是采用支护结构的方法。

(6)土方开挖与护坡、锚杆、工程桩等工序是如何穿插配合的,土方开挖与降水的配合。

(7)人工如何配合修整基底、边坡。

(8)说明土方开挖注意事项,包括安全、环保等方面。

(9)确定土方平衡调配方案,描述土方的存放地点、运输方法和回填土的来源。

(10)回填土的土质的选择、灰土计量、压实方法及夯实要求,回填土季节施工的要求。

三、基坑支护工程施工方案编制深度

(1)说明工程现场施工条件、邻近建筑物等与基坑的距离、邻近地下管线对基坑的影响、基坑放坡的坡度、基坑开挖深度、基坑支护类型和方法、坑边立塔应采取的措施、基坑的变形观测等。

(2)重点说明选用的支护类型,选择支护结构时应考虑下述因素:

1)基坑的平面尺寸、开挖深度和施工要求。

2)各层土的物理、力学性质,地下水情况等条件。

3)邻近建筑物、构筑物、树木与基坑的距离。

4)施工阶段,塔式起重机位置与基坑的关系,环形道路与基坑的距离,运输车量的载重,地面上材料堆放情况。

5)邻近地下管线及其他设施情况,以及对基坑变形的限制。

6)工期和造价的优化等。

四、降水与排水施工方案编制深度

(1)说明施工现场地层土质、地下水情况,是否需要降水等。如需降水应明确降低地下水位的措施,是采用井点降水还是其他降水措施,或是基坑壁外采用止水帷幕的方法。

(2)选择排除地面、地下水方法,确定排水沟、集水井或井点布置及所需设备型号、数量。

(3)说明降水深度是否满足施工要求(注意水位应降至基坑最深部位以下50cm的施工要求),说明降水的时间要求。要考虑降水对邻近建筑物可能造成的影响及所采取的技术措施。

(4)应说明日排水量的估算值及排水管线的设计。

(5)说明当工地停电时,基坑降水采取的应急措施。

五、桩基工程施工方案编制深度

(1)说明桩基类型,明确选用的施工机械型号。

(2)描述桩基工程施工流程。

(3)入土方法和入土深度控制。

(4)桩基检测。

(5)质量要求等。

六、地下工程防水施工方案编制深度

(1)结构自防水的用料要求及相关技术措施。说明防水混凝土的等级、防水剂的类型、掺量及对碱集料反应的技术要求。

(2)材料防水的用料要求及方法措施。说明防水材料的类型、层数、厚度,明确防水材料的产品合格证、材料检验报告的要求,进场时是否按规定进行外观检查和复试。

当采用防水卷材时应明确所采用的施工方法(外贴法或内贴法);当采用涂料防水、防水砂浆防水、塑料防水板、金属防水层时,应明确技术要求。

说明对防水基层的要求、防水导墙的做法、防水保护层等的做法。

(3)构造防水用料要求及相关技术措施。地下工程变形缝、施工缝、后浇带、穿墙管、定位支撑、埋设件等处是整个地下工程防水的薄弱环节。地下工程的渗漏水,除结构本身缺陷外,大多是由于这些部位处理不当引起的,因此须明确细部构造防水施工的方法和要求及应采取的阻水措施。

(4)其他。对防水队伍的要求、防水施工相关的注意事项。

七、钢筋工程施工方案编制深度

应确定钢筋加工形式、钢筋接头形式,钢筋的水平垂直运输方案等,特殊部位(梁柱接头钢筋密集部位、与大型预埋件交叉部位等)钢筋安装方案。

1.原材料

说明钢筋的供货方式、进场验收(出厂合格证、炉号和批量)、钢筋外观检查、复试及见证取样要求、原材的堆放要求。

2.钢筋加工方法

(1)明确钢筋的加工方式,是场内加工还是场外加工。

(2)明确钢筋调直、切断、弯曲的方法,并说明相应加工机具设备型号、数量、加工场面积及位置。

(3)明确钢筋放样、下料、加工要求。

(4)做各种类型钢筋的加工样板。

3. 钢筋运输方法

说明现场成形钢筋搬运至作业层采用的运输工具。如钢筋在场外加工,应说明场外加工成型的钢筋运至现场的方式。

4. 钢筋连接方法

(1)明确钢筋的连接方式,焊接、机械连接或搭接。明确具体采用的接头形式,是电弧焊、电渣压力焊或镦粗直螺纹连接。

(2)说明接头试验要求,简述钢筋连接施工要点。

5. 钢筋安装方法

(1)分别对基础、柱、墙、梁、板等部位的施工方法和技术要点作出明确的描述。

(2)防止钢筋位移的方法及保护层的控制。

(3)如设计墙、柱为变截面,应说明墙体、柱变截面处的钢筋处理方法。

6. 预应力钢筋施工方法

如钢筋作现场预应力张拉时,应说明施工部位,预应力钢筋的加工、运输、安装和检测方法及要求。

7. 成品保护

钢筋半成品、成品的保护要求。

八、模板工程施工方案编制深度

应确定各种构件采用何种材料的模板(包括模板及其支架的设计),配备数量,周转次数,模板的水平垂直运输方案,模板加工,模板安装,模板拆除等。

1. 模板设计计算

在进行模板体系设计时,应综合考虑结构形式、工期、质量、安全等方面的因素,根据不同部位的结构特点选用不同的模板体系,模板及其支架应具有足够的承载能力、刚度和稳定性,能可靠地承受浇筑混凝土的重量、侧压力以及施工荷载。模板设计方案要体现出经济、实用、科学、先进性要求。

2. 模板配制原则

在模板的配置上应考虑配置数最好同流水段划分相适应,满足施工进度要求;所选择的模板应达到或大于周转使用次数要求;模板的配置要综合考虑质量、工期和技术经济效益,减少一次性的投入,降低工程成本。

(1)地下部分模板设计:描述不同的结构部位采用的模板类型、施工方法、配置数量、模板高度等,可以用表格形式列出,参见表 4-2。

表 4-2 地下部分模板设计

序号	结构部位	模板选型	施工方法	数量(m²)	模板宽度(mm)	模板高度(mm)
1	底板					
2	墙体					
3	柱					
4	梁					
5	板					
6	电梯井					
7	楼梯					
8	门窗洞口					
…	……					

注:钢筋混凝土结构,多层砖混结构的模板设计可参考此表,并根据工程特点调整模板设计内容。

(2)地上部分模板设计,参见表 4-3。

表 4-3 地上部分模板设计

序号	结构部位	模板选型	施工方法	数量(m²)	模板宽度(mm)	模板高度(mm)
1	墙体					
2	柱					
3	梁					
4	板					
5	电梯井					
6	楼梯					
7	女儿墙					
8	门窗洞口					
…	……					

注:钢筋混凝土结构,多层砖混结构的模板设计可参考此表,并根据工程特点调整模板设计内容。

(3)特殊部位的模板设计。对有特殊造型要求的混凝土结构,如建筑物的屋顶结构、建筑立面等此类构件,模板设计较为复杂,应明确模板设计要求。

(4)说明需要进行模板计算的重要部位,其计算可在模板施工方案中进行。

3.模板加工、制作及验收

(1)说明各类模板的加工制作方式,是外加工还是现场加工制作。

(2)明确模板加工制作的主要技术要求和主要技术参数。如需委托外加工,应将有关技术要求和技术参数以技术合同的形式向专业模板公司提出加工制作要求。如在现场加工制作,应明确加工场所、所需设备及加工工艺等要求。

(3)模板验收是检验加工产品是否满足要求的一道重要工序,因此要明确验收的具体方法。

4.模板安装

(1)明确不同类型模板所选用隔离剂的类型。

(2)确定模板的安装顺序和技术要求。

(3)按照质量验收规范要求,确定模板安装允许偏差的质量标准。

(4)对所需的预埋件、预留孔洞的要求进行描述。

5.模板拆除

(1)模板拆除必须符合设计要求、验收规范的规定及施工技术方案。

(2)明确各部位模板的拆除顺序。

(3)明确各部位模板拆除的技术要求,如侧模板拆除的技术要求(常温、冬施)、底模及其支架拆除的技术要求、后浇带等特殊部位模板拆除的技术要求。

(4)为确保楼板不因过早拆除而出现裂缝的措施。

6.模板的堆放、维护与修理

说明模板的堆放、清理、维修、涂刷隔离剂的要求。

九、混凝土工程施工方案编制深度

应确定混凝土供应方式、运输机械、配合比设计要求,混凝土浇筑顺序,浇筑机械,并确定机械数量和机械布置位置,混凝土工程施工质量等。

1.明确混凝土的供应方式

(1)明确选用现场拌制混凝土还是预拌混凝土。

(2)采用现拌混凝土:应确定搅拌站的位置、搅拌机型号与数量。

(3)采用预拌混凝土:选择确定预拌混凝土供应商,在签订预拌混凝土供应经济合同时,应同时签订技术合同。

2.混凝土的配合比设计要求

(1)对配合比设计的主要参数提出要求:原材料、坍落度、水灰比、砂率。

(2)对外加剂类型、掺合料的种类的要求。

(3)如是现场拌制混凝土,应确定砂石筛选,计量和后台上料方法。

(4)明确对碱含量、氨限量等有害物质的技术指标要求。

3．混凝土的运输

(1)明确场外、场内的运输方式(水平运输和垂直运输),并对运输工具、时间、道路、运输及季节性施工加以说明。

(2)当使用泵送混凝土时,应对泵的位置、泵管的设置和固定措施提出原则性要求。

4．混凝土拌制和浇筑过程中的质量检验

(1)现拌混凝土。明确混凝土拌制质量的抽检要求,如检查原材料的品种、规格和用量,外加剂、掺合料的掺量、用水量、计量要求和混凝土出机坍落度,混凝土的搅拌时间检查及每一工作班内的检查频次。

明确混凝土在浇筑过程中的质量抽检要求,如检查混凝土在浇筑地点的坍落度及每一工作班内的检查频次。

(2)预拌混凝土。明确混凝土进场和浇筑过程中对混凝土的质量抽检要求,如现场在接收预拌混凝土时,必须要检查供应商提供的混凝土质量资料是否符合约定的质量要求,检查到场混凝土出罐时的坍落度,检查浇筑地点混凝土的坍落度,并明确每一工作班内的检查频次。

5．混凝土的浇筑工艺要求及措施

对混凝土分层浇筑和振捣的要求。

6．混凝土的浇筑方法

(1)描述不同部位的结构构件采用何种方式浇筑混凝土(泵送或塔吊运送)。

(2)根据不同部位,分别说明浇筑的顺序和方法(分层浇筑或一次浇筑)。

(3)对楼板混凝土标高及厚度的控制方法。

(4)当使用泵送混凝土时,应提出泵的选型原则、配管原则等要求。

(5)明确对后浇带的施工时间、施工要求以及施工缝的处置。

(6)明确不同部位、不同构件所使用的振捣设备及振捣的技术要求。

7．施工缝

确定施工缝的留置位置与处理方法。

8．混凝土的养护制度和方法

混凝土浇筑完毕后,应及时采取有效的养护措施,混凝土的养护应根据原材料、配合比、浇筑部位和季节等具体情况,采取相应的养护方法。应明确混凝土的养护方法和养护时间,在描述养护方法时,应将水平构件与竖向构件分别描述。

9．大体积混凝土

应确定大体积混凝土的浇筑方案。说明浇筑方法、制订防止温度裂缝的措施、落实测温孔的设置和测温工作等。

10. 预应力混凝土

应确定预应力混凝土的施工方法、控制应力和张拉设备。

11. 混凝土的季节性施工

(1)制订相应的防冻和降温措施。

(2)明确冬施所采用的养护方法及易引起冻害的薄弱环节应采取的技术措施。

(3)落实测温工作。

12. 混凝土的试验管理

(1)明确现场是否设置标养室。

(2)明确混凝土试件制作与留置要求。

13. 混凝土结构的实体验收

为了加强混凝土结构的施工质量验收,真实地反映混凝土强度的质量指标,确保结构安全,在混凝土分项工程验收合格的基础上,对结构实体的混凝土强度进行验证性检查。

十、钢结构工程施工方案编制深度

(1)明确本工程钢结构的部位。

(2)确定起重机类型、型号和数量。

(3)确定钢结构制作的方法。

(4)确定构件运输堆放和所需机具设备型号、数量和对运输道路的要求。

(5)确定安装、涂装材料的主要施工方法和要求。如安排吊装顺序、机械开行路线、构件制作平面布置、拼装场地等。

十一、砌体工程施工方案编制深度

(1)简要说明本工程砌体采用的砌体材料种类、砌筑砂浆强度等级、使用部位。

(2)简要说明砖墙的组砌方法或砌块的排列设计。

(3)明确砌体的施工方法,简要说明主要施工工艺要求和操作要点。如皮数杆的控制要求、砌筑高度、砂浆使用要求;墙体拉筋的留置方式,构造柱、圈梁的设置要求;砌体与构造柱、梁、圈梁、楼板、阳台、楼梯等构件的连接要求;砌筑方法要点和试块留置等。

(4)明确砌体砌筑的质量要求。

(5)配筋砌体工程的施工要求。

(6)砌筑砂浆的质量要求。如配合比及原材料要求,拌制和使用时的要求。

(7)明确砌筑施工中的流水分段和劳动力组合形式等。

(8)确定脚手架搭设方法和技术要求。

十二、屋面工程施工方案编制深度

说明屋面各个分项工程的各层材料的质量要求、施工方法和操作要求。对于卷材防水屋面一般有隔气层、隔热层、找坡层、找平层、防水层、保护层或使用面层等分项工程,具体的分项工程,应根据设计图纸。

(1)根据设计要求,说明屋面工程所采用保温隔热材料的品种、防水材料的类型(卷材、涂膜、刚性)、层数、厚度及进场要求(外观检查和复试)。

(2)明确屋面防水等级和设防要求。

(3)明确屋面工程的施工顺序和各工序的主要施工工艺要求。

(4)说明屋面防水采用的施工方法和技术要点,应明确所采用的施工方法(冷粘法、热粘贴、自粘贴、热风焊接、防水涂膜施工技术要求等)。

(5)屋盖系统的各种节点部位及各种接缝的密封防水施工要求。

(6)说明对防水基层、防水保护层的要求。

(7)明确屋面试水要求。

(8)屋面工程各工序的质量要求。

(9)屋面材料的运输方式。

(10)根据《建筑节能工程施工质量验收规范》(GB 50411—2007)要求,明确保温材料各项指标的复验要求。

十三、墙体节能保温工程施工方案编制深度

(1)说明采用外墙保温类型及部位。

(2)主要的施工方法及技术要求。

(3)根据《建筑节能工程施工质量验收规范》(GB 50411—2007)要求,明确外墙保温板施工完的现场试验要求,明确保温材料进场要求和材料性能要求。

十四、建筑装饰装修工程施工方案编制深度

1. 总要求

确定装饰装修工程各分项的操作方法及质量要求,有时要做"样板间";说明材料的运输方式,确定材料堆放、平面布置和储存要求,确定所需机具设备等;说明室内外墙面工程、楼地面工程和顶棚工程的施工方法、工艺流程与流水施工的安排,装饰材料场内运输方案。

2. 地面工程

说明各部位采用的材料,确定总体施工程序,特殊材料地面的施工流程,板块

地面分格缝划分要点,不同材料地面在交界处的处理方法,特殊部位(如变形缝、沉降缝、门洞口部位、地漏、管道穿楼板部位等)地面施工要点,大面积楼地面防空鼓、开裂的措施,新材料地面施工要点;地面养护及成品保护要求;地面工程质量要求。

3. 抹灰工程

确定总体施工程序,说明各抹灰部位的墙体材料以及提出相应的抹灰要点,特殊部位施工要点(如门窗洞口塞口处理方法、阳角护角方法、踢脚部位处理方法、散热器和密集管道等背面施工要点、外墙窗台、窗楣、雨篷、阳台、压顶等抹灰要点),不同材料基层接缝部位防开裂措施,装饰抹灰以及采用新材料抹灰的操作要点。说明防止抹灰空鼓、开裂的措施;质量要求。

4. 门窗工程

说明门窗采用的材料、类型及部位,确定总体施工程序,门窗安装方法(先塞口、后塞口等)及相应措施,特种门窗工艺要点;成品保护;安装的质量要求;对外墙金属窗、塑料窗的三项指标和保温性能的要求;明确外墙金属窗的防雷接地做法。

5. 吊顶工程

采用吊顶的类型、材料选用和部位;确定总体施工程序,吊顶分格缝划分要点(包括灯具、灯槽、排气口、新风口、烟感器、自动喷淋等的布置要点),不同材料吊顶在交界处的处理方法,特殊部位(如变形缝、管道穿越部位、灯具、排气口以及新风口等部位)吊顶施工要点,新材料吊顶工艺要点等;吊顶工程与吊顶管道和水电设备安装的工序关系;质量要求。

6. 轻质隔墙工程

说明采用的隔墙材料,确定总体施工程序,不同材料隔墙施工或安装方法,特殊部位隔墙处理要点(底部、顶部、侧边、门窗洞口和其他预留洞口处、电线槽部位等),新材料隔墙工艺要点等;质量要求;隔墙与顶棚和其他墙体交接处应采取的防开裂措施;成品保护要求。

7. 饰面板(砖)工程

(1)明确所采用饰面板的种类及部位。

(2)说明轻饰面板的施工工艺。

(3)主要施工方法及技术要点。重点描述外墙饰面板(砖)的粘结强度试验,湿作业法防止泛碱的方法,防震缝、伸缩缝、沉降缝的做法。

(4)外墙饰面与室外垂直运输设备拆除之间的时间关系。

(5)质量要求。

(6)成品保护。

8. 幕墙工程

(1)采用幕墙的类型和部位。

(2)说明幕墙工程施工工艺。

(3)主要施工方法及技术要点。

(4)成品保护。

(5)主要原材料的性能检测报告。

(6)玻璃幕墙的四性试验(气密性、水密性、抗风压性能、平面内变形)和节能保温性能要求。

9. 涂饰工程

(1)采用涂料的类型和部位。

(2)简要说明主要施工方法和技术要求。

(3)按设计要求和《民用建筑工程室内环境污染控制规范》(GB 50325—2010)的有关规定对室内装修材料进行检验的项目。

10. 裱糊与软包工程

(1)采用裱糊与软包的类型及部位。

(2)主要施工方法及技术要点。

11. 装饰装修细部

简要说明橱柜、窗帘盒、窗台板、散热器罩、门窗、护栏、扶手、花饰的制作与安装要求。

十五、脚手架工程施工方案编制深度

根据不同建筑类型确定脚手架所用材料,脚手架构造与计算,脚手架的搭、拆顺序及要求,安全网的挂设方法、脚手架的验收等。明确采用何种架子系统、如何周转等。具体内容要求如下:

1. 基础阶段

内脚手架、外脚手架、安全防护架的设置、马道的设置。

2. 主体结构阶段

内脚手架、外脚手架、安全防护架的设置、马道的设置、上料平台的设置。

3. 装饰装修阶段

内脚手架、外脚手架。

十六、结构吊装工程施工方案编制深度

应明确吊装构件重量、起吊高度、起吊半径,选择吊装机械、机械设置位置或行走线路等,并绘出吊装图,重大构件吊装方案应附验算书。

（1）明确吊装方法，是采用综合吊装法还是单件吊装法；是采用跨内吊装法还是跨外吊装法。

（2）确定吊装机械（具），是采用机械吊装还是采用抱杆吊装。

（3）如选择吊装机械，应根据吊装构件重量、起吊高度、起吊半径、工期和现场条件，选择吊装机械类型和数量。

（4）安排吊装顺序、机械设备位置和行驶路线以及构件的制作、拼装场地，并绘出吊装图。

（5）确定构件的运输、装卸、堆放办法，所需的机具、设备的型号、数量和对运输道路的要求。

（6）吊装准备工作内容及吊装有关技术措施。

（7）吊装的注意事项，如吊装与其他分项工程工序之间的工作衔接、交叉时间安排和安全注意事项等。

十七、机电安装工程施工方案编制深度

包括建筑给水、排水及采暖、建筑电气、智能建筑、通风与空调和电梯等专业工程。

（1）应说明结构施工配合阶段预留预埋的措施。套管和埋件的预埋方法、部位，结构预留洞的留设方法和线管暗埋的做法。

（2）简要说明各专业工程的施工工艺流程、主要施工方法及要求。

1）室内给水系统工程。说明各部位采用的材料，确定总体施工程序，管道布置要点和敷设方法，管材间的连接方式，特殊部位（如穿墙、穿楼板等）施工要点，新材料的施工要点。

2）电气照明安装工程。说明采用的配电柜、灯具、插座、开关、配线导线材质、型号规格等，确定总体施工程序，不同配电柜、灯具等安装方法，大（重）型灯具等施工要点，调试运行安排。

（3）明确各专业工程的质量要求。

十八、季节性施工方案编制深度

1. 冬（雨）期施工部位

说明冬（雨）期施工的具体项目和所在的部位。

2. 冬期施工措施

根据工程所在地的冬季气温、降雪量不同，工程部分及施工内容不同，施工单位的条件不同，制定不同的冬期施工措施。如暖棚法，先进行门窗封闭，再进行装饰工程的方法，以及在混凝土中加入防冻剂的方法等。

3. 雨期施工措施

根据工程所在地的雨量、雨期及工程的特点(如深基础、大土方量、施工设备、工程部位)制定措施。

4. 暑期施工措施

根据台风、暑期高温及工程特点等制定措施。有关季节性施工的内容应在季节性专项施工方案中细化。

十九、其他

包括采用新技术、新材料、新结构的项目;大跨度空间结构、水下结构、深基础、大体积混凝土施工、大型玻璃幕墙、软土地基等项目。

(1)选择施工方法,阐明施工技术关键所在(当难用文字说清楚时,可配合图表描述)。

(2)拟定质量、安全措施。

第七节　主要施工方案的编制细节把握

(1)单位工程施工组织设计中的主要施工方案,是反映主要分部(分项)工程或专项工程拟采取的施工手段和工艺,具体要反映施工中的工艺方法、工艺流程、操作要点和工艺标准,对机具的选择与质量检验等内容。

(2)主要施工方案的确定应体现先进性、经济性和适用性。应着重于各主要施工方案的技术经济比较,力求达到技术先进,施工方便、可行,经济合理。

(3)在编写深度方面,要对每个分项工程施工方案进行宏观的描述,要体现宏观指导性和原则性,其内容应表达清楚,决策要简练。

(4)主要施工方案应结合工程的具体情况和相应工艺标准、工法,优化选择,并按施工顺序逐项描述。

(5)主要施工方案是通过选择来确定,在选择某个具体的施工方案时,首先应考虑其先进性,保证施工的质量和安全。同时还应考虑到在保证质量和安全的前提下,该方法是否经济和适用,并对不同的方法进行技术经济评价,综合分析考虑,筛选优化后决策确定。

(6)主要施工方案应该与工程实际紧密结合,能够指导施工。如降水采用轻型井点降水还是其他方式降水,护坡采用护坡桩还是土钉墙,墙柱模板采用胶合板还是钢模板,钢筋连接形式如何,混凝土浇筑方式,养护方法,试块的制作管理方法等。

(7)主要施工方案应具有针对性。在确定某个分部(分项)工程或专项工程的施工方案时,应结合本分项工程或专项工程的情况来制定。如模板工程应结合本工程的特点来确定模板的选型、制作和安装方法。

(8)主要施工方案的编写深度只需原则性地提出,要体现宏观指导性,体现对各分部(分项)工程或专项工程的宏观控制,而分部(分项)工程或专项工程施工方案中的施工方法在实施过程中起质量预控作用,两者应区别对待。

(9)单位工程施工组织设计中的主要施工方案内容要详略结合,不必面面俱到,而是要突出重点,突出关键部分的施工方法。对于一般的、常见的、工程量小的以及对施工全局和工期无多大影响的分部(分项)工程的施工方法,可以简写(只需概括加以说明,提出若干注意事项和要求)或不写。

第五章 施工技术交底编制

第一节 施工图设计技术交底

一、施工图设计技术交底的目的

技术交底的目的是使参加工程建设的相关人员正确贯彻设计意图,加深对设计文件特点、难点、疑点的理解,完善设计,掌握关键工程部位的技术质量要求。

二、施工图设计技术交底程序

施工图设计技术交底一般是在工程开工前由业主(或监理)单位主持,业主、设计、监理、施工、质量监督等有关单位参加的情况下进行。首先由设计代表阐述设计概况、设计意图、施工要求及注意事项,施工和监理单位根据现场调查的情况和对设计图的理解,就图纸中的问题向设计代表提出疑问,设计代表进行答疑,设计代表的现场答复,会后应以书面的形式进行确认。如设计代表在现场不能马上答复的问题,设计单位应在规定时间内予以书面答复,并作为设计文件的一部分,在施工中贯彻执行。设计交底的会议纪要需参加各方签字认可。

三、施工图设计交底的会议纪要

施工图设计交底的会议纪要一般应包含以下内容:

(1)参会单位对设计图纸中存在的问题和矛盾之处提出的意见,设计代表答复同意修改的内容。

(2)施工单位为便于施工,或出于施工质量、安全考虑,要求设计单位修改部分设计的会商结果与解决方法。

(3)交底会上尚未得到解决或需要进一步商讨的问题。

(4)列出参加设计技术交底的单位人员名单,签字后生效。

四、参加施工图设计技术交底应注意的问题

参加施工图设计技术交底前必须组织项目技术人员结合现场情况对设计图纸进行认真审核,审核中发现的问题应归纳汇总,及时召集有关人员,针对审核中发现的问题进行讨论,弄清设计意图和工程的特点及要求。必要时,可以提出自己的看法或建议。会上拟指派一名代表为主发言人,其他人可视情况适当解释、

补充,指定专人对提出和解答的问题做好记录,以便查核。

第二节　施工技术交底的分类与管理

技术交底应包括施工组织设计交底、专项施工方案技术交底、分项工程施工技术交底、"四新"技术交底和设计变更技术交底等。

一、施工组织设计交底

(1)施工组织设计交底应包括主要设计要求、施工措施以及重要事项等。

(2)施工组织设计交底由项目技术负责人组织专业技术人员、生产经理、质检人员、安全员及分承包方有关人员等进行交底。重点和大型工程施工组织设计交底应由企业的技术负责人进行交底。

(3)施工组织设计交底,是使项目主要管理人员对建筑概况、工程重难点、施工目标、施工部署、施工方法与措施等方面有一个全面的了解,以便于在施工过程中的管理及工作安排中做到目标明确、有的放矢。

二、专项施工方案技术交底

(1)专项施工方案技术交底,应结合工程的特点和实际情况,对设计要求、现场情况、工程难点、施工部位及工期要求、劳动组织及责任分工、施工准备、主要施工方法及措施、质量标准和验收,以及施工、安全防护、消防、临时用电、环保注意事项等进行交底。

季节性施工方案的技术交底还应重点明确季节性施工特殊用工的组织与管理、设备及料具准备计划、分项工程施工方法及技术措施、消防安全措施等项内容。

(2)专项施工方案技术交底应由项目技术负责人负责,根据专项施工方案对专业工长进行交底。

三、分项工程施工技术交底

(1)分项工程施工技术交底是将管理层所确定的施工方法向操作者进行交底,是施工方案的具体细化。应按各分部分项工程的顺序、进度、独立编写。并应根据工程特点明确作业条件、施工工艺及施工操作要点、质量要求及注意事项等内容。

(2)分项工程施工技术交底应以工艺为主,有工艺流程图。在交底中应详细说明每个分项工程各道工序如何按工艺要求进行正确施工。

(3)应详细介绍分项工程关键、重点、难点工序的主要施工要求和方法。对关键部位、重点部位的施工方法应有详图进行说明。

（4）分项工程施工技术交底应由专业工长对专业施工班组（或专业分包）进行。

四、"四新"技术交底

（1）对于难度较大的"四新"技术，应在施工前编制专项技术交底。结合工程使用的新技术、新材料、新工艺、新产品的特点、难点，明确"四新"技术的使用计划、主要施工方法与措施，以及注意事项等。

（2）"四新"技术交底由项目技术负责人组织相关专业技术人员编制并对专业工长交底。

五、设计变更技术交底

（1）修改量大，变更内容复杂的设计变更及工程洽商应编制设计变更、洽商交底。

（2）设计变更交底应由项目技术部门根据变更要求，并结合具体施工步骤、措施及注意事项等对专业工长进行交底。

第三节　分项工程施工技术交底编制管理

一、施工技术交底的特性

1. 针对性

技术交底是使被交底人获取知识及方法的一种管理手段，是变"不明白"为"明白"、变"图纸"为"实物"的桥梁，针对性是技术交底的"灵魂"，不结合工程特点编写、照抄照搬规范工艺的技术交底是毫无价值可言的。

2. 可操作性

质量出自于操作者手中，只有教会操作者才能保障建筑产品实现及优质，否则一切都是纸上空谈了。因此，交底的可操作性就变得尤为重要，它是技术交底的"生命"。

3. 全面性

交底内容因是施工图纸及技术标准的全面反映，内容性质应包括组织和技术，内容过程应包括施工准备到检查验收，内容方面应包括质量、安全、工期等，内容重点应解决施工难题，因此交底的涵盖面必须覆盖施工及管理的方方面面，交底必须全面才能使工人的每一步操作都在受控中，全面性是交底的"保障"。

二、技术交底编制管理基本规定

（1）项目实施全过程活动，包括工程项目的关键过程和特殊过程以及容易发生质量通病的部位,均应进行技术交底。

(2)施工技术交底应针对工程的特点,运用现代建筑施工管理原理,积极推广行之有效的科技成果,提高劳动生产率,保证工程质量、安全生产,保护环境、文明施工。

(3)技术交底编制应严格执行工程建设程序,坚持合理的施工程序、施工顺序和施工工艺,符合设计要求,满足材料、机具、人员等资源和施工条件要求,并贯彻执行施工组织设计、施工方案和企业技术部门的有关规定和要求,严格按照企业技术标准、施工组织设计和施工方案确定的原则和方法编写,并针对班组施工操作进行细化。

(4)技术交底应力求做到:主要项目齐全,内容具体明确、符合规范,重点突出,表述准确,取值有据,必要时辅以图示。对工程施工能起到指导作用,具有针对性、指导性和可操作性。技术交底中不应有"未尽事宜参照×××(规范)执行"等类似内容。

(5)施工技术交底由项目技术负责人组织,专业工长和/或专业技术负责人具体编写,经项目技术负责人审批后,由专业工长和(或)专业技术负责人向施工班组长和全体施工作业人员交底。

(6)施工技术交底应在项目施工前进行。

三、技术交底编制依据

(1)国家、行业、地方标准、规范、规程,当地主管部门有关规定,本企业技术标准及质量管理体系文件。

(2)工程施工图纸、标准图集、图纸会审记录、设计变更及工作联系单等技术文件。

(3)施工组织设计、施工方案对本分项工程、特殊工程等的技术、质量和其他要求。

(4)其他有关文件:工程所在地建设主管部门(含工程质量监督站)有关工程管理、技术推广、质量管理及治理质量通病等方面的文件;本公司发布的年度工程技术质量管理工作要点、工程检查通报等文件。特别应注意落实其中提出的预防和治理质量通病、解决施工问题的技术措施等。

四、施工技术交底内容编制要求

1.施工准备

(1)作业人员。说明劳动力配置、培训、特殊工种持证上岗要求等。

(2)主要材料。说明施工所需材料名称、规格、型号,材料质量标准,材料品种规格等直观要求,感官判定合格的方法,强调从有"检验合格"标识牌的材料堆放处领料,每次领料批量要求等。

(3)主要机具。

1)机械设备。说明所使用机械的名称、型号、性能、使用要求等。

2)主要工具。说明施工应配备的小型工具,包括测量用设备等,必要时应对小型工具的规格、合法性(对一些测量用工具,如经纬仪、水准仪、钢卷尺、靠尺等,应强调要求使用经检定合格的设备)等进行规定。

(4)作业条件。说明与本道工序相关的上道工序应具备的条件,是否已经过验收并合格。本工序施工现场工前准备应具备的条件等。

2.施工进度要求

对本分项工程具体施工时间,完成时间等提出详细要求。

3.施工工艺

(1)工艺流程。详细列出该项目的操作工序和顺序。

(2)施工要点。根据工艺流程所列的工序和顺序,分别对施工要点进行叙述,并提出相应要求。

4.施工控制要点

(1)重点部位和关键环节。结合施工图提出设计的特殊要求和处理方法,细部处理要求,容易发生质量事故和安全施工的工艺过程,尽量用图表达。

(2)质量通病的预防及措施。根据企业提出的预防和治理质量通病和施工问题的技术措施等,针对本工程特点具体提出质量通病及其预防措施。

5.成品保护措施

对上道工序成品的保护提出要求;对本道工序成品提出具体保护措施。

6.质量保证措施

重点从人、材料、设备、施工方法等方面制定具有针对性的保证措施。

7.安全注意事项

内容包括作业相关安全防护设施要求,个人防护用品要求,作业人员安全素质要求,接受安全教育要求,项目安全管理规定,特种作业人员执证上岗规定,应急响应要求,隐患报告要求,相关机具安全使用要求,相关用电安全技术要求,相关危害因素的防范措施,文明施工要求,相关防火要求,季节性安全施工注意事项。

8.环境保护措施

国家、行业、地方法规环保要求,企业对社会承诺,项目管理措施,环保隐患报告要求。

9.质量标准

(1)主控项目。

国家质量检验规范要求,包括抽检数量、检验方法。

(2)一般项目。

国家质量检验规范要求,包括抽检数量、检验方法和合格标准。

(3)质量验收。

对班组提出自检、互检、班组长检的要求。

五、分项工程施工技术交底重点

由于一项工程,特别是大型复杂的建筑工程项目,其分部分项工程很多,需要不同工种的作业班组分期分阶段来完成。所以,技术交底的内容应按照分部分项工程的具体要求,根据设计图纸的技术要求以及施工及验收规范的具体规定,针对不同工种的具体特点,进行不同内容和重点的技术交底。

1. 土方工程

包括地基土的性质与特点;各种标桩的位置与保护办法;挖填土的范围和深度,放边坡的要求,回填土与灰土等夯实方法及密度等指标要求;地下水或地表水排除与处理方法;施工工艺与操作规程中有关规定和安全技术措施。

2. 砌体工程

包括砌筑部位;轴线位置;各层水平标高;门窗洞口位置;墙身厚度及墙厚变化情况;砂浆强度等级,砂浆配合比及砂浆试块组数与养护;各预留洞口和各专业预埋件位置与数量、规格、尺寸;各不同部位和标高;砖、石等原材料的质量要求;砌体组砌方法和质量标准;质量通病预防办法,安全注意事项等。

3. 模板工程

包括各种钢筋混凝土构件的轴线和水平位置、标高、截面形式和几何尺寸;支模方案和技术要求;支承系统的强度、稳定性具体技术要求;拆模时间;预埋件、预留洞的位置、标高、尺寸、数量及预防其移位的方法;特殊部位的技术要求及处理方法;质量标准与其质量通病预防措施,安全技术措施。

4. 钢筋工程

包括所有构件中钢筋的种类、型号、直径、根数、接头方法和技术要求;预防钢筋位移和保证钢筋保护层厚度技术措施;钢筋代换的方法与手续办理;特殊部位的技术处理;有关操作,特别是高空作业注意事项;质量标准及质量通病预防措施,安全技术措施和注意事项。

5. 混凝土工程

包括水泥、砂、石、外加剂、水等原材料的品种、技术规程和质量标准;不同部位、不同标高混凝土种类和强度等级;其配合比、水灰比、坍落度的控制及相应技术措施;搅拌、运输、振捣有关技术规定和要求;混凝土浇灌方法和顺序,混凝土养护方法;施工缝的留设部位、数量及其相应采取技术措施、规范的具体要求;大体积混凝土施工温度控制的技术措施;防渗混凝土施工具体技术细节和技术措施实施办法;混凝土试块留置部位、数量与养护;预防各种预埋件、预留洞位移具体技术措施,特别是机械设备地脚螺栓移位,在施工时提出具体要求;质量标准和质量通病预防办法,混凝土施工安全技术措施与节约措施。

6. 脚手架工程

包括所有的材料种类、型号、数量、规格及其质量标准;脚手架搭设方式、强度和稳定性技术要求(必须达到牢固可靠的要求);脚手架逐层升高技术措施和要求;脚手架立杆垂直度和沉降变形要求;脚手架工程搭设工人自检和逐层安全检查部门专门检查。重要部位脚手架,如下撑式挑梁钢架组装与安装技术要求和检查方法;脚手架与建筑物连接方式与要求;脚手架拆除方法和顺序及其注意事项;脚手架工程质量标准和安全注意事项。

7. 结构吊装工程

包括建筑物各部位需要吊装构件的型号、重量、数量、吊点位置;吊装设备的技术性能;有关绳索规格、吊装设备运行路线、吊装顺序和吊装方法;吊装联络信号、劳动组织、指挥与协作配合;吊装节点连接方式;吊装构件支撑系统连接顺序与连接方法;吊装构件(如预应力钢筋混凝土屋架)吊装期间的整体稳定性技术措施;与市供电局联系供电情况;吊装操作注意事项;吊装构件误差标准和质量通病预防措施;吊装构件安全技术措施。

8. 钢结构工程

包括钢结构的型号、重量、数量、几何尺寸、平面位置和标高,各种钢材的品种、类型、规格,连接方法与技术措施;焊接设备规格与操作注意事项,焊接工艺及其技术标准、技术措施、焊缝型式、位置及质量标准;构件下料直至拼装整套工艺流水作业顺序;钢结构质量标准和质量通病预防措施,施工安全技术措施。

9. 楼地面工程

包括各部位的楼地面种类、工程做法与技术要求、施工顺序、质量标准;新型楼地面或特殊行业(如广播电视)特定要求的施工工艺;楼地面质量标准及确保工程质量标准所采取的技术措施。

10. 屋面与防水工程

包括屋面和防水工程的构造、形式、种类,防水材料型号、种类、技术性能、特点、质量标准及注意事项;保温层与防水材料的种类和配合比、表观密度、厚度、操作工艺,基层的做法和基本技术要求,铺贴或涂刷的方法和操作要求;各种节点处理方法;防渗混凝土工程止水技术处理与要求;操作过程中防护和防毒及其安全注意事项。

11. 装饰装修工程

包括各部位装修的种类、等级、做法和要求、质量标准、成品保护技术措施；新型装修材料和有特殊工艺装修要求的施工工艺和操作步骤，与有关工序联系交叉作业互相配合协作；安全技术措施，特别是外装修高空作业安全措施。

12. 管道安装工程

包括配合土建确定预理位置和尺寸；管道及其支吊架、紧固件等预制加工及要求；管道安装顺序、方法及其注意事项；管道连接方法、措施等；焊接工艺及其技术标准、措施、焊缝形式、位置等；管道试压压力、介质、温度及步骤；管道吹扫方法、步骤；管道防腐要求及操作程序。

13. 建筑电气安装工程

包括密切配合土建施工，确定预埋类型、位置和方法；电气母线、电缆、电线、桥架、配管、盘柜、开关、器具等安装方法、程序、措施、要求及操作要点等。

14. 通风安装工程

包括风管加工制作尺寸的核定；风管咬口形式及加工程序、质量要求、风管支吊架制作及安装要求；风管安装方法、操作要点等；洁净风管制作安装措施，风管防腐涂刷要求；保温材料选择、厚度、保温方法及操作要点。

15. 电梯安装工程

包括电梯导轨支架的位置、测量确定方法；导轨吊装和调整的方法与质量要求；钢丝绳的绳头做法；轿厢的安装步骤；层门安装的位置控制；承重梁的安装要求；曳引机的吊装过程；控制柜和电气系统的质量标准；扶梯运输的安全保护措施，安装位置的放线测量。

16. 通用机械设备安装工程

包括基础的外观及尺寸检查、验收；施工现场条件尤其是安装工序中有恒温、恒湿、防振、防尘或防辐射等要求应具备的条件；从放线、运输就位、设备安装至单机试车整个作业程序，安装过程中涉及的尺寸标准、精度规定及试车需达到的要求等。

17. 工业炉砌筑工程

包括筑炉材料验收、检查、选择及储存和施工中防潮措施；砌筑方法、操作要点；各部位砌筑注意事项；耐火浇筑料浇筑工艺或耐火混凝土配合比等控制及相应技术措施；耐火混凝土搅拌、运输、振捣有关规定和要求；耐火混凝土浇灌方法和顺序及养护方法；膨胀缝数量、宽度及其分布和构造。

18. 自动化仪表安装工程

包括仪表设备、阀门器材等按要求保管、选用、安装；仪表安装与其他专业施工配合工序、要求；仪表管路和设备的安装方法、措施、质量要求和操作要点；仪表单体调试和联校程序及要求;原材料、设备及成品周密防护措施。

19.容器工程

包括半成品构件预制加工、基础验收检查;施工机械设备选择、现场平面布置、操作注意事项;全套安装工艺方法、作业程序等;产品材质、规格及焊接方法、焊接材料、焊接顺序选择;焊接工艺及其技术标准、技术措施、焊缝形式、位置及质量标准;强度、密封性试验参数、环境要求、步骤、产品防腐、保温及其要求。

第四节 其他技术交底内容及重点

一、施工组织设计交底内容及重点

施工组织设计交底内容及重点见表5-1。

表 5-1　　　　　　　　施工组织设计交底内容及重点

项目	说明
内容	1.工程概况及施工目标的说明; 2.总体施工部署的意图,施工机械、劳动力、大型材料安排与组织; 3.主要施工方法,关键性的施工技术及实施中存在的问题; 4.难度施工大的部位的施工方案及注意事项; 5."四新"技术的技术要求、实施方案、注意事项; 6.进度计划的实施与控制; 7.总承包的组织与管理; 8.质量、安全控制等方面内容
重点	施工部署、重难点施工方法与措施、进度计划实施及控制、资源组织与安排

二、专项施工方案交底内容及重点

专项施工方案交底内容及重点见表5-2。

表 5-2　　　　　　　　专项施工方案交底内容及重点

项目	说明
内容	1.工程概况; 2.施工安排; 3.施工方法; 4.进度、质量、安全控制措施与注意事项
重点	施工安排、施工方法

三、"四新"技术交底内容及重点

"四新"技术交底内容及重点见表5-3。

表5-3   "四新"技术交底内容及重点

项目	说明
内容	1. 使用部位; 2. 主要施工方法与措施; 3. 注意事项
重点	主要施工方法与措施

四、设计变更交底内容及重点

设计变更交底内容及重点见表5-4。

表5-4   设计变更交底内容及重点

项目	说明
内容	1. 变更的部位; 2. 变更的内容; 3. 实施的方案、措施、注意事项
重点	主实施的方案、措施

第五节   施工技术交底实施管理

一、明确施工技术交底的重要性

随着钢结构建筑规模的不断扩大,施工过程中施工队伍多,点多,战线长,施工水平参差不齐等问题开始凸显,在这种情况下,如何保证经理部的经营理念、方针、目标在施工中能够得到有效的贯彻执行,这是需要研究、探索并且必须解决的问题。而采用技术交底的形式就可以作为在施工中贯彻企业经营理念、方针、目标的一个非常好的载体。因此施工技术交底现在已经不仅仅是单纯的一项技术管理工作,而是成为项目为实现预定的工程质量及生产经营目标的一个非常有效的管理手段。

施工技术交底在内容上不单要包含技术方面的内容,还要包含质量、进度、安全、环保、现场文明施工等多方面的内容,它是项目实现质量、职业健康安全和环境管理以及生产经营目标的一个管理方法。如果还沿用以前的主要由项目技术负责人(或项目总工程师)负责的一次技术交底的形式,显然是不能够满足管理要求的。因此,施工技术交底采用通过按不同层次、不同要求、有针对性地进行二次交底,能够更好地适应目前的项目管理模式,可以让所有参加施工的技术人员都参与到施工技术交底工作中来,充分发挥其工作主动性,提高业务水平,更好地发挥在现场的督促、检查、指导作用,确保项目整体目标的实现。

二、明确施工技术交底的目的和任务

通过技术交底,使参与施工活动的每一个技术人员都能熟悉和了解所承担工程的特点,特定的施工条件、设计意图、施工组织、技术要求、质量标准、施工工艺、有针对性的关键技术措施、安全措施、环保要求、工期要求和在施工中应注意的问题,使参与施工操作的工人都能了解自己所要完成的分部、分项工程的具体工作内容、操作方法、施工工艺、质量标准、安全、环保、文明施工等注意事项。做到任务明确,心中有数,各工种之间配合协作,工序交接井井有条,有序施工,各施工作业点都能按照施工组织设计中的要求组织施工,从而达到提高工程质量、圆满履行合同的目的。

三、施工技术交底的形式

施工技术交底必须以书面材料结合会议交底的形式进行。采用这种方式的目的,一是有据可查,明确交底人与被交底人之间的责任;二是便于参加技术交底人员实行互动,进行必要讨论,发挥集体智慧;三是便于准确理解施工技术的交底内容。

四、严格施工技术交底步骤

1. 项目施工技术总体交底

工程开工前,由项目经理主持,交底人为项目技术负责人(或项目总工程师),就工程总体以分项工程为单元进行总体技术交底,参加人员为本项目各部门负责人、分项工程负责人及全体技术人员。

在此基础上,技术交底分两级进行。

2. 第一级施工技术交底

交底人是项目技术负责人(或项目总工程师),就每分部工程以分项工程为单元向分项工程负责人和相关技术人员进行交底;重点工程、重要分项工程的技术交底应由项目技术负责人(或项目总工程师)亲自主持。

3. 第二级施工技术交底

交底人为分项工程技术负责人,就每分项工程以工序为单元向工序技术员、工班长或工序负责人、主要操作人员进行技术交底。

五、各级施工技术交底的侧重点

施工技术交底由于交底的层次、对象不同,因而交底的内容、侧重点也各不相同。

1. 总体施工技术交底

在工程开工前,项目技术负责人(或项目总工程师)应依据项目实施性施工组织设计、施工图纸、合同文件和现场实地调查情况等拟定技术交底文件,对工程总体情况进行全面交底。

2. 一级施工技术交底

在项目分部(项)工程开工前,由项目工程技术部负责人(或总工程师)根据施工组织设计、施工图纸、合同文件和总体技术交底内容等拟定技术交底文件,对分部(项)工程进行施工技术交底。

3. 二级施工技术交底

现场技术负责人在接受第一级技术交底后,按自己所分管的工程范围,要进一步学习相关合同文件,了解设计意图,并根据批准的实施性施工组织设计、单项(分项、分部工程)施工方案、关键工序、特殊工序施工方案、作业指导书以及现场实际情况和上级技术交底要求等,拟定具体的实施方法和步骤,补充完善必要的技术措施,在每个施工项目作业前,有针对性地进行详细技术交底。

第六节 施工技术交底编制实施注意事项

一、施工技术交底编制实施要求

(1)技术交底必须在工程施工前进行,作为整个工程和分部、分项工程施工前准备工作的一部分,做到时间上要及时。要根据交底项目的实施难度情况,有一定的提前量,给相关人员留有充分的消化和准备时间。

(2)技术交底应符合国家有关技术标准、工程质量检验评定标准、施工规范、规程、工艺标准等的相关规定,满足设计施工图纸及合同文件中的技术要求。

(3)技术交底应符合项目施工组织设计中的有关施工技术方案、技术措施、施工进度等有关要求,符合和体现上一级技术交底中的意图和具体要求。

(4)二级技术交底是责任到人、奖罚到人、监督到人的管理制度。

(5)技术交底必须有的放矢,内容充实,具有针对性和指导性。应根据施工项目的特点、环境条件、季节变化等情况及分部分项工程的具体要求,重点突出,其施工工艺、质量标准、安全措施及环保措施等均应分别有针对性的具体说明。

(6)对易发生施工质量通病和安全事故的工序和工程部位,在技术交底时,应着重强调各种预防施工质量通病和安全事故发生的技术措施和注意事项。

(7)交底内容应结合质量、职业健康安全和环境"三位一体管理体系"的要求,在进行技术交底的同时,进行质量、安全、环境方面的技术交底。

(8)应建立施工技术交底台账。整个施工过程包括各分部分项工程的施工均须作技术交底,技术交底不要漏项,不要只进行主体工程交底而忽略附属工程。

(9)所有书面技术交底,均应经过项目技术负责人(或项目总工程师)的审核,字迹要清楚、完整,数据引用正确。技术交底会议记录应保存完整,交底方和被交底方的双方负责人必须履行交底签字手续。

二、施工技术交底应注意的问题

(1)技术交底应严格执行施工规范、规程及合同文件要求,不得任意修改、删减或降低工程质量标准。

(2)技术交底应将项目的质量目标贯穿其中。项目在施工组织设计中提出的质量目标要在技术交底中得到体现。在交底的深度上,对影响工程内在、外观质量的关键机械设备、模板、施工工艺等应有明确的强制性要求。

(3)进行技术交底时,可根据需要,邀请业主、设计代表、监理和有经验的操作工人等相关人员参加,必要时对交底内容作补充修改。对于涉及已经批准的施工方案、技术措施的变动,应按有关程序进行审批后执行。

(4)技术交底应注重实效,做到责任落实到人,方法、步骤落实到位,不要为了应付检查而流于形式。

(5)加强对技术交底的效果进行督促和检查。各级技术管理人员在施工过程中要强化检查力度,发现施工人员不按交底要求施工时应立即予以阻止、纠正、处罚。

(6)如施工方案、技术措施等前提情况发生变化,应及时对交底内容作补充修改。

(7)对于技术难度大、采用"四新"技术等的关键工序,应进行内容全面、具体而详细的技术交底。

第六章 施工员现场质量、安全环境管理工作

第一节 工程施工质量管理与控制

一、建筑工程项目质量及管理要求

1. 建筑工程质量形成及影响因素

(1)建筑工程质量的形成过程。

建筑产品的形成过程,也是工程质量的形成过程。它主要分布在整个工程项目的勘察设计、制作、施工、检验、验收的几个阶段中。

1)设计质量是关键。

对建筑工程的结构设计,是根据决策阶段确定好的质量目标和水平,使其具体化的过程。在这个过程中,包括是选用条形基础、桩基础还是选用箱形基础等;在建筑结构上,采用现浇混凝土结构还是装配式构件;在钢结构中采用低碳钢还是中碳钢等材料,等等。在具体的设计过程中,还存在着计算假定与设计计算的验算,这些都将决定该工程的功能和质量。由此可见,设计阶段是建筑工程质量形成的关键。也就是说,没有高质量的建筑设计,就没有高质量的建筑工程产品。而高质量的建筑设计与设计单位的资质和从事设计人员的业务素质也有着密切关系。现代化的计算机设施和相关设计软件对设计质量也有直接影响。

2)施工质量是保证。

施工阶段,是施工企业按照设计蓝图,把工程实物建造出来。在这个阶段中,采用先进高效的施工设备和技术熟练的技术人员,按照相应的施工工艺和技术进行施工组合,形成一个新的结构,建筑质量也就同时形成。施工阶段中,检验批质量是分项工程质量的关键;分项工程质量是分部工程质量的基础,分部工程质量则是单位工程质量的保证。它们之间紧密相扣,如果其中有脱节现象产生,则会造成质量隐患。决定施工质量的关键,一是该企业的资质、生产设备、检测设备、工人素质、施工工艺和施工技术;二是该项目经理是否具有一定的施工组织能力和协调能力;三是质量监理工程师和质量员、检验员等是否能按照施工验收规范做好检查验收工作。

3)工程验收是把关。

在建筑工程中,除了对每一检验批的质量检测验收外,还要进行基槽的验收、

主体结构的验收、单位工程竣工后的竣工验收。这三大部分验收,是项目发包单位、项目承包单位、监理单位、设计单位一起共同进行的质量验收。通过这些质量验收活动,看其施工安装质量是否达到国家的验收评定标准或合同约定的要求。因此可以说,质量验收是建筑工程质量的把关活动,是对建设项目负责的具体表现。

4)质量保修是延续。

当对单位工程竣工验收合格后,工程才能交付使用。但是,并不是说该工程没有存在质量问题。用户在使用过程中经过一段时间的考验,隐蔽在工程中这样和那样的质量问题就会逐渐暴露出来。这时,为了使用户达到满意,项目承包单位与发包单位按照《中华人民共和国建筑法》的有关规定,签订"质量保修书",对相关部位的保修年限用合同的形式确定下来。将来产生质量问题时,就可按合同的约定进行质量保修,使该工程质量达到有效地延续。

(2)建筑工程质量的影响因素。

从质量形成的不同阶段我们可以看出,各个阶段既是质量形成的阶段,又是影响工程质量的主要环节。但是,不论在任何阶段内,都存在着人、设备、工艺、材料和环境诸因素对工程质量的影响,并且还存在着异常性和偶然性。

1)人员因素。

这里所说的"人"是一个总的概括,它包括了三个层次的内容:第一是直接参与建筑工程项目的决策者、指挥者、组织者、领导者等。这些基本上均是领导级别的人员。但是每一位领导人的领导能力、决策能力、调配能力及指挥能力等水平的发挥程度都存在着很大差异;第二是直接参与建筑工程施工的操作者。如工程设计人员、施工操作人员、材料采购人员、社会监理、工程技术人员等。这些人员的思想品德、技术素质、体力状况、业务知识、熟练程度,以及受手工操作过程中偶然失误等,均会在操作的各个阶段、各个工种中不可避免地产生技术失误和操作失误,影响建筑工程质量。第三就是建筑工程中的各类检验、检测人员。这些人员由于对质量标准的理解和掌握程度、检验方法、技术运用、抽检数量等方面的差异存在,也会造成由于把关不严、错检、漏检的质量问题。

2)材料因素。

在建筑工程中,所用材料品种繁多,常用的主要有钢材、粘结材料、焊接材料、砌体材料、装饰装修材料等,还有许多成品、半成品或大量的建筑构配件。这些材料大多数都是从外厂购进或者是在销售单位处购进。这些材料的质量性能和质量指标一旦达不到产品标准或设计要求,就会影响到建筑工程的结构质量。例如在轻钢结构构件制作的过程中,特别讲究材料的匹配,焊接材料与钢材级别的匹配、连接螺栓与连接件的匹配等。因此,对建筑结构中的见证检测是保证建筑工程质量的科学手段。

3)施工工艺。

施工工艺和施工方案,是进行科学施工的措施和方法,它对建筑工程质量影响较大。这里所说的施工工艺,不是单纯指施工阶段中的施工工艺,而包括了决策艺术、设计程序、施工技术、验评程序、检测方法等。先进科学的施工工艺,对建筑结构工程质量的提高会有很大的作用。衡量工艺是否先进的条件就是看其能否提高工作效率,能否提高和改善结构质量,是否能降低生产成本,缩短工作过程,是否有机动的应变能力。

4)机械设备。

机械设备是保证建筑工程质量的基础和必要的物质条件,是现代企业的象征。这里包括有设计常用的计算机和设计软件;施工机械、办公器具等;还有计算机自动化在质量检测中的应用和超声波的探伤检测等。这些设备和设施不光是现代化建设中和质量管理中不可缺少的装置,而且它还能有效地降低劳动强度和提高工作效率,提高建筑工程的产品质量。

但是设备不是万能的,由于设备性能的误差和影响,以及工艺参数的设置误差,也照样会影响建筑工程质量。所以,不断地更新设备、检修设备、定期地校核计量器具,保证设备的完好率及准确性,才能使这些设备和设施更好地为建筑工程质量服务。

5)环境因素。

由于建筑工程施工工期长,加之露天施工环境的影响,所以它就不可避免地要经过一年四季气候条件的变化。并且大风、暴雨、寒流、冰冻对工程质量都会带来较大影响,材料质量也会随之波动,施工设备不能正常发挥,这种因素会给施工带来一系列的连锁反应,对工程质量的影响尤为突出。

6)其他因素。

国家政策、各地社会经济发展环境、社会的安定等因素均对建筑工程质量也有较大影响。

2. 建筑工程质量管理要求

如上所述,一项建筑工程,它不像其他工业产品那样可以在同一车间、同一流水线上进行生产和装配。由于它的结构类型复杂多变,施工工艺种类繁多,影响因素多种多样,质量波动和变异性大等因素,导致建筑工程质量比一般工业产品质量更加难以控制。

因此,建筑工程项目质量管理应按照"进行质量策划,确定质量目标→编制质量计划→实施质量计划→总结项目质量管理工作,提出持续改进的要求"的程序进行实施。通过对人员、机具、设备、材料、方法、环境等要素的过程管理和质量控制活动,致力于满足工程质量要求。

(1)建筑工程项目质量策划。

质量策划是指制定质量目标并规定必要的过程和相关资源,以实现质量目标。对于项目所规定的质量管理体系的过程和资源,编制针对项目质量管理的文件,即为质量计划。质量计划应充分考虑与施工组织设计、施工方案等项文件的协调与匹配。质量计划可以作为项目实施规划的一部分或单独成文。质量计划的编制可参见本节第三条"建筑工程施工质量计划内容与编制要求"的相关内容。

（2）质量控制原则与程序。

质量员对建筑工程质量进行控制,必须按照一定的程序,采用一定的技术手段,遵照规定的相关内容和质量标准进行管理活动。各分项工程施工质量控制要求参见第五章"建筑工程施工过程质量控制"的相关内容。

1）质量控制的原则。

质量控制,也就是为达到建筑工程质量要求而采取的作业技术和活动,并且这个作业技术和活动要贯穿于整个建筑的全过程。所以质量员在进行作业技术和活动时必须遵照如下原则:

①坚持"百年大计、质量第一"的原则。建筑工程这一产品是一种特殊的商品,也是直接关系到人民生命财产安全的产品,且其使用年限长,投资规模大,所以应自始至终把"质量第一"作为对建筑工程控制的基本原则。

②坚持"预防为主"的原则。质量员活动的最基本宗旨是"积极、主动",这是控制好工程质量的先决条件。积极、主动就是要把质量波动和质量变异消除在萌芽状态,而不是质量波动和变异发生之后。如果是那样的话就不能称作"控制",而只能称为"处理"。所以在对工程质量进行控制时,就是要针对所施工的项目,提前做出工艺要求、质量标准,以及所承担的职责,并以技术交底的形式做出预告。

③坚持以人为核心的原则。建筑施工的活动实际是人员活动的具体表现,没有人员的施工活动,一切建筑活动都不会实现。所以,以人为核心是抓住了主要矛盾,因为质量是人创造出来的,控制了人为的行为也就控制了工程质量。在以人为核心中,一是要抓好岗位培训,练好基本功底;二是要狠抓技术革新,提高人员的业务素质和技能;三是要实行奖惩制度,提高职工施工质量的积极性。

④严格执行质量标准的原则。质量标准是建筑施工必须达到的依据,是评价建筑工程质量的尺度。所以质量员在进行工程质量的控制中,必须严格按标准进行检查和评定。并且在控制活动时,要采用相应的质量管理工具,一定要实事求是地以数据为依据,做到有理有据。

2）质量控制程序。

质量控制程序,是质量员对施工质量控制活动做出的有序步骤。这个程序是建立在"预防为主"原则上的科学管理措施,是按部就班开展质量控制活动的具体表现。设计质量控制程序,应遵循下列设计原则:

①分析性。分析性就是根据工程结构的特点、材料质量要求、施工质量标准,结合施工人员的素质和操作熟练程度,施工机具的性能,以及施工组织设计中的工期安排和相应的工种,进行可行性分析,保证质量控制工作与施工工序同步。

在这个分析程序中,一定要结合实际,综合分析,通盘考虑。如对土方质量的控制,则要结合土的类别、开挖方式、特殊地貌等内容做出合理的控制措施。

②系统性。系统性就是要把工程开工前的控制同施工阶段、最终竣工验收一线连通,不得有脱节;要把质量影响因素同预防措施、解决方法贯通;把质量控制、质量检测、质量评定连为一体,形成一个系统工程。这样一环扣一环,质量控制链就会周而复始地运行下去,施工质量就会得到保证。

③科学性。科学性是在对施工质量进行控制中,包含着管理与技术这两方面的内容,所以必须要具有科学性。所谓科学性,就是要有具体的管理手段和技术方法。如对不合格的工程,一方面从管理的角度分析产生不合格的原因以及对施工人员和班组如何进行经济处罚;另一方面应从用何种技术方法对不合格工程进行修复。

④操作性。操作性是程序的制定是为质量控制工作的开展服务的,所以在制定程序时不能脱离本企业的实际,如:本企业的资质、施工人员的素质、机械装备等,不能高于这些条件范围,否则就无法进行操作。另一方面,建筑工程质量随着人员、材料、机械设备和施工环境条件的变化而波动,突发事件也比较多,所以要充分考虑这些因素的变化,制定出必要的应急预案,使质量控制程序具有适应突发事件的应变能力。具有一定的可操作性和灵活性。

二、建设工程项目质量控制系统的建立和运行

1. 建设工程项目质量控制系统的构成

(1)建设工程项目质量控制系统是面向工程项目而建立的质量控制系统,它不同于企业按照 GB/T 19000 标准建设的质量管理体系,其不同点主要在于:

1)工程项目质量控制系统只用于特定的工程项目质量控制,而不是用于建筑企业质量管理,即目的不同。

2)工程项目质量控制系统涉及工程项目实施中所有的质量责任主体,而不只是某一个建筑企业,即范围不同。

3)工程项目质量控制系统的控制目标是工程项目的质量标准,并非某一建筑企业的质量管理目标,即目标不同。

4)工程质量控制系统与工程项目管理组织相融合,是一次性的,并非永久性的,即时效不同。

5)工程项目质量控制系统的有效性一般只做自我评价与诊断,不进行第三方认证,即评价方式不同。

(2)工程项目质量控制系统的构成,按控制内容分有:

1)工程项目勘察设计质量控制子系统。

2)工程项目材料设备质量控制子系统。

3)工程项目施工安装质量控制子系统。

4)工程项目竣工验收质量控制子系统。

(3)工程项目质量控制系统构成,按实施的主体分有:

1)建设单位建设项目质量控制系统。

2)工程项目总承包企业项目质量控制系统。

3)勘察设计单位勘察设计质量控制子系统(设计—施工分离式)。

4)施工企业(分包商)施工安装质量控制子系统。

5)工程监理企业工程项目质量控制子系统。

(4)工程项目质量控制系统构成,按控制原理分有:

1)质量控制计划系统,确定建设项目的建设标准、质量方针、总目标及其分解。

2)质量控制网络系统,明确工程项目质量责任主体构成、合同关系和管理关系,控制的层次和界面。

3)质量控制措施系统,描述主要技术措施、组织措施、经济措施和管理措施的安排。

4)质量控制信息系统,进行质量信息的收集、整理、加工和文档资料的管理。

(5)工程质量控制系统的不同构成,只是提供全面认识其功能的一种途径,实际上它们是交互作用的,而且和工程项目外部的行业及企业的质量管理体系有着密切的联系,如政府实施的建设工程质量监督管理体系、工程勘察设计企业及施工承包企业的质量管理体系、材料设备供应的质量管理体系、工程监理咨询服务企业的质量管理体系、建设行业实施的工程质量监督与评价体系等。

2. 建设工程项目质量控制系统的建立

(1)根据实践经验,可以参照以下几条原则来建立工程项目质量控制。

1)分层次规划的原则,第一层次是建设单位和工程总承包企业,分别对整个建设项目和总承包工程项目,进行相关范围的质量控制系统设计;第二层次是设计单位、施工企业(分包)、监理企业,在建设单位和总承包工程项目质量控制系统的框架内,进行责任范围内的质量控制系统设计,使总体框架更清晰、具体、落实到实处。

2)总目标分解的原则,按照建设标准和工程质量总体目标,分解到各个责任主体,明示于合同条件,由各责任主体制定质量计划,确定控制措施和方法。

3)质量责任制的原则,即贯彻谁实施谁负责,质量与经济利益挂钩的原则。

4)系统有效性的原则,即做到整体系统和局部系统的组织、人员、资源和措施落实到位。

(2)工程项目质量控制系统的建立程序。

1)确定控制系统各层组织的工程质量负责人及其管理职责,形成控制系统网络架构。

2)确定控制系统组织的领导关系、报告审批及信息流转程序。

3)部署各质量主体编制相关质量计划,并按规定程序完成质量计划的审批,形成质量控制依据。

4)研究并确定控制系统内部质量职能交叉衔接的界面划分和管理方式。

3. 建设工程项目质量控制系统的运行

(1)控制系统运行的动力机制。

工程项目质量控制系统的活力在于它的运行机制,而运行机制的核心是动力机制,动力机制来源于利益机制。建设工程项目的实施过程是由多主体参与的价值增值链,因此,只有保持合理的供方及分供方关系,才能形成质量控制系统的动力机制,这一点对业主和总承包方都是同样重要的。

(2)控制系统运行的约束机制。

没有约束机制的控制系统是无法使工程质量处于受控状态的,约束机制取决于自我约束能力和外部监控效力,自我约束能力是指质量责任主体和质量活动主体,即组织及个人的经营理念、质量意识、职业道德及技术能力的发挥;外部监控效力是指来自实施主体外部的推动和检查监督。因此,加强项目管理文化建设对于增强工程项目质量控制系统的运行机制是不可忽视的。

(3)控制系统运行的反馈机制。

运行的状态和结果的信息反馈,是进行系统控制能力评价,并为及时做出处置提供决策依据,因此,必须保持质量信息的及时和准确,同时提倡质量管理者深入生产一线,掌握第一手资料。

(4)控制系统运行的基本方式。

在建设工程项目实施的各个阶段、不同的层面、不同的方位和不同的主体间,应用PDCA循环原理,即计划、实施、检查和处置的方式展开控制,同时必须注重抓好控制点的设置,加强重点控制和例外控制。

三、建设工程项目施工质量控制要求

1. 施工质量控制的目标

(1)施工质量控制的总体目标是贯彻执行建设工程法规和强制性标准,正确配置施工生产要素和采用科学管理的方法,实现工程项目预期的使用功能和质量标准。这是建设工程参与各方的共同责任。

(2)建设单位的质量控制目标是通过施工全过程的全面质量监督管理、协调和决策,保证竣工达到投资决策所确定的质量标准。

(3)设计单位在施工阶段的质量目标,是通过对施工质量的验收签证、设计变更控制及纠正施工所发现的设计问题,采纳变更设计的合理化建议等,保证竣工项目的各项施工结果与设计文件(包括变更文件)所规定的标准一致。

(4)施工单位的质量控制目标是通过施工全过程的全面质量自控,保证交付满足施工合同及设计文件所规定的质量标准(含工程质量创优要求)的建设工程产品。

(5)监理单位在施工阶段的质量控制目标,是通过审核施工质量文件、报告报表及现场旁站检查、平行检测、施工指令和结算支付控制等手段的应用,监控施工承包单位的质量活动行为,协调施工关系,正确履行工程质量的监督责任,以保证工程质量达到施工合同和设计文件所规定的质量标准。

2.施工质量控制的过程

(1)施工质量控制的过程,包括施工准备质量控制、施工过程质量控制和施工验收质量控制。

1)施工准备质量控制是指工程项目开工前的全面施工准备和施工过程中各分部分项工程施工作业前的施工准备(或称施工作业准备),此外,还包括季节性的特殊施工准备。施工准备质量是属于工作质量范畴,然而它对建设工程产品质量的形成产生重要的影响。

2)施工过程的质量控制是指施工作业技术活动的投入与产出过程的质量控制,其内涵包括全过程施工生产及其中各分部分项工程的施工作业过程。

3)施工验收质量控制是指对已完工程验收时的质量控制,即工程产品质量控制,包括隐蔽工程验收、检验批验收、分项工程验收、分部工程验收、单位工程验收和整个建设工程竣工验收过程的质量控制。

(2)施工质量控制过程既有施工承包方的质量控制职能,也有业主方、设计方、监理方、供应方及政府的工程质量监督部门的控制职能,他们具有各自不同的地位、责任和作用。

1)自控主体。施工承包方和供应方在施工阶段是质量自控主体,他们不能因为监控主体的存在和监控责任的实施而减轻或免除其质量责任。

2)监控主体。业主、监理、设计单位及政府的工程质量监督部门,在施工阶段是依据法律和合同对自控主体的质量行为和效果实施监督控制。

3)自控主体和监控主体在施工全过程相互依存、各司其职,共同推动着施工质量控制过程的发展和最终工程质量目标的实现。

(3)施工方作为工程施工质量的自控主体,既要遵循本企业质量管理体系的要求,也要根据其在所承建工程项目质量控制系统中的地位和责任,通过具体项目质量计划的编制与实施,有效实现自主控制的目标。一般情况下,对施工承包企业而言,无论工程项目的功能类型、结构形式及复杂程度存在着怎样的差异,其施工质量过程都可归纳为以下相互作用的八个环节:

1)工程调研和项目承接。全面了解工程情况和特点,掌握承包合同中工程质量控制的合同条件。

2)施工准备。图纸会审、施工组织设计、施工力量设备的配置等。

3)材料采购。

4)施工生产。

5)试验与检验。

6)工程功能检测。

7)竣工验收。

8)质量回访及保修。

3.施工质量计划的编制

(1)常见施工质量计划的方式。

目前,我国除了已经建立质量管理体系的部分施工企业直接采用施工质量计划的方式外,通常还普遍使用工程项目施工组织设计或在施工项目管理实施规划中包含质量计划的内容。因此,常见的施工质量计划有三种方式:

1)工程项目施工质量计划。

2)工程项目施工组织设计(含施工质量计划)。

3)施工项目管理实施规划(含施工质量计划)。

(2)施工质量计划编制的内容。

施工质量计划是指确定施工项目的质量目标和如何达到这些质量目标所规定必要的作业过程、专门的质量措施和资源等工作。施工质量计划的主要内容包括:

1)编制依据。

2)项目概述。

3)质量目标。

4)组织机构。

5)质量控制及管理组织协调的系统描述。

6)必要的质量控制手段,施工过程、服务、检验和试验程序及与其相关的支持性文件。

7)确定关键过程和特殊过程及作业指导书。

8)与施工阶段相适应的检验、试验、测量、验证要求。

9)更改和完善质量计划的程序。

(3)施工质量计划的编制纲要。

施工质量计划应由项目经理主持编制。质量计划作为对外质量保证和对内质量控制的依据文件,应体现施工项目从分项工程、分部(子分部)工程到单位(子单位)工程的过程控制。同时也要体现从资源投入到完成工程质量最终检验和试验的全过程控制。施工项目质量计划编制的要求主要包括以下几个方面:

1)质量计划的编制依据。

①工程承包合同、设计文件。

②施工企业的《质量手册》及相应的程序文件。

③施工操作规程及作业指导书。

④各专业工程施工质量验收规范。

⑤《建筑法》、《建设工程质量管理条例》、环境保护条例及法规。

⑥安全施工管理条例等。

2)质量目标。

①合同范围内的全部工程的所有使用功能符合设计(或更改)图纸要求。

②分项、分部(子分部)、单位(子单位)工程质量达到既定的施工质量验收统一标准,合格率100%,其中专项达到:

a.所有隐蔽工程为业主质检部门验收合格。

b.卫生间不渗漏、地下室、地面不出现渗漏,所有门窗不渗漏雨水。

c.所有保温层、隔热层不出现冷热桥。

d.所有高级装饰达到有关设计规定。

e.所有的设备安装、调试符合有关验收规范。

f.特殊工程的目标。

g.工程交工后维修期为一年,其中屋面防水维修期三年。

③工程基础和地下室:×年×月×日前完工;主体:×年×月×日完工;设备安装和装修:×年×月×日交付业主(或安装);分包工程××项:×年×月×日交工。

3)管理职责。

①项目经理是本工程实施的第一负责人,对工程符合设计、验收规范、标准要求负责;对各阶段、各工号按期交工负责。

②项目经理委托项目质量副经理(或技术负责人)负责本工程质量计划和质量文件的实施及日常质量管理工作;当有更改时,负责更改后的质量文件活动的控制和管理:

a.对本工程的准备、施工、安装、交付和维修整个过程质量活动的控制、管理、监督、改进负责。

b.对进场材料、机械设备的合格性负责。

c.对分包工程质量的管理、监督、检查负责。

d.对设计和合同有特殊要求的工程和部位负责组织有关人员、分包商和用户按规定实施,指定专人进行相互联络。解决相互间接口发生的问题。

e.对施工图纸、技术资料、项目质量文件、记录的控制和管理负责。

③项目生产副经理对工程进度负责,调配人力、物力保证按图纸和规范施工,协调同业主、分包商的关系,负责审核结果、整改措施和质量纠正措施的实施。

④施工员(工长)、测量员、试验员、计量员在项目质量副经理的直接指导下,负责所管部位和分项施工全过程的质量,使其符合图纸和规范要求,有更改者符合更改要求,有特殊规定者符合特殊要求。

⑤材料员、机械员对进场的材料、构件、机械设备进行质量验收或退货、索赔,

有特殊要求的物资、构件、机械设备执行质量副经理的指令。对业主提供的物资和机械设备负责按合同规定进行验收；对分包商提供的物资和机械设备按合同规定进行验收。

4）资源保障。

①规定项目经理部管理人员及操作工人的岗位任职标准及考核认定方法。

②规定项目人员流动时进出人员的管理程序。

③规定人员进场培训（包括供方队伍、临时工、新进场人员）的内容、考核、记录等。

④规定对新技术、新结构、新材料、新设备修订的操作方法和操作人员进行培训并记录等。

⑤规定施工所需的临时设施（含临建、办公设备、住宿房屋等）、支持性服务手段、施工设备及通信设备等。

5）工程项目实现过程策划。

①规定施工组织设计或专项项目质量的编制要点及接口关系。

②规定重要施工过程的技术交底和质量策划要求。

③规定新技术、新材料、新结构、新设备的策划要求。

④规定重要过程验收的准则或工艺评定方法。

6）业主提供的材料、机械设备等产品的过程控制。

施工项目上需用的材料、机械设备在许多情况下是由业主提供的。对这种情况要做出如下规定：

①业主如何标识、控制其提供产品的质量。

②检查、检验、验证业主提供产品满足规定要求的方法。

③对不合格品的处理办法。

7）材料、机械、设备、劳务及试验等采购控制。

由企业自行采购的工程材料、工程机械设备、施工机械设备、工具等，质量计划作如下规定：

①对供方产品标准及质量管理体系的要求。

②选择、评估、评价和控制供方的方法。

③对供方质量计划的要求及引用的质量计划。

④采购的相关法规要求。

⑤有可追溯性（追溯所考虑对象的历史、应用情况或所处场所的能力）要求时，要明确追溯内容的形成、记录、标志的主要方法。

⑥需要的特殊质量保证证据。

8）产品标识和可追溯性控制。

①隐蔽工程、分项、分部（子分部）工程质量验评、特殊要求的工程等必须做可追溯性记录，质量计划要对其可追溯性范围、程序、标识、所需记录及如何控制和

分发这些记录等内容作出规定。

②坐标控制点、标高控制点、编号、沉降观察点、安全标志、标牌等是工程重要标识记录,质量计划要对这些标识的准确性控制措施、记录等内容做规定。

③重要材料(如水泥、钢材、构配件等)及重要施工设备的运作必须具有可追溯性。

9)施工工艺过程的控制。

①对工程从合同签订到交付全过程的控制方法作出规定。

②对工程的总进度计划、分段进度计划、分包工程的进度计划、特殊部位进度计划、中间交付的进度计划等做出过程识别和管理规定。

③规定工程实施全过程各阶段的控制方案、措施、方法及特别要求等。主要包括下列过程:a.施工准备;b.土石方工程施工;c.基础和地下室施工;d.主体工程施工;e.设备安装;f.装饰装修;g.附属建筑施工;h.分包工程施工;i.冬、雨期施工;j.特殊工程施工;k.交付。

④规定工程实施过程需用的程序文件、作业指导书(如工艺标准、操作规程、工法等)作为方案和措施必须遵循的办法。

⑤规定对隐蔽工程、特殊工程进行控制、检查、鉴定验收、中间交付的方法。

⑥规定工程实施过程需要使用的主要施工机械、设备、工具的技术和工作条件,运行方案。操作人员上岗条件和资格等内容,作为对施工机械设备的控制方式。

⑦规定对各分包单位项目上的工作表现及其工作质量进行评估的方法、评估结果送交有关部门,对分包单位的管理办法等,以此控制分包单位。

10)搬运、贮存、包装、成品保护和交付过程的控制。

①规定工程实施过程形成的分项、分部(子分部)、单位(子单位)工程的半成品、成品保护方案、措施、交接方式等内容,作为保护半成品、成品的准则。

②规定工程期间交付、竣工交付、工程的收尾、维护、验评、后续工作处理的方案、措施,作为管理的控制方式。

③规定重要材料及工程设备的包装防护方案及方法。

11)安装和调试的过程控制。

对于工程水、电、暖、电信、通风、机械设备等的安装、检测、调试、验评、交付、不合格的处置等内容规定方案、措施、方式。由于这些工作同土建施工交叉配合较多,因此对于交叉接口程序、验证哪些特性、交接验收、检测、试验设备要求、特殊要求等内容要做明确规定,以便各方面实施时遵循。

12)检验、试验和测量的过程控制。

①规定材料、构件、施工条件、结构形式在什么条件、什么时间必须进行检验、试验、复验,以验证是否符合质量和设计要求,如钢材进场必须进行型号、钢种、炉号、批量等内容的检验,不清楚时要进行取样试验或复验。

②规定施工现场必须设立试验室,配置相应的试验设备,完善试验条件。规定试验人员资格和试验内容;对于特定要求要规定试验程序及对程序过程进行控制的措施。

③当企业和现场条件不能满足所需各项试验要求时,要规定委托上级试验或外单位试验的方案和措施。当有合同要求的专业试验时,应规定有关的试验方案和措施。

④对于需要进行状态检验和试验的内容,必须规定每个检验试验点所需检验、试验的特性、所采用程序、验收准则、必须的专用工具、技术人员资格、标识方式、记录等要求。例如结构的荷载试验等。

⑤当有业主亲自参加见证或试验的过程或部位时,要规定该过程或部位的所在地、见证或试验时间、如何按规定进行检验试验、前后接口部位的要求等内容。例如屋面、卫生间的渗漏试验。

⑥当有当地政府部门要求进行或亲临的试验、检验过程或部位时,要规定该过程或部位在何处、何时、如何按规定由第三方进行检验和试验。例如,搅拌站空气粉尘含量测定、防火设施验收、压力容器使用验收、污水排放标准测定等。

⑦对于施工安全设施、用电设施、施工机械设备安装、使用、拆卸等,要规定专门安全技术方案、措施、使用的检查验收标准等内容。

⑧要编制现场计量网络图、明确工艺计量、检测计量、经营计量的网络、计量器具的配备方案、检测数据的控制管理和计量人员的资格。

⑨编制控制测量、施工测量的方案,制定测量仪器配置,人员资格、测量记录控制、标识确认、纠正、管理等措施。

⑩要编制分项、分部(子分部)、单位(子单位)工程和项目检查验收、交付验评的方案,作为交验时进行控制的依据。

13)检验、测量、试验设备的过程控制。

规定要在本工程项目上使用所有检验、试验、测量和计量设备的控制和管理制度,包括:

①设备的标识方法。

②设备校准的方法。

③标明、记录设备校准状态的方法。

④明确哪些记录需要保存,以便一旦发现设备失准时,确定以前的测试结果是否有效。

14)不合格品的控制。

①要编制工种、分项、分部工程不合格产品出现的方案、措施,以及防止与合格产品之间发生混淆的标识和隔离措施。

②规定哪些范围不允许出现不合格;明确一旦出现不合格,哪些允许修补返工,哪些必须推倒重来,哪些必须局部更改设计或降级处理。

③编制控制质量事故发生的措施及一旦发生后的处置措施。

④规定当分项、分部和单位工程不符合设计图纸(更改)和规范要求时,项目和企业各方面对这种情况的处理有如下职权:

a.质量监督检查部门有权提出返工修补处理、降级处理或作不合格品处理。

b.质量监督检查部门以图纸、技术资料、检测记录为依据用书面形式向以下各方发出通知:当分项、分部项目工程不合格时通知项目质量副经理和生产副经理;当分项工程不合格时通知项目经理;当单位工程不合格时通知项目经理和公司生产经理。

⑤对于上述返工修补处理、降级处理或不合格处理,接收通知方有权接受和拒绝这些要求;当通知方和接收通知方意见不能调解时,则上级质量监督检查部门、公司质量主管负责人,乃至经理裁决;若仍不能解决时,申请当地政府质量监督部门裁决。

4.施工生产要素的质量控制

(1)影响施工质量的五大要素。

1)劳动主体——人员素质,即作业者、管理者的素质及其组织效果。

2)劳动对象——材料、半成品、工程用品、设备等的质量。

3)劳动方法——采取的施工工艺及技术措施的水平。

4)劳动手段——工具、模具、施工机械、设备等条件。

5)施工环境——现场水文、地质、气象等自然环境,通风、照明、安全等作业环境以及协调配合的管理环境。

(2)劳动主体的控制。

劳动主体的质量包括参与工程各类人员的生产技能、文化素养、生理体能、心理行为等方面的个体素质及经过合理组织充分发挥其潜在能力的群体素质。因此,企业应通过择优录用、加强思想教育及技能方面的教育培训,合理组织、严格考核,并辅以必要的激励机制,使企业员工的潜在能力得到最好的组合和充分的发挥,从而保证劳动主体在质量控制系统中发挥主体自控作用。

施工企业控制必须坚持对所选派的项目领导者、组织者进行质量意识教育和组织管理能力训练,坚持对分包商的资质考核和施工人员的资格考核,坚持工种按规定持证上岗制度。

(3)劳动对象的控制。

原材料、半成品、设备是构成工程实体的基础,其质量是工程项目实体质量的组成部分。故加强原材料、半成品及设备的质量控制,不仅是提高工程质量的必要条件,也是实现工程项目投资目标和进度目标的前提。

对原材料、半成品及设备进行质量控制的主要内容为:控制材料设备性能、标准与设计文件的相符性;控制材料设备各项技术性能指标、检验测试指标与标准要求的相符性;控制材料设备进场验收程序及质量文件资料的齐全程度等。

施工企业应在施工过程中贯彻执行企业质量程序文件中明确材料设备在封样、采购、进场检验、抽样检测及质量保证资料提交等一系列明确规定的控制标准。

(4)施工工艺的控制。

施工工艺的先进合理是直接影响工程质量、工程进度及工程造价的关键因素,施工工艺的合理可靠还直接影响到工程施工安全。因此在工程项目质量控制系统中,制定和采用先进合理的施工工艺是工程质量控制的重要环节。对施工方案的质量控制主要包括以下内容。

1)全面正确地分析工程特征、技术关键及环境条件等资料,明确质量目标、验收标准、控制的重点和难点。

2)制订合理有效的施工技术方案和组织方案,施工技术方案包括施工工艺、施工方法;组织方案包括施工区段划分、施工流向及劳动力组织等。

3)合理选用施工机械设备和施工临时设施,合理布置施工总平面图和各阶段施工平面图。

4)选用和设计保证质量和安全的模具、脚手架等施工设备。

5)编制工程所采用的新技术、新工艺、新材料的专项技术方案和质量管理方案。

6)为确保工程质量,还应针对工程具体情况,编写气象、地质等环境不利因素对施工的影响及其应对措施。

(5)施工设备的控制。

1)对施工所用的机械设备,包括起重设备、各项加工机械、专项技术设备、检查测量仪表设备及人货两用电梯等,应根据工程需要从设备选型、主要性能参数及使用操作要求等方面加以控制。

2)对施工方案中选用的模板、脚手架等施工设备。除按适用的标准定型选用外,一般需按设计及施工要求进行专项设计,对其设计方案及制作质量的控制及验收应作为重点进行控制。

3)按现行施工管理制度要求,工程所用的施工机械、模板、脚手架,特别是危险性较大的现场安装的起重机械设备,不仅要对其设计安装方案进行审批,而且安装完毕交付使用前必须经专业管理部门的验收,合格后方可使用。同时,在使用过程中尚需落实相应的管理制度,以确保其安全正常使用。

(6)施工环境的控制。

环境因素主要包括地质、水文状况、气象变化及其他不可抗力因素,以及施工现场的通风、照明、安全、卫生防护设施等劳动作业环境等内容。环境因素对工程施工的影响一般难以避免。要消除其对施工质量的不利影响,主要是采取预测预防的控制方法。

1)对地质、水文等方面的影响因素的控制,应根据设计要求,分析基础地质资料,预测不利因素,并会同设计等方面采取相应的措施,如降水、排水、加固等技术控制方案。

2)对天气气象方面的不利条件,应在施工方案中制订专项施工方案,明确施工措施,落实人员、器材等方面各项准备以紧急应对,从而控制其对施工质量的不利影响。

3)对环境因素造成的施工中断,往往也会对工程质量造成不利影响,必须通过加强管理、调整计划等措施加以控制。

5.施工作业过程质量控制要求

建设工程施工项目是由一系列相互关联、相互制约的作业过程(工序)所构成,控制工程项目施工过程的质量,必须控制全部作业过程,即各道工序的施工质量。

(1)施工作业过程质量的基本程序。

1)进行作业技术交底,包括作业技术要领、质量标准、施工依据、与前后工序的关系等。

2)检查施工工序、程序的合理性、科学性,防止工序流程错误,导致工序质量失控。检查内容包括:施工总体流程和具体施工作业的先后顺序,在正常的情况下,要坚持先准备后施工、先深后浅、先土建后安装、先验收后交工等。

3)检查工序施工条件,即每道工序投入的材料,使用的机具、设备,操作工艺及环境条件等是否符合施工组织设计的要求。

4)检查工序施工中人员操作程序、操作质量是否符合质量规程要求。

5)检查工序施工中间产品的质量,即工序质量、分项工程质量。

6)质量合格的工序经验收后方可进行下道工序施工。未经验收合格的工序,不得进入下道工序施工。

(2)施工工序质量控制要求。

工序质量是施工质量的基础,工序质量也是施工顺利进行的关键。为达到对工序质量控制的效果,在工序管理方面应做到:

1)贯彻预防为主的基本要求,设置工序质量检查点,对材料质量状况、工具设备状况、施工程序、关键操作、安全条件、新材料、新工艺应用、常见质量通病,甚至包括操作者的行为等影响因素列为控制点作为重点检查项目进行预控。

2)落实工序操作质量巡查、抽查及重要部位跟踪检查等方法,及时掌握施工质量总体状况。

3)对工序产品、分项工程的检查应按标准要求进行目测、实测及抽样试验的程序,做好记录,经数据分析后,及时作出合格与不合格的判断。

4)对合格工序产品应及时提交监理进行隐蔽工程验收。

5)完善管理过程的各项检查记录、检测资料及验收资料,作为工程质量验收的依据,并为工程质量分析提供可溯性的依据。

四、施工过程质量控制方法

1. 建筑工程项目施工质量控制方法

(1)"施工组织设计"控制。

施工组织设计是以施工项目为对象编制的,用以指导施工技术、经济和管理的综合性文件。

1)施工组织设计是以一个建设项目或建筑群体为编制对象。

2)是从施工全局出发,根据施工过程中可能出现的具体条件,拟定建筑施工的具体方案,确定施工程序、施工流向、施工顺序、施工方法、劳动组织、技术组织措施。

3)安排施工进度和劳动力、机具、材料、构配件与各种半成品的供应,对场地的利用、水电能源保证等现场设施布置做出预先规划,以保障施工中的各种需要及变化,起到忙而不乱的效果。

因此,可以说,一个施工组织设计,就是一部建筑施工的设计宏图,是质量控制的一个主要手段。

(2)设置"质量控制点"。

对建筑工程施工质量进行控制,就要做到有的放矢和有条不紊。要想达到这一要求,就要在制订质量控制计划时,根据该工程的结构特点、工艺要求、材料材质、关键部位预先设置出应该检查和验收的具体项目,这个预先设置的检查验收项目就称为"质量控制点",有的也称为"停检点"。

质量控制点的设置,是对建筑工程质量进行预控的有效管理方法,是质量体系构成的一个组成部分,它充分体现了质量控制工作"整体推进、重点突破"的管理策略。

(3)"图纸会审与变更"。

图纸会审是在工程开工前的一次技术性活动,是质量控制的一个必需过程。在这个过程中,参建者必须要懂得设计的基本原理,才能掌握建筑结构的关键性部位和要害所在,并突出重点,弥补缺陷,为建筑施工创造有利条件,以确保建筑工程的施工质量。

(4)"技术交底"控制。

建筑工程从定位放线开始,经过地基处理、砌筑、混凝土浇筑、结构吊装等一系列的工序过程,最后才能成为合格的产品。在这一复杂而综合性的施工过程中,要确保建筑工程的产品质量,就必须使每一名施工操作人员做到心中有数,掌握施工诸环节中的技术要求。技术交底,可使每位操作者明确所承担施工任务的特点、技术要求、施工工艺、技术参数、质量标准等,做到心中有数,保证建筑工程施工的顺利进行。所以说技术交底是向施工操作人员灌输技术要求的有效途径。

(5)"施工质量控制记录"。

质量员对建筑施工质量进行控制,不是纸上谈兵,而是要通过一定的技术手段和一定的技术措施才能达到控制的目的。而施工质量控制记录,就是对这些技术手段和技术措施在质量控制活动中的真实记载,是评价施工质量和对施工质量进行验收的主要依据,也是进行质量追溯的有力凭证。质量控制记录的内容有好多种,如检验批质量验收记录,分项工程质量验收记录就是其中的表现形式,但它属于验收类的记录。

2.施工准备阶段质量控制方法

(1)技术准备阶段的质量控制。

技术准备是指在正式开展施工作业活动前进行的技术准备工作。这类工作内容繁多,主要在室内进行,包括:

1)熟悉施工图纸,进行详细的设计交底和图纸审查。

2)进行工程项目划分和编号;细化施工技术方案和施工人员、机具的配置方案。

3)编制施工作业技术指导书,绘制各种施工详图(如测量放线图、大样图及配筋、配板、配线图表等),进行必要的技术交底和技术培训。

技术准备的质量控制,包括对上述技术准备工作成果的复核审查,检查这些成果是否符合相关技术规范、规程的要求和对施工质量的保证程度;制订施工质量控制计划,设置质量控制点,明确关键部位的质量管理点等。

(2)建筑结构工程材料的质量控制。

建筑结构工程原材料、构(配)件主要有钢材、水泥、砂、石、砖、预拌混凝土和混凝土构件等,它直接决定着建筑结构的安全,因此,建筑结构材料的品种、规格、型号和质量等,必须满足设计和有关规范、标准的要求。

1)建筑材料质量控制的主要内容。包括材料的质量标准,材料的性能,材料的取样、检验试验方法,材料的适用范围和施工要求等。

2)建筑材料质量的控制方法。主要是严格检查验收,正确合理使用,建立管理台账,进行收、发、储、运等环节的技术管理,避免混料和将不合格的原材料使用到工程上。

3)进场材料质量控制要点。

①掌握材料信息,优选供货厂家。

②合理组织材料供应,确保施工正常进行。

③合理组织材料使用,减少材料损失。

④加强材料检查验收,严把材料质量关。

⑤要重视材料的使用认证,以防错用或使用不合格的材料。

⑥加强现场材料管理。

4)建筑结构材料质量管理的基本要求。

①材料进场时,应提供材质证明,并根据供料计划和有关标准进行现场质量

验证和记录。质量验证包括材料品种、型号、规格、数量、外观检查和见证取样,进行物理、化学性能试验。验证结果报监理工程师审批。

②现场验证不合格的材料不得使用或按有关标准规定降级使用。

③对于项目采购的物资,业主的验证不能代替项目对采购物资的质量责任,而业主采购的物资,项目的验证不能取代业主对其采购物资的质量责任。

④物资进场验证不齐或对其质量有怀疑时,要单独堆放该部分物资,待资料齐全和复验合格后,方可使用。

⑤严禁以劣充好,偷工减料。

⑥要严格按施工组织平面布置图进行现场堆料,不得乱堆乱放。检验与未检验物资应标明分开码放,防止非预期使用。

⑦应做好各类物资的保管、保养工作,定期检查,做好记录,确保其质量完好。

(3)施工机械设备的质量控制。

施工机械设备的质量控制,就是要使施工机械设备的类型、性能、参数等与施工现场的实际条件、施工工艺、技术要求等因素相匹配,符合施工生产的实际要求。其质量控制主要从机械设备的选型、主要性能参数指标的确定和使用操作要求等方面进行。

1)机械设备的选型。机械设备的选择,应按照技术上先进、生产上适用、经济上合理、使用上安全、操作上方便的原则进行。选配的施工机械应具有工程的适用性,具有保证工程质量的可靠性,具有使用操作的方便性和安全性。

2)主要性能参数指标的确定。主要性能参数是选择机械设备的依据,其参数指标的确定必须满足施工的需要和保证质量的要求。只有正确地确定主要性能参数,才能保证正常地施工,不致引起安全质量事故。

3)使用操作要求。合理使用机械设备,正确地进行操作,是保证项目施工质量的重要环节。应贯彻"人机固定"原则,实行定机、定人、定岗位职责的使用管理制度,在使用中严格遵守操作规程和机械设备的技术规定,做好机械设备的例行保养工作,使机械保持良好的技术状态,防止出现安全质量事故,确保工程施工质量。

3. 施工过程质量控制方法

(1)施工作业技术交底。

1)施工作业交底是最基层的技术和管理交底活动,做好技术交底是保证施工质量的重要措施之一。技术交底是施工组织设计和施工方案的具体化,施工作业技术交底的内容必须具有针对性、可行性和可操作性。

2)技术交底记录应包括施工组织设计交底、专项施工方案技术交底、分项工程施工技术交底、"四新"(新材料、新产品、新技术、新工艺)技术交底和设计变更技术交底。

3)技术交底的内容主要包括作业范围、施工依据、作业程序、技术标准和要领、质量目标以及其他与安全、进度、成本、环境等目标管理有关的要求和注意事项。

4)技术交底应围绕施工材料、机具、工艺、工法、施工环境和具体的管理措施等方面进行,应明确具体的步骤、方法、要求和完成的时间等。

5)技术交底的形式有书面、口头、会议、挂牌、样板、示范操作等。

(2)施工测量控制。

项目开工前应编制测量控制方案,经项目技术负责人批准后实施。对相关部门提供的测量控制点线应做好复核工作,经审批后进行施工测量放线,并保存施工测量记录。

1)测量外业工作。

①测量作业原则:先整体后局部,高精度控制低精度。

②测量外业操作应按照现行有关测量规范(程)的技术要求进行;建筑施工测量主要技术精度指标应符合现行有关测量规范(程)的规定。

③测量外业工作依据必须正确可靠,并坚持测量作业步步有校核的工作方法。

④平面测量放线、高程传递抄测工作必须闭合交圈。

⑤钢尺量距应使用拉力器并进行尺长、拉力、温差改正。

2)测量计算。

①测量计算基本要求:依据正确、方法科学、计算有序、步步校核、结果可靠。

②测量计算应在规定的表格上进行:在表格中抄录原始起算数据后,应换人校对,以免发生抄录错误。

③计算过程中必须做到步步有校核:计算完成后,应换人进行检算,检核计算结果的正确性。

3)测量记录。

①测量记录基本要求:原始真实、数字正确、内容完整、字体工整。

②测量记录应当场及时填写清楚,不允许转抄,保持记录的原始真实性;采用电子仪器自动记录时,应打印出观测数据。

4)施工测量放线和验线。

①建筑工程测量放线工作必须严格遵守"三检制"和验线制度。

a.自检:测量外业工作结束后,必须进行自检,并填写自检记录。

b.复检:由项目测量负责人或质量检查员组织进行测量放线质量检查,发现不合格项立即改正至合格。

c.交接检:测量作业完成后,在移交给下道工序时,必须进行交接检查,并填写交接记录。

②测量外业完成并经自检合格后,应及时填写施工测量放线报验表,并报监理验线。

(3)计量控制。

1)施工过程计量工作包括施工生产时的投料计量、检测计量等,其正确性与可靠性直接关系到工程质量的形成和客观的效果评价。

2)计量控制的工作重点是建立计量管理部门和配置计量人员,建立健全和完善计量管理的规章制度,严格按规定有效控制计量器具的使用、保管、维修和检验,监督计量过程的实施,保证计量的准确。

(4)工序施工质量控制。

1)施工过程是由一系列相互联系与制约的工序构成。工序是人、材料、机械设备、施工方法和环境因素对工程质量综合起作用的过程,所以对施工过程的质量控制,必须以工序质量控制为基础和核心。因此,工序的质量控制是施工阶段质量控制的重点。只有严格控制工序质量,才能确保施工项目的实体质量。

2)工序施工质量控制主要包括工序施工条件质量控制和工序施工效果质量控制。

①工序施工条件控制。工序施工条件是指从事工序活动的各生产要素质量及生产环境条件。工序施工条件控制就是控制工序活动的各种投入要素质量和环境条件质量。

a.控制的手段主要有检查、测试、试验、跟踪监督等。

b.控制主要的依据是设计质量标准、材料质量标准、机械设备技术性能标准、施工工艺标准以及操作规程等。

②工序施工效果控制。工序施工效果主要反映工序产品的质量特征和特性指标。对工序施工效果的控制就是控制工序产品的质量特征和特性指标能否达到设计质量标准以及施工质量验收标准的要求。

工序施工质量控制属于事后质量控制,其控制的主要途径是:实测获取数据、统计分析所获取的数据、判断认定质量等级和纠正质量偏差。

(5)特殊过程的质量控制。

特殊过程是指该施工过程或工序的施工质量不易或不能通过其后的检验和试验而得到充分的验证,或者万一发生质量事故则难以挽救的施工过程。特殊过程的质量控制是施工阶段质量控制的重点。对在项目质量计划中界定的特殊过程,应根据工序质量控制点,抓住影响工序施工质量的主要因素进行强化控制。

1)特殊过程中重点控制对象。特殊过程质量控制点的选择要准确、有效,要根据对重要质量特性进行重点控制的要求,选择质量控制的重点部位、重点工序和重点的质量因素作为质量控制的对象,进行重点预控和控制,从而有效地控制和保证施工质量,主要包括以下几个方面。

①人的行为。某些操作或工序,应以人为重点的控制对象,比如:高空、高温、水下、易燃易爆、重型构件吊装作业以及操作要求高的工序和技术难度大的工序等,都应从人的生理、心理、技术能力等方面进行控制。

②材料的质量与性能。这是直接影响工程质量的重要因素,在某些工程中应作为控制的重点。例如:水泥的质量是直接影响混凝土工程质量的关键因素,施工中就应对进场的水泥质量进行重点控制,必须检查核对其出厂合格证、出厂检验报告,并按要求进行强度和安定性的复试等。

③施工方法与关键操作。某些直接影响工程质量的关键操作应作为控制的重点,如预应力钢筋的张拉工艺操作过程及张拉力的控制,是可靠地建立预应力值和保证预应力构件的关键过程。同时,那些易对工程质量产生重大影响的施工方法,也应列为控制的重点,如大模板施工中模板的稳定和组装问题、液压滑模施工时支承杆稳定问题、升板法施工中提升差的控制等。

④施工技术参数。如混凝土的外加剂掺量、水灰比,回填土的含水量,砌体的砂浆饱满度,防水混凝土的抗渗等级、钢筋混凝土结构的实体检测结果及混凝土冬期施工受冻临界强度等技术参数都是应重点控制的质量参数与指标。

⑤技术间歇。有些工序之间必须留有必要的技术间歇时间,例如砌筑与抹灰之间,应在墙体砌筑后留 $6\sim10d$ 时间,让墙体充分沉陷、稳定、干燥,再抹灰,抹灰层干燥后,才能喷白、刷浆;混凝土浇筑与模板拆除之间,应保证混凝土有一定的硬化时间,达到规定拆模强度后方可拆除等。

⑥施工顺序。对于某些工序之间必须严格控制先后的施工顺序,比如对冷拉的钢筋应当先焊接后冷拉,否则会失去冷强;屋架的安装固定,应采取对角同时施焊方法,否则会由于焊接应力导致校正好的屋架发生倾斜。

⑦易发生或常见的质量通病。例如:混凝土工程的蜂窝、麻面、空洞,墙、地面、屋面防水工程渗水、漏水、空鼓、起砂、裂缝等,都与工序操作有关,均应事先研究对策,提出预防措施。

⑧新技术、新材料及新工艺的应用。由于缺乏经验,施工时应将其作为重点进行控制。

⑨产品质量不稳定和不合格率较高的工序应列为重点,认真分析、严格控制。

⑩特殊地基或特种结构。对于湿陷性黄土、膨胀土、红黏土等特殊土地基的处理,以及大跨度结构、高耸结构等技术难度较大的施工环节和重要部位,均应予以特别的重视。

2)特殊过程质量控制的管理。除按一般过程质量控制的规定执行外,还应由专业技术人员编制作业指导书,经项目技术负责人审批后执行。作业前施工员做好交底和记录,使操作人员在明确工艺标准、质量要求的基础上进行施工作业。为保证质量控制点的目标实现,应严格按照工序作业质量自检、互检、专检和交接检的检查制度进行检查控制。在施工中发现质量控制点有异常时,应立即停止施工,召开分析会,查找原因采取对策予以解决。

4. 现场质量检查的内容和方法

(1)现场质量检查的内容。

1)开工前的检查。主要检查是否具备开工条件,开工后是否能够保持连续正常施工,能否保证工程质量。

2)工序交接检查。对于重要的工序或对工程质量有重大影响的工序,应严格执行"三检"制度,即自检、互检、专检。未经监理工程师(或建设单位技术负责人)检查认可,不得进行下道工序施工。

3)隐蔽工程的检查。施工中凡是隐蔽工程必须检查签认后方可进行隐蔽掩盖。

4)停工后复工的检查。因客观因素停工或处理质量事故等停工复工时,经检查认可后方能复工。

5)分项、分部工程完工后的检查。应经检查认可,并签署质量验收记录后,才能进行下一工程项目的施工。

6)成品保护的检查。检查成品有无保护措施以及保护措施是否有效可靠。

(2)现场质量检查的方法。

1)目测法。即凭借感官进行检查,也称观感质量检验。其手段可概括为"看、摸、敲、照"四个字。

①看:就是根据质量标准要求进行外观检查。例如:清水墙面是否洁净,喷涂的密实度和颜色是否良好、均匀,工人的操作是否正常,内墙抹灰的大面及口角是否平直,混凝土外观是否符合要求等。

②摸:就是通过触摸手感进行检查、鉴别。例如:油漆的光滑度,浆活是否牢固、不掉粉等。

③敲:就是运用敲击工具进行音感检查。例如:对地面工程、装饰工程中的水磨石、面砖、石材饰面等,均应进行敲击检查。

④照:就是通过人工光源或反射光照射,检查难以看到或光线较暗的部位。例如:管道井、电梯井等内的管线、设备安装质量,装饰吊顶内连接及设备安装质量等。

2)实测法。就是通过实测数据与施工规范、质量标准的要求及允许偏差值进行对照,以此判断质量是否符合要求。其手段可概括为"靠、量、吊、套"四个字。

①靠:就是用直尺、塞尺检查诸如墙面、地面、路面等的平整度。

②量:就是用测量工具和计量仪表等检查断面尺寸、轴线、标高、湿度、温度等的偏差。例如:大理石板拼缝尺寸与超差数量,摊铺沥青拌和料的温度,混凝土坍落度的检测等。

③吊:就是利用托线板以及线锤吊线检查垂直度。例如:砌体垂直度检查、门窗的安装等。

④套:是以方尺套方,辅以塞尺检查。例如:对阴阳角的方正、踢脚线的垂直度、预制构件的方正、门窗口及构件的对角线检查等。

3)试验法。是指通过必要的试验手段对质量进行判断的检查方法。主要包括以下内容。

①理化试验。工程中常用的理化试验包括物理力学性能方面的检验和化学成分及其含量的测定等两个方面。

a.力学性能的检验。如各种力学指标的测定,包括抗拉强度、抗压强度、抗弯强度、抗折强度、冲击韧性、硬度、承载力等;各种物理性能方面的测定如密度、含水量、凝结时间、安定性及抗渗、耐磨、耐热性能等。

b.化学成分及其含量的测定。如钢筋中的磷、硫含量,混凝土中粗骨料中的活性氧化硅成分,以及耐酸、耐碱、抗腐蚀性等。此外,根据规定有时还需进行现场试验,例如,对桩或地基的静载试验、下水管道的通水试验、压力管道的耐压试验、防水层的蓄水或淋水试验等。

②无损检测。利用专门的仪器仪表从表面探测结构物、材料、设备的内部组织结构或损伤情况。常用的无损检测方法有超声波探伤、X射线探伤、γ射线探伤等。

五、建筑工程施工质量验收程序及要求

1.施工质量验收基本依据

(1)质量验收的依据。

1)应符合国家标准和相关专业"质量验收规范"的规定。

2)应符合工程勘察、设计文件(含设计图纸、图集和设计变更单等)的要求。

3)应符合地方政府和建设行政主管部门有关质量的规定。如上海市建委对特细砂、海砂、立窑水泥等制定了禁止、限制使用的规定等。

4)应满足施工承包合同中有关质量的约定。如提高某些质量验收指标;对混凝土结构实体采用钻芯取样检测混凝土强度等。

(2)质量验收涉及的资格与资质要求。

1)参加质量验收的各方人员应具备规定的资格。

资格既是对验收人员的知识和实际经验上的要求,同时也是对其技术职务、执业资格上的要求。如单位工程观感检查人员,应具有丰富的经验;分部工程应由总监理工程师组织验收,不能由专业监理工程师替代等。

2)承担见证取样检测及有关结构安全检测的单位,应为经过省级以上建设行政主管部门对其资质认可和质量技术监督部门已通过对其计量认证的质量检测单位。

(3)验收单位。

质量验收均应在施工单位自行检查验收合格后,交由监理单位进行。

既要分清两者不同的质量责任,又明确生产方处于主导地位该承担的首要质量责任。

(4)工程质量验收。

1)隐蔽工程竣工前应由施工单位通知有关单位进行验收,并填写隐蔽工程验收记录。

这是对难以再现部位和节点质量所设的一个停止点,应重点检查,共同确认,并宜留下影像资料佐证。

2)涉及结构安全的试块、试件及有关材料,应在监理单位或建设单位人员的见证下,由施工单位试验人员在现场取样,送至有相应资质的检测单位进行测试。进行见证取样送检的比例不得低于检测数量的30%,交通便捷地区比例可高些,如上海地区规定为100%。

对涉及结构安全和使用功能的重要分部工程,应按专业规范的规定进行抽样检测。以此来验证和保证房屋建筑工程的安全性和功能性,完善了质量验收的手段,提高了验收工作准确性。

3)检验批的质量应按主控项目和一般项目进行验收进一步明确了检验批验收的基本范围和要求。

4)工程的观感质量应由验收人员通过现场检查,并应共同确认。

观感质量检查应在施工现场进行,并且不能由一个人说了算,而应共同确认。

2. 制订抽样检验方案

抽样检验是利用批或过程中随机抽取的样本,对批或过程的质量进行检验,作出是否接收的判决,是介于不检验和百分之百检验之间的一种检验方法。百分之百检验需要花费大量的人力、物力和时间,而且有的检验项目带有破坏性,不允许百分之百检验,因此,采用抽样检验的办法。

抽样检验可按以下几个方面进行分类。

(1)按检验目的:分为预防、验收、监督抽样检验。

(2)按检验方式:分为计数、计量抽样检验。

(3)按抽取样本的次数:分为一次、二次、多次等抽样检验。

(4)按抽样方案是否调整:分为调整型和非调整型抽样检验。

由于计数抽样检验不需作复杂计算,使用方便,故被广泛采用。

3. 质量验收的划分和程序

为了使建筑施工过程质量得到及时和有效控制,为了全面全过程实施对建筑工程施工质量的验收,建筑工程质量验收应划分为单位(子单位)工程、分部(子分部)工程、分项工程和检验批,并按相应规定的程序组织验收。

(1)单位(子单位)工程划分的原则。

具备独立施工条件并能形成独立使用功能的建筑物及构筑物为一个单位工程,通常由结构、建筑与建筑设备安装工程共同组成。如一幢公寓楼、一栋厂房、一座泵房等,均应单独为一个单位工程。

建筑规模较大的单位工程,可将其能形成独立使用功能的部分划为两个或两个以上子单位工程。这对于满足建设单位早日投入使用,提早发挥投资效益,适应市场需要是十分有益的。如一个单位工程由塔楼与裙房组成,可根据建设方的需要,将塔楼与裙房划分为两个子单位工程,分别进行质量验收,按序办理竣工备案手续。子单位工程的划分应在开工前预先确定,并在施工组织设计中具体划定,并应采取技术措施,既要确保后验收的子单位工程顺利进行施工,又能保证先验收的子单位工程的使用功能达到设计的要求,并满足使用的安全。

一个单位工程中,子单位工程不宜划分得过多,对于建设方没有分期投入使用要求的较大规模工程,不应划分子单位工程。

室外工程可按表 6-1 进行划分。

表 6-1　　　　　　　　　室外工程划分

单位工程	子单位工程	分部(子分部)工程
室外建筑环境	附属建筑	车棚、围墙、大门、挡土墙、垃圾收集站
	室外环境	建筑小品、道路、亭台、连廊、花坛、场坪绿化
室外安装	给水排水与采暖	室外给水系统、室外排水系统、室外供热系统
	电气	室外供电系统、室外照明系统

(2)分部(子分部)工程划分的原则。

1)分部工程的划分应按专业性质、建筑部位确定。建筑与结构工程划分为地基与基础、主体结构、建筑装饰装修(含门窗、地面工程)和建筑屋面等 4 个分部。地基与基础分部包括房屋相对标高±0.000m 以下的地基、基础、地下防水及基坑支护工程,其中有地下室的工程其首层地面以下的结构工程属于地基与基础分部工程;地下室内的砌体工程等可纳入主体结构分部,地面、门窗、轻质隔墙、吊顶、抹灰工程等应纳入建筑装饰装修工程。

建筑设备安装工程划分为建筑给水排水及采暖、建筑电气、智能建筑、通风与空调及电梯等 5 个分部。

2)当分部工程较大或较复杂时,可按材料种类、施工特点、施工程序、专业系统及类别等划分为若干个子分部工程,如建筑屋面分部可划分为卷材防水、涂膜防水、刚性防水、瓦、隔热屋面等 5 个子分部。当分部工程中仅采用一种防水屋面形式时可不再划分子分部工程。建筑工程分部(子分部),分项工程划分应符合《建筑工程施工质量验收统一标准》(GB 50300—2010)的规定。

(3)分项工程、检验批的划分原则。

1)分项工程应按主要工种、材料、施工工艺、设备类别等进行划分,如模板、钢筋、混凝土分项工程是按工种进行划分的。

2)分项工程划分成检验批进行验收有助于及时纠正施工中出现的质量问

题,确保工程质量,也符合施工实际需要。多层及高层建筑工程中主体结构分部的分项工程可按楼层或施工段来划分检验批,单层建筑工程中的分项工程可按变形缝等划分检验批;地基与基础分部工程中的分项工程一般划分为一个检验批,有地下层的基础工程可按不同地下层划分检验批;屋面分部工程中的分项工程,不同楼层屋面可划分为不同的检验批;其他分部工程的分项工程,可按楼层或一定数量划分检验批;对于工程量较少的分项工程可统一划分为一个检验批。安装工程一般按一个设计系统或设备组别划分为一个检验批。室外工程统一划分为一个检验批。散水、台阶、明沟等含在地面检验批中。

地基基础中的土石方,基坑支护子分部工程及混凝土工程中的模板工程,虽不构成建筑工程实体,但它是建筑工程施工不可缺少的重要环节和必要条件,其施工质量如何,不仅关系到能否施工和施工安全,也关系到建筑工程质量,因此将其列入施工验收内容。

4. 建筑工程质量验收标准要求

(1)检验批质量验收合格的规定。

检验批是构成建筑工程质量验收的最小单位,是判定单位工程质量合格的基础。检验批质量合格应符合下列规定。

1)主控项目和一般项目的质量经抽样检验合格。

①主控项目是指对检验批质量有决定性影响的检验项目。它反映了该检验批所属分项工程的重要技术性能要求。主控项目中所有子项必须全部符合各专业验收规范规定的质量指标,方能判定该主控项目质量合格。反之,只要其中某一子项甚至某一抽查样本检验后达不到要求,即可判定该检验批质量为不合格,则该检验批拒收。换言之,主控项目中某一子项甚至某一抽查样本的检查结果为不合格时,即行使对检验批质量的否决权。

主控项目涉及的内容如下:

a. 建筑材料、构配件及建筑设备的技术性能及进场复验要求。

b. 涉及结构安全、使用功能的检测、抽查项目,如试块的强度、挠度、承载力、外窗的三性要求等。

c. 任一抽查样本的缺陷都可能会造成致命影响。须严格控制的项目,如桩的位移、钢结构的轴线、电气设备的接地电阻等。

②一般项目是指除主控项目以外,对检验批质量有影响的检验项目,当其中缺陷(指超过规定质量指标的缺陷)的数量超过规定的比例,或样本的缺陷程度超过规定的限度后,对检验批质量会产生影响。它反映了该检验批所属分项工程的一般技术性能要求。一般项目的合格判定条件:抽查样本的80%及以上(个别项目为90%以上,如混凝土规范中梁、板构件上部纵向受力钢筋保护厚度等)符合

各专业验收规范规定的质量指标,其余样本的缺陷通常不超过规定允许偏差的1.5倍(个别规范规定为1.2倍,如钢结构验收规范等)。具体应根据各专业验收规范的规定执行。

2)具有完整的施工操作依据和质量检查记录。检验批施工操作依据的技术标准应符合设计、验收规范的要求。采用企业标准的不能低于国家、行业标准。有关质量检查的内容、数据、评定,由施工单位项目专业质量检查员填写,检验批验收记录及结论由监理工程师填写完整。

3)检验批质量验收结论。如前述1)、2)两项均符合要求,该检验批质量方能判定合格。若其中一项不符合要求,该检验批质量则不得判定为合格。验收合格填写"检验批质量验收记录"。

(2)分项工程质量验收合格的规定。

1)分项工程是由所含性质、内容一样的检验批汇集而成,是在检验批的基础上进行验收的,实际上是一个汇总统计的过程,并无新的内容和要求,但验收时应注意:

①应核对检验批的部位是否全部覆盖分项工程的全部范围,有无缺漏部位未被验收。

②检验批验收记录的内容及签字人是否正确、齐全。

③验收合格填写"分项工程质量验收记录"。

2)分项工程质量合格应符合下列规定:

①分项工程所含的检验批均应符合合格质量的规定。

②分项工程所含的检验批的质量验收记录应完整。

(3)分部(子分部)工程质量验收合格的规定。

1)分部工程的验收。

分部工程仅含一个子分部时,应在分项工程质量验收基础上,直接对分部工程进行验收;当分部工程含两个及两个以上子分部工程时,则应在分项工程质量验收的基础上,先对子分部工程分别进行验收,再将子分部工程汇总成分部工程。

2)分部(子分部)工程质量验收规定。

①分部(子分部)工程所含分项工程质量均应验收合格。

a.分部(子分部)工程所含各分项工程施工均已完成。

b.所含各分项工程划分正确。

c.所含各分项工程均按规定通过了合格质量验收。

d.所含各分项工程验收记录表内容完整,填写正确,收集齐全。

②质量控制资料应完整。

质量控制资料完善是工程质量合格的重要条件,在分部工程质量验收时,应根据各专业工程质量验收规范中对分部或子分部工程质量控制资料所作的具体规定,进行系统检查,着重检查资料的齐全性,项目的完整性,内容的准确性和签署的规范性。另外在资料检查时,还应注意以下几点:

a. 有些龄期要求较长的检测资料,在分项工程验收时,尚不能及时提供,应在分部(子分部)工程验收时进行补查,如基础混凝土(有时按 60d 龄期强度设计)或主体结构后浇带混凝土施工等。

b. 对在施工中质量不符合要求的检验批、分项工程按有关规定进行处理后的资料归档审核。

c. 对于建筑材料的复验范围,各专业验收规范都作了具体规定,检验时按产品标准规定的组批规则、抽样数量、检验项目进行,但有的规范另有不同要求,这一点在质量控制资料核查时需引起注意。

③地基与基础、主体结构和设备安装等分部工程有关安全及功能的检验和抽样,检测结果应符合有关规定。

有关对涉及结构安全及使用功能检验(检测)的要求,应按设计文件及专业工程质量验收规范中所作的具体规定执行。如对工程桩应进行承载力检测和桩身质量检测的规定,混凝土验收规范对结构实体所作的混凝土强度及钢筋保护层厚度检验规定等,都应严格执行。在验收时还应注意以下几点:

a. 检查各专业验收规范所规定的各项检验(检测)项目是否都进行了测试。

b. 查阅各项检验报告(记录),核查有关抽样方案、测试内容、检测结果等是否符合有关标准规定。

c. 核查有关检测机构的资质,取样与送样见证人员资格,报告出具单位责任人的签署情况是否符合要求。

④观感质量验收应符合要求。

观感质量验收系指在分部所含的分项工程完成后,在前三项检查的基础上,对已完工部分工程的质量,采用目测、触摸和简单量测等方法,所进行的一种宏观检查方式。由于其检查的内容和质量指标已包含在各个分项工程内,所以对分部工程进行观感质量检查和验收,并不增加新的项目,只不过是转换一下视角,采用一种更直观、便捷、快速的方法,对工程质量从外观上作一次重复的、扩大的、全面的检查,这是由建筑施工特点所决定的,也是十分必要的。

a. 尽管其所包含的分项工程原来都经过检查与验收,但随着时间的推移,气候的变化,荷载的递增等,可能会出现质量变异情况,如材料裂缝、建筑物的渗漏、变形等。

b. 弥补受抽样方案局限造成的检查数量不足和后续施工部位(如施工洞、井架洞、脚手架洞等)原先检查不到的缺憾,扩大了检查面。

c. 通过对专业分包工程的质量验收和评价,分清了质量责任,可减少质量纠纷,既促进了专业分包队伍技术素质的提高,又增强了后续施工对产品的保护意识。

观感质量验收并不给出"合格"或"不合格"的结论，而是给出"好、一般或差"的总体评价，所谓"一般"是指经观感质量检查能符合验收规范的要求；所谓"好"是指在质量符合验收规范的基础上，能达到精致、流畅、匀净的要求，精度控制好；所谓"差"是指勉强达到验收规范的要求，但质量不够稳定，离散性较大，给人以粗糙的印象。观感质量验收若发现有影响安全、功能的缺陷，有超过偏差限值，或明显影响观感效果的缺陷，则应处理后再进行验收。

3)分部(子分部)工程质量验收。分部(子分部)工程质量验收应在施工单位检查评定的基础上进行，勘察、设计单位应在有关的分部工程验收表上签署验收意见，总监理工程师应填写验收意见，并给出"合格"或"不合格"的结论。验收合格填写"分部(子分部)工程质量验收记录表"。

(4)单位(子单位)工程质量验收合格的规定。

单位工程未划分子单位工程时，应在分部工程质量验收的基础上，直接对单位工程进行验收；当单位工程划分为若干子单位工程时，则应在分部工程质量验收的基础上，先对子单位工程进行验收，再将子单位工程汇总成单位工程。

单位(子单位)工程质量验收合格应符合下列规定：

1)单位(子单位)工程所含分部(子分部)工程的质量均应验收合格。

①设计文件和承包合同所规定的工程已全部完成。

②各分部(子分部)工程划分正确。

③各分部(子分部)工程均按规定通过了合格质量验收。

④各分部(子分部)工程验收记录表内容完整，填写正确，收集齐全。

2)质量控制资料应完整。

质量控制资料完整是指所收集的资料，能反映工程所采用的建筑材料、构配件和建筑设备的质量技术性能，施工质量控制和技术管理状况，涉及结构安全和使用功能的施工试验和抽样检测结果，及建设参与各方参加质量验收的原始依据、客观记录、真实数据和执行见证等资料，能确保工程结构安全和使用功能，满足设计要求。它是评价工程质量的主要依据，是印证各方各级质量责任的证明，也是工程竣工交付使用的"合格证"与"出厂检验报告"。

尽管质量控制资料在分部工程质量验收时已检查过，但某些资料由于受试验龄期的影响，或受系统测试的需要等，难以在分部验收时到位。单位工程验收时，对所有分部工程资料的系统性和完整性，进行一次全面的核查，是十分必要的，只不过不再像以前那样进行微观检查，而是在全面梳理的基础上，重点检查是否需要拾遗补缺的，从而达到完整无缺的要求。

质量控制资料核查的具体内容按表6-2的要求进行。

表 6-2 单位(子单位)工程质量控制资料核查记录

工程名称			施工单位			
序号	项目	资 料 名 称		份数	核查意见	核查人
1	建筑与结构	图纸会审、设计变更、洽商记录				
2		工程定位测量、放线记录				
3		原材料出厂合格证书及进场检(试)验报告				
4		施工试验报告及见证检测报告				
5		隐蔽工程验收表				
6		施工记录				
7		预制构件、预拌混凝土合格证				
8		地基、基础、主体结构检验及抽样检测资料				
9		分项、分部工程质量验收记录				
10		工程质量事故及事故调查处理资料				
11		新材料、新工艺施工记录				
12						
1	给水排水与采暖	图纸会审、设计变更、洽商记录				
2		材料、配件出厂合格证书及进场检(试)验报告				
3		管道、设备强度试验、严密性试验记录				
4		隐蔽工程验收表				
5		系统清洗、灌水、通水、通球试验记录				
6		施工记录				
7		分项、分部工程质量验收记录				
8						

续表

工程名称			施工单位			
序号	项目	资 料 名 称	份数	核查意见	核查人	
1	建筑电气	图纸会审、设计变更、洽商记录				
2		材料、配件出厂合格证书及进场检(试)验报告				
3		设备调试记录				
4		接地、绝缘电阻测试记录				
5		隐蔽工程验收表				
6		施工记录				
7		分项、分部工程质量验收记录				
8						
1	通风与空调	图纸会审、设计变更、洽商记录				
2		材料、设备、出厂合格证书及进场检(试)验报告				
3		制冷、空调、水管道强度试验、严密性试验记录				
4		隐蔽工程验收表				
5		制冷设备运行调试记录				
6		通风、空调系统调试记录				
7		施工记录				
8		分项、分部工程质量验收记录				
9						
1	电梯	土建布置图纸会审、设计变更、洽商记录				
2		设备出厂合格证书及开箱检验记录				
3		隐蔽工程验收表				
4		施工记录				
5		接地、绝缘电阻测试记录				
6		负荷试验、安全装置检查记录				
7		分项、分部工程质量验收记录				
8						

续表

工程名称			施工单位			
序号	项目	资料名称		份数	核查意见	核查人
1	建筑智能化	图纸会审、设计变更、洽商记录、竣工图及设计说明				
2		材料、设备出厂合格证及技术文件及进场检(试)验报告				
3		隐蔽工程验收表				
4		系统功能测定及设备调试记录				
5		系统技术、操作和维护手册				
6		系统管理、操作人员培训记录				
7		系统检测报告				
8		分项、分部工程质量验收报告				

结论：

施工单位项目经理　　年　月　日　　总监理工程师(建设单位项目负责人)　年　月　日

从该表及各专业验收规范的要求来看,与原验收标准相比有两个明显变化:其一,对建筑材料、构配件及建筑设备合格证书的要求,几乎涉及所有建筑材料、成品和半成品,不管是用于结构还是非结构工程中。其二,对于涉及结构安全和影响使用安全、使用功能的建材的进场复验,也从原来的几种增到几十种,几乎囊括了主要的建筑材料、建筑构配件和设备,既有结构和建筑设备的,又有装饰工程的。涉及结构安全的试块、试件及有关材料,还应按规定进行见证取样送样检测。具体哪些建筑材料需进行送样检测,由于专业验收规范涉及的分项工程在单位工程中所处地位的重要性不一样,故对需作复验的材料种类、组批量、抽样的频率、试验的项目等规定是不统一的,检查时应注意以下几点。

①不同规范或同一规范对同一种材料的不同要求。

a.用于混凝土结构工程的砂应进行复验,用于砌筑砂浆、抹灰工程的砂未作规定。

b.砌体结构设计规范对用于承重砌体的块材要求进行复验,对填充墙未作规定。

c.钢结构设计规范中对用于建筑结构安全等级为一级,大跨度钢结构中主要受力构件以及板厚 40mm 及以上且设计有 Z 向性能要求的钢材,或进口(无商检报告)、混批、质量有疑义的钢材及设计有复验要求的,应进行复验,其他当设计无要求时可不复验等。

②材料的取样批量要求。

材料取样单位一般按照相关产品标准中检验规则规定的批量抽取,但个别验收规范有突破。如水泥应根据水泥厂的年生产能力进行编号后,按每一编号为一取样单位。但混凝土验收规范却规定:袋装水泥以不超过 200t 为一取样单位,散装水泥以不超过 500t 为一取样单位。

③材料的抽样频率要求。

材料的抽样频率，一般按照相关产品标准的规定抽样试验 1 组，但砌体验收规范对用于多层以上建筑基础和底层的小砌块抽样数量，规定不应少于 2 组。

④材料的检验项目要求。

材料进场复验时究竟要对哪些项目进行检验，就全国范围来讲没有一个权威而又统一的标准，有的地区以产品标准中的出厂检验项目为依据；也有以产品标准中的主要技术要求为依据，成为普遍的规矩。但一些地区对某些材料的检验项目因意见不统一而引起纠纷，为此验收规范对部分材料作了明确。但鉴于同一种材料用途不一，导致专业验收规范对检验项目作出了不同的规定，如水泥的检验项目：《混凝土结构设计规范》、《砌体结构设计规范》规定为"强度"和"安定性"两项；《住宅室内装饰装修设计规范》规定对饰面板（砖）粘贴工程还增加"凝结时间"项目，而对抹灰工程仅规定为"凝结时间"、"安定性"两项等。

⑤特殊规定。

对无黏结预应力筋的涂包质量，一般情况应作复验，但当有工程经验，并经观察认为质量有保证，可不作复验。又如对预应力张拉孔道灌浆水泥和外加剂，当用量较少，且有近期该产品的检验报告，可不进行复验等。

单位（子单位）工程质量控制资料的检查应在施工单位自查的基础上进行，施工单位应在表 6-2 填上资料的份数，监理单位应填上核查意见，总监理工程师应给出质量控制资料"完整"或"不完整"的结论。

3）单位（子单位）工程所含分部工程有关安全和功能的检测资料应完整。

前项检查是对所有涉及单位工程验收的全部质量控制资料进行的普查，本项检查则是在其基础上对其中涉及结构安全和建筑功能的检测资料所作的一次重点抽查，体现了新的验收规范对涉及结构安全和使用功能方面的强化作用，这些检测资料直接反映了房屋建筑物、附属构筑物及其建筑设备的技术性能，其他规定的试验、检测资料共同构成建筑产品一份"形式"检验报告。检查的内容按表 6-3 的要求进行。其中大部分项目在施工过程中或分部工程验收时已作了测试，但也有部分要等单位工程全部完工后才能做，如建筑物的节能、保温测试、室内环境检测、照明全负荷试验、空调系统的温度测试等；有的项目即使原来在分部工程验收时已做了测试，但随着荷载的增加引起的变化，这些检测项目需循序渐进，连续进行，如建筑物沉降及垂直测量，电梯运行记录等。所以在单位工程验收时对这些检测资料进行核查，并不是简单的重复检查，而是对原有检测资料所作的一次延续性的补充、修正和完善，是整个"形式"检验的一个组成部分。单位（子单位）工程安全和功能检测资料核查表 6-3 中的份数应由施工单位填写，总监理工程师应逐一进行核查，尤其对检测的依据、结论、方法和签署情况应认真审核，并在表上填写核查意见，给出"完整"或"不完整"的结论。

表 6-3 单位(子单位)工程安全和功能检验资料核查及主要功能抽查记录

工程名称				施工单位			
序号	项目	资 料 名 称	份数	核查意见	抽查结果	核查(抽查)人	
1	建筑与结构	屋面淋水试验记录					
2		地下室防水效果检查记录					
3		有防水要求的地面蓄水试验记录					
4		建筑物垂直度、标高、全高测量记录					
5		抽气(风)道检查记录					
6		幕墙及外窗气密性、水密性、耐风压检测报告					
7		建筑物沉降观测测量记录					
8		节能、保温测试记录					
9		室内环境检测报告					
10							
1	给水排水与采暖	给水管道通水试验记录					
2		暖气管道、散热器压力试验记录					
3		卫生器具满水试验记录					
4		消防管道、燃气管道压力试验记录					
5		排水干管通球试验记录					
6							
1	电气	照明全负荷试验记录					
2		大型灯具牢固性试验记录					
3		避雷接地电阻测试记录					
4		线路、插座、开关接地检验记录					
5							
1	通风与空调	通风、空调系统运行记录					
2		风量、温度测试记录					
3		洁净室洁净度测试记录					
4		制冷机组试运行调试记录					
5							

续表

工程名称				施工单位			
序号	项目	资料名称		份数	核查意见	抽查结果	核查(抽查)人
1	电梯	电梯运行记录					
2		电梯安全装置检测报告					
1	智能建筑	系统试运行记录					
2		系统电源及接地检测报告					
3							

结论:

施工单位项目经理　年　月　日　　总监理工程师(建设单位项目负责人)　年　月　日

注:抽查项目由验收组协商确定。

4)主要功能项目的抽查结果应符合相关专业质量验收规范的规定。上述第3项中的检测资料与第2项质量控制资料中的检测资料共同构成了一份完整的建筑产品"形式"检验报告,本项对主要建筑功能项目进行抽样检查,则是建筑产品在竣工交付使用以前所作的最后一次质量检验,即相当于产品的"出厂"检验。这项检查是在施工单位自查全部合格基础上,由参加验收的各方人员商定,由监理单位实施抽查。可选择其中在当地容易发生质量问题或施工单位质量控制比较薄弱的项目和部位进行抽查。其中涉及应由有资质检测单位检查的项目,监理单位应委托检测,其余项目可由自行实体检查,施工单位应予配合。至于抽样方案,可根据现场施工质量控制等级、施工质量总体水平和监理监控的效果进行选择。房屋建筑功能质量由于关系到用户切身利益,是用户最为关心的,检查时应从严把握。对于查出的影响使用功能的质量问题,必须全数整改,达到各专业验收规范的要求。对于检查中发现的倾向性质量问题,则应调整抽样方案,或扩大抽样样本数量,甚至采用全数检查方案。

功能抽查的项目,不应超出表6-3规定的范围,合同另有约定的不受其限制。主要功能抽查完成后,总监理工程师应在表6-3中填写抽查意见,并给出"符合"或"不符合"验收规范的结论。

5)观感质量验收应符合要求。单位(子单位)工程观感质量验收与主要功能项目的抽查一样,相当于商品的"出厂"检验,故其重要性是显而易见的。其检查的要求、方法与分部工程相同(见本节"三、"相关内容),其检查内容在表6-4中具体列出。凡在工程上出现的项目,均应进行检查,并逐项填写"好"、"一般"或"差"的质量评价。为了减少受检查人员个人主观因素的影响,观感检查应至少3人共同参加,共同确定。

观感质量验收不单纯是对工程外表质量进行检查,同时也是对部分使用功能和使用安全所作的一次宏观检查。如门窗启闭是否灵活,关闭是否严密,即属于使用功能。又如室内顶棚抹灰层的空鼓、楼梯踏步高差过大等,涉及使用的安全,在检查时应加以关注。检查中发现有影响使用功能和使用安全的缺陷,或不符合验收规范要求的缺陷,应进行处理后再进行验收。

表 6-4　　　　　　单位(子单位)工程观感质量检查记录

工程名称											施工单位							
序号	项　目			抽查质量状况											质量评价		
														好	一般	差
1	建筑与结构	室外墙面															
2		变形缝															
3		水落管、屋面															
4		室内墙面															
5		室内顶棚															
6		室内地面															
7		楼梯、踏步、护栏															
8		门窗															
1	给水排水与采暖	管道接口、坡度、支架															
2		卫生器具、支架、阀门															
3		检查口、扫除口、地漏															
4		散热器、支架															
1	建筑电气	配电箱、盘、板、接线盒															
2		设备器具、开关、插座															
3		防雷、接地															
1	通风与空调	风管、支架															
2		风口、风阀															
3		风机、空调设备															
4		阀门、支架															
5		水泵、冷却塔															
6		绝热															
1	电梯	运行、平层、开关门															
2		层门、信号系统															
3		机房															

续表

序号	项目		抽查质量状况	质量评价		
				好	一般	差
1	智能建筑	机房设备安装及布局				
2		现场设备安装				
3						
	观感质量综合评价					
检查结论	施工单位项目经理 年 月 日		总监理工程师 （建设单位项目负责人） 年 月 日			

注：质量评价为差的项目应进行返修。

观感质量检查应在施工单位自查的基础上进行，总监理工程师在表6-4中填写观感质量综合评价后，并给出"符合"与"不符合"要求的检查结论。

单位（子单位）工程质量验收完成后，按表6-5要求填写工程质量验收记录，其中：验收记录由施工单位填写；验收结论由监理单位填写；综合验收结论由参加验收各方共同商定，建设单位填写，并应对工程质量是否符合设计和规范要求及总体质量水平作出评价。

表6-5 单位（子单位）工程质量竣工验收记录

工程名称		结构类型		层数/建筑面积	
施工单位		技术负责人		开工日期	
项目经理		项目技术负责人		竣工日期	
序号	项目	验收记录		验收结论	
1	分部工程	共__分部，经查__分部，符合标准及设计要求__分部			
2	质量控制资料核查	共__项，经审查符合要求__项，经核定符合规范要求__项			
3	安全和主要使用功能核查及抽查结果	共核查__项，符合要求__项，共抽查__项，符合要求__项，经返工处理的符合要求__项			
4	观感质量验收	共抽查__项，符合要求__项，不符合要求__项			
5	综合验收结论				
参加验收单位	建设单位	监理单位	施工单位	设计单位	
	（公章） 单位（项目）负责人 年 月 日	（公章） 总监理工程师 年 月 日	（公章） 单位负责人 年 月 日	（公章） 单位（项目）负责人 年 月 日	

(5)质量不符合要求时的处理规定。

1)经返工重做或更换器具、设备的检验批,应重新进行验收。

返工重做是指对该检验批的全部或局部推倒重来,或更换设备、器具等的处理,处理或更换后,应重新按程序进行验收。如某住宅楼一层砌砖,验收时发现砖的强度等级为 MU5,达不到设计要求的 MU10,推倒后重新使用 MU10 砖砌筑,其砖砌体工程的质量应重新按程序进行验收。

重新验收质量时,要对该检验批重新抽样、检查和验收,并重新填写检验批质量验收记录表。

2)经有资质的检测单位检测鉴定能够达到设计要求的检验批,应予以验收。

这种情况多数是指留置的试块失去代表性,或因故缺少试块的情况,以及试块试验报告缺少某项有关主要内容,也包括对试块或试验结果有怀疑时,经有资质的检测机构对工程进行检测测试。其测试结果证明,该检验批的工程质量能够达到设计图纸要求,这种情况应按正常情况予以验收。

3)经有资质的检测单位检测鉴定达不到设计要求,但经原设计单位核算认可能够满足结构安全和使用功能的检验批,可予以验收。

这种情况是指某项质量指标达不到设计图纸的要求,如留置的试块失去代表性,或是因故缺少试块以及试验报告有缺陷,不能有效证明该项工程的质量情况,或是对该试验报告有怀疑时,要求对工程实体质量进行检测。经有资质的检测单位检测鉴定达不到设计图纸要求,但差距不是太大。同时经原设计单位进行验算,认为仍可满足结构安全和使用功能,可不进行加固补强。如原设计计算混凝土强度为 27MPa,选用了 C30 混凝土。同一验收批中共有 8 组试块,8 组试块混凝土立方体抗压强度的理论均值达到混凝土强度评定要求,其中 1 组强度不满足最小值要求,经检测结果为 28MPa,设计单位认可能满足结构安全,并出具正式的认可证明,有注册结构工程师签字,加盖单位公章,由设计单位承担责任。故可予以验收。

以上三种情况都应视为符合验收规范规定的质量合格的工程。只是管理上出现了一些不正常的情况,使资料证明不了工程实体质量,经过检测或设计验收,满足了设计要求,给予通过验收是符合验收规范规定的。

4)经返修或加固处理的分项、分部工程,虽改变外形尺寸但仍能满足安全使用要求,可按技术处理方案和协商文件进行验收。这种情况是指某项质量指标达不到设计图纸的要求,经有资质的检测单位检测鉴定也未达到设计图纸要求,设计单位经过验算,的确达不到原设计要求。经分析,找出了事故原因,分清质量责任,同时经过建设单位、施工单位、设计单位、监理单位等协商,同意进行加固补强,协商好加固费用的处理、加固后的验收等事宜。由原设计单位出具加固技术方案,虽然改变了建筑构件的外形尺寸,或留下永久性缺陷,包括改变工程的用途在内,按协商文件进行验收,这是有条件的验收,由责任方承担经济损失或赔偿等。这种情况实际是工程质量达不到验收规范的合格规定,应属不合格工程的范畴。但根据《建设工程质量管理条例》第24条、第32条对不合格工程的处理规定,经过技术处理(包括加固补强),最后能达到保证安全和使用功能,也是可以通过验收的。这是为了减少社会财富不必要的损失,出了质量事故的工程不能都推倒报废,只要能保证结构安全和使用功能,仍作为特殊情况进行验收,属于让步接收的做法,不属于违反《建筑工程质量管理条例》的范围,但其有关技术处理和协商文件应在质量控制资料核查记录表和单位(子单位)工程质量竣工验收记录表中载明。

5)通过返修或加固处理仍不能满足安全使用要求的分部(子分部)工程、单位(子单位)工程,严禁验收。这种情况通常是指不可修复,或采取措施后仍不能满足设计要求。这种情况应坚决返工重做,严禁验收。

第二节 职业健康、安全与环境管理

一、职业健康、安全与环境管理要求

1. 职业健康、安全与环境管理的任务

建设工程项目的职业健康安全管理的目的是保护产品生产者和使用者的健康与安全。控制影响工作场所内员工、临时工作人员、合同方人员、访问者和其他有关部门人员健康和安全的条件和因素。考虑和避免因使用不当对使用者造成的健康和安全的危害。

建设工程项目环境管理的目的是保护生态环境,使社会的经济发展与人类的生存环境相协调。控制作业现场的各种粉尘、废水、废气、固体废弃物以及噪声、振动对环境的污染和危害,考虑能源节约和避免资源的浪费。

职业健康安全与环境管理的任务是建筑生产组织(企业)为达到建筑工程的职业健康安全与环境管理的目的指挥和控制组织的协调活动,包括制定、实施、实现、评审和保持职业健康安全与环境方针所需的组织机构、计划活动、职责、惯例(法律法规)、程序文件、过程和资源,见表6-6。表中有2行7列,构成了实现职业健康安全和环境方针的14个方面的管理任务。不同的组织(企业)根据自身的实际情况制定方针,并为实施、实现、评审和保持(持续改进)来建立组织机构、策划活动,明确职责,遵守有关法律法规和惯例,编制程序控制文件,实行过程控制并提供人员、设备、资金和信息资源。保证职业健康安全与环境管理任务的完成以及和职业健康安全与环境密切相关的任务,可一同完成。

表 6-6　　　　　　　　职业健康安全与环境管理的任务

	组织机构	计划活动	职责	惯例 (法律法规)	程序文件	过程	资源
职业健康 安全方针							
环境管理							

2. 职业健康、安全与环境管理要求

(1)建筑产品的固定性和生产的流动性及受外部环境影响因素多,决定了职业健康安全与环境管理的复杂性。

1)建筑产品生产过程中生产人员、工具与设备的流动性,主要表现为:

①同一工地不同建筑之间流动。

②同一建筑不同建筑部位上流动。

③一个建筑工程项目完成后,又要向另一个新项目动迁的流动。

2)建筑产品受不同外部环境影响的因素多主要表现为:

①露天作业多。

②气候条件变化的影响。

③工程地质和水文条件的变化。

④地理条件和地域资源的影响。

由于生产人员、工具和设备的交叉和流动作业,受不同外部环境的影响因素多,使职业健康安全与环境管理很复杂,稍有考虑不周就会出现问题。

(2)建筑产品的多样性和生产的单件性决定了职业健康安全与环境管理的多样性。

建筑产品的多样性决定了生产的单件性。每一个建筑产品都要根据其特定要求进行施工,主要表现是:

1)不能按同一图纸、同一施工工艺、同一生产设备进行批量重复生产。

2)施工生产组织及机构变动频繁,生产经营的"一次性"特征特别突出。

3)生产过程中试验性研究课题多,所碰到的新技术、新工艺、新设备、新材料给职业健康安全与环境管理带来了不少难题。

因此,对于每个建设工程项目都要根据其实际情况,制订健康安全与环境管理计划,不可相互套用。

(3)产品生产过程的连续性和分工性决定了职业健康安全与环境管理的协调性。

建筑产品不能像其他许多工业产品一样可以分解为若干部分同时生产,而必须在同一固定场所按严格程序连续生产,上一道工序不完成,下一道工序不能进行,上一道工序生产的结果往往被下一道工序所掩盖,而且每一道程序由不同的人员和单位来完成。因此在职业健康安全与环境管理中要求各单位和各专业人员横向配合和协调,共同注意产品生产过程接口部分的职业健康安全与环境管理的协调性。

(4)产品的委托性决定了职业健康安全与环境管理的不符合性。

建筑产品在建造前就确定了买主,按建设单位特定的要求委托进行生产建造。而建设工程市场在供大于求的情况下业主经常会压低标价,造成产品的生产单位对职业健康安全与环境管理的费用投入的减少,不符合职业健康安全与环境管理有关规定的现象时有发生。这就要建设单位和生产组织都必须重视对职业健康安全和环保费用的投入,必须符合职业健康安全与环境管理的要求。

(5)产品的阶段性决定职业健康安全与环境管理的持续性。

一个建设工程项目从立项到投入使用要经历五个阶段,即设计前的准备阶段(包括项目可行性研究和立项)、设计阶段、施工阶段、使用前的准备阶段(包括竣工验收和试运行)、保修阶段。这五个阶段都要十分重视项目的安全和环境问题,持续不断地对项目各个阶段可能出现的安全和环境问题实施管理。否则,一旦在某个阶段出现安全问题和环境问题就会造成投资的巨大浪费,甚至造成工程项目建设的夭折。

(6)产品的时代性和社会性决定环境管理的多样性和经济性。

1)时代性。建设工程产品是时代政治、经济、文化、风俗的历史记录。表现了不同时代的艺术风格和科学文化水平,反映一定社会的、道德的、文化的、美学的艺术效果,成为可供人们观赏和旅游的景观。

2)社会性。建设工程产品是否适应可持续发展的要求,工程的规划、设计、施工质量的好坏,受益和受害不仅仅是使用者,而是整个社会,影响社会持续发展的环境。

3)多样性。除了考虑各类建设工程(住宅、工业厂房、道路、桥梁、水库、管线、航道、码头、港口、医院、剧院、博物馆、园林、绿化等)使用功能与环境相协调外还应考虑各类工程产品的时代性和社会性要求,其涉及的环境因素多种多样,应逐一加以评价和分析。

4)经济性。建设工程不仅应考虑建造成本的消耗,还应考虑其寿命期内的使用成本消耗。环境管理注重包括工程使用期内的成本,如能耗、水耗、维护、保养、改建更新的费用,并通过比较分析,判定工程是否符合经济要求,一般采用生命周期法可作为对其进行管理的参考。另外环境管理要求节约资源,以减少资源消耗来降低环境污染,二者是完全一致的。

二、建设工程施工安全管理

1.施工安全管理基本特点

(1)安全管理的概念。

安全生产是指使生产过程处于避免人身伤害、设备损坏及其他不可接受的损害风险(危险)的状态。

不可接受的损害风险(危险)通常是指:超出了法律、法规和规章制度的要求;超出了方针、目标和企业规定的其他要求;超出了人们普遍接受(通常是隐含的)要求。

因此安全与否要对照风险接受程度来判定,是一个相对性的概念。

(2)安全管理的概念。

安全管理是通过对生产过程中涉及的计划、组织、监控、调节和改进等一系列致力于满足生产安全所进行的管理活动。

(3)安全管理的方针。

安全管理的目的是为了安全生产,因此,安全管理的方针也应符合安全生产的方针,即:"安全第一,预防为主"。

"安全第一"是把人身的安全放在首位,安全为了生产,生产必须保证人身安全,充分体现了"以人为本"的理念。

"预防为主"是实现安全第一的重要手段,采取正确的措施和方法进行安全管理,从而减少甚至消除事故隐患,尽量把事故消除在萌芽状态,这是安全管理最重要的思想。

(4)安全管理的目标。

安全管理的目标是减少和消除生产过程中的事故,保证人员健康安全和财产免受损失,具体可包括:

1)减少或消除人的不安全行为的目标。

2)减少或消除设备、材料的不安全状态的目标。

3)改善生产环境和保护自然环境的目标。

4)安全管理的目标。

(5)施工安全管理的特点。

1)控制面广。

由于建设工程规模较大,生产工艺复杂、工序多,在建造过程中流动作业多,高处作业多,作业位置多变,遇到的不确定因素多,安全管理工作涉及范围大,控制面广。

2)控制的动态性。

①由于建设工程项目的单件性,使得每项工程所处的条件不同,所面临的危险因素和防范措施也会有所改变,员工在转移工地后,熟悉一个新的工作环境需要一定的时间,有些工作制度和安全技术措施也会有所调整,员工同样有个熟悉的过程。

②建设工程项目施工的分散性。因为现场施工是分散于施工现场的各个部位,尽管有各种规章制度和安全技术交底的环节,但是,面对具体的生产环境时,

仍然需要自己的判断和处理,有经验的人员还必须适应不断变化的情况。

3)控制系统交叉性。

建设工程项目是开放系统,受自然环境和社会环境影响很大,安全管理需要把工程系统和环境系统及社会系统相结合。

4)控制的严谨性。

安全状态具有触发性,其控制措施必须严谨,一旦失控,就会造成损失和伤害。

(6)施工安全管理的程序。

1)施工安全管理的程序如图 6-1 所示。

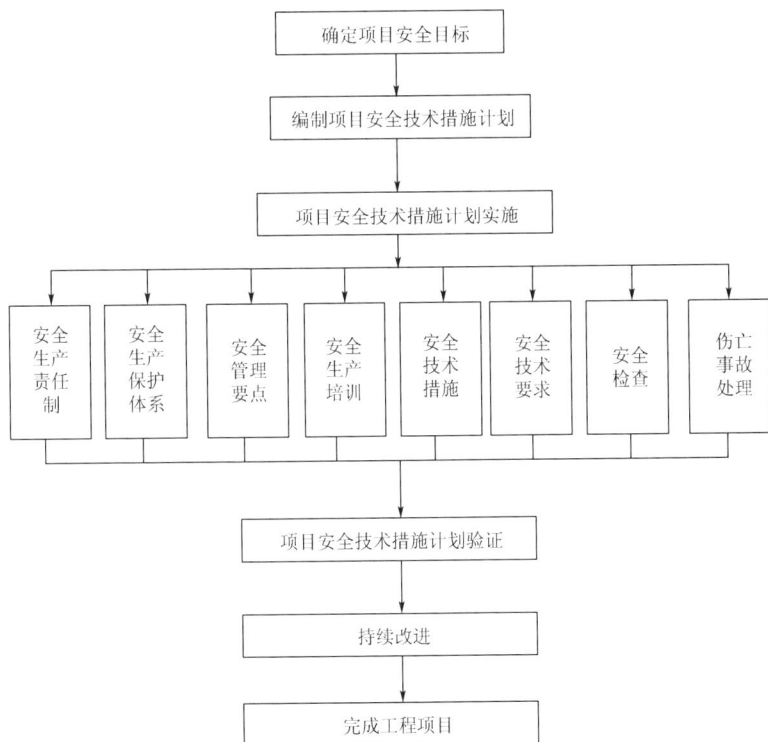

图 6-1　施工安全管理程序

①确定项目的安全目标。

按"目标管理"方法,对以项目经理为首的项目管理系统进行分解,从而确定每个岗位的安全目标,实现全员安全管理。

②编制项目安全技术措施计划。

对生产过程中的不安全因素,用技术手段加以消除和控制,并用文件的方式表示,这是落实"预防为主"方针的具体体现,是进行项目安全管理的指导性文件。

③安全技术措施的落实和实施。

包括建立健全安全生产责任制、设置安全生产设施、进行安全教育和培训、沟通和交流信息、通过安全管理使生产作业的安全状态处于受控状态。

④安全技术措施计划的验证。

包括安全检查、纠正不符合情况,并做好检查记录工作。根据实际情况补充和修改安全技术措施。

⑤持续改进,直至完成建设项目的所有工作。

2)安全管理工作的内容。

项目实施过程中存在着许多不安全因素,控制人的不安全行为和物的不安全状态是安全管理的重点,其主要内容包括:

①进行安全立法、执行和守法。项目实施人员首先应熟悉相关的法律法规,并在项目实施过程中严格执行。同时,应针对项目特点,制定自己的安全管理制度,并以此为依据,对项目实施过程进行经常性的、制度化和规范化的管理。按照安全法规的规定进行工作,使安全法规变为行动,产生效果。

②建立健全控制体系。建立安全管理组织机构,形成安全组织系统;明确各部门人员的职责,形成安全管理责任系统。配备必要的资源,形成安全管理要素系统。最终形成具有安全管理的有机整体。

③进行安全教育和培训。进行安全教育与培训能增强人的安全生产意识,提高安全生产要素,有效地防止人的不安全行为,减少人的失误。安全教育、培训是进行人的行为控制的重要方法和手段。因此,进行安全教育、培训要适时、宜人、内容合理,方式多样,形成制度。组织安全教育、培训应做到严肃、严格、严谨、系统,讲求实效。

④采取安全技术措施。针对实施中已知的和已出现的危险因素,采取的消除或控制的技术措施,统称为技术性措施。针对项目的不安全状态的形成和发展,采取安全技术措施,将物的不安全状态消除在生产活动之前,或引发事故之前,这是安全管理的重要任务之一。安全技术措施是改善生产工艺,改进生产设备,控制生产因素不安全状态,预防与消除危险因素对人产生伤害的有效手段。安全技术措施包括为使项目安全实现的一切技术方法与措施,以及避免损失扩大的技术手段。安全技术措施应针对具体的危险因素或不安全状态,以控制危险因素的生成与发展为重点,以控制效果的好坏作为评价安全技术措施的唯一标准。

⑤进行安全检查与考核。安全检查与考核的目的是及时发现、处理、消除不安全因素,检查执行安全法规的状况等,从而进行安全改进,消除隐患,提高控制水平。

⑥作业标准化。在操作者产生的不安全行为中,由于不熟悉正确的操作方

法,坚持自己的操作习惯等原因所占比例较大。按科学的作业标准规范人的行为,有利于控制人的不安全行为,减少人的失误。

实施作业标准化的首要条件是制定作业标准。作业标准的制定应采取技术人员、管理人员、操作者三结合的方式根据操作的具体条件制定,并坚持反复实践,反复修订后加以确定的原则。作业标准应明确规定操作程序、步骤,并尽量使操作简单化、专业化。

(7)施工安全管理的基本要求。

1)必须取得安全行政主管部门颁发的《安全施工许可证》后方可开工。

2)总承包单位和分包单位都应持有《施工企业安全资格审查认可证》。

3)各类人员必须具备相应的执业资格才能上岗。

4)所有新员工必须经过三级安全教育,即进厂、进车间和进班组的安全教育。

5)特殊工种作业人员必须持有特殊作业操作证,并严格按规定定期进行复查。

6)对查出的安全隐患要做到"五定",即定整改责任人、定整改措施、定整改完成时间、定整改完成人、定整改验收人。

7)必须把好安全生产"六关",即措施关、交底关、教育关、防护关、检查关、改进关。

8)施工现场安全设施齐全,并符合国家及地方有关规定。

9)施工机械(特别是现场安设的起重设备等)必须经安全检查合格后方可使用。

2. 项目技术负责人的安全管理职责

(1)对项目工程生产经营中的安全生产负技术责任。

(2)贯彻、落实安全生产方针、政策,严格执行安全技术规程、规范、标准。结合项目工程特点,主持项目工程的安全技术交底。

(3)参加或组织编制施工组织设计,编制、审查施工方案时,须制定、审查安全技术措施,保证其可行性与针对性,并随时检查、监督、落实。

(4)主持制订技术措施计划和季节性施工方案的同时,制订相应的安全技术措施并监督执行,及时解决执行中出现的问题。

(5)项目工程采用新材料、新技术、新工艺,要及时上报,经批准后方可实施,同时要组织上岗人员的安全技术培训、教育。认真执行相应的安全技术措施与安全操作工艺、要求,预防施工中因化学物品引起的火灾、中毒或新工艺实施中可能造成的事故。

(6)主持安全防火设施和设备的验收。发现设备、设施的不正常情况应及时采取措施。严禁不符合标准要求的防护设备、设施投入使用。

(7)参加安全生产检查,对施工中存在的不安全因素,从技术方面提出整改意见和办法并予以消除。

(8)参加、配合因工伤亡及重大未遂事故的调查,从技术上分析事故原因,提出防范措施、意见。

3. 施工安全管理方法

(1)危险源的概念。

1)危险源的定义。危险源是可能导致人身伤害或疾病、财产损失、工作环境破坏或这些情况组合的危险因素和有害因素。

危险因素,强调突发性和瞬间作用的因素;有害因素,强调在一定时期内的慢性损害和累积作用。

危险源是安全管理的主要对象,所以,有人把安全管理也称为危险控制或安全风险控制。

2)两类危险源。在实际生活和生产过程中的危险源是以多种多样的形式存在,危险源导致事故可归结为能量的意外释放或有害物资的泄漏。根据危险源导致在事故发生发展中的作用把危险源分为两大类,即第一类危险源和第二类危险源。

①第一类危险源。可能发生意外释放的能量的载体或危险物资称作第一类危险源。能量或危险物资的意外释放是事故发生的物理本质。通常把产生能量的能量源或拥有能量的能量载体作为第一类危险源来处理。

②第二类危险源。造成约束、限制能量措施失效或破坏的各种不安全因素称作第二类危险源。在生产、生活中,为了利用能量,人们制造了各种机械设备,让能量按照人们的意图在系统中流动、转换和做功为人类服务,而这些设备又可以看成是限制约束能量的工具。在正常情况下,生产过程中的能量或危险物质受到约束或限制,不会发生意外释放,即不会发生事故。但是,一旦这些约束或限制能量或危险物资的措施受到破坏或失效(故障),则将发生事故。第二类危险源包括人的不安全行为、物资的不安全状态和不良环境条件三个方面。

3)危险源和事故。事故的发生是两类危险源共同作用的结果,第一类危险源是事故发生的前提,第二类危险源的出现是第一类危险源导致事故的必要条件。在事故的发生和发展过程中,两类危险源相互依存,相辅相成。第一类危险源是事故的主体,决定事故的严重程度,第二类危险源出现的难易,决定事故发生的可能性大小。

(2)危险源控制的方法。

1)危险源辨识与风险评价。

①危险源的辨识方法。

a. 专家调查法。

专家调查法是通过向有经验的专家咨询、调查、辨识、分析和评价危险源的一类方法,其优点是简便、易行,缺点是受专家的知识、经验和占有资料的限制,可能出现遗漏。常用的有头脑风暴法(Brainstorming)和德尔菲(Delphi)法。

头脑风暴法是通过专家创造性的思考,从而产生大量的观点、问题和议题的方法。其特点是多人讨论,集思广益,可以弥补个人判断的不足,常采取专家会议的方式来相互启发、交换意见,使危险、危害因素的辨识更加细致、具体。常用于目标比较单纯的议题,如果涉及面较广,包含因素多,可以分解目标,再对单一目标或简单目标使用本方法。

德尔菲法是采用背对背的方式对专家进行调查,其特点是避免了集体讨论中的从众性倾向,更代表专家的真实意见。要求对各种意见进行汇总统计处理,再反馈给专家反复征求意见。

b. 安全检查表法(SCL)。

安全检查表实际上就是实施安全检查和诊断项目的明细表。运用已编制好的安全检查表,进行系统的安全检查,辨识工程项目存在的危险源。检查表的内容一般包括分类项目、检查内容及要求、检查后处理意见等。可以用"是"、"否"作回答或"√"、"×"符号作标记,同时注明检查日期,并由检查人员和被检单位同时签字。

安全检查法的优点是:简单易懂、容易掌握,可以事先组织专家编制检查项目,使安全检查做到系统化、完整化,缺点是一般只能作出定性评价。

②风险评价的方法。

风险评价是评估危险源所带来的风险大小及确定风险是否可容许的全过程。根据评价结果对风险进行分级,按不同级别的风险有针对性地采取风险控制措施。以下介绍两种常用的风险评价方法。

a. 方法 1。

将安全风险的大小用事故发生的可能性(p)与发生事故后果的严重程度(f)的乘积来衡量。

$$R = pf \qquad (6\text{-}1)$$

式中　R——风险大小;

　　　p——事故发生的概率(频率);

　　　f——事故后果的严重程度。

根据上述的估算结果,可按表 6-7 对风险的大小进行分级。

表 6-7　　　　　　　　　风险分级表

风险级别(大小)　　后果(f)　　可能性(p)	轻度损失(轻微伤害)	中度损失(伤害)	重大损失(严重伤害)
很大	Ⅲ	Ⅳ	Ⅴ
中等	Ⅱ	Ⅲ	Ⅳ
极小	Ⅰ	Ⅱ	Ⅲ

注:Ⅰ—可忽略风险;Ⅱ—可容许风险;Ⅲ—中度风险;Ⅳ—重大风险;Ⅴ—不容许风险。

b.方法2。

将可能造成安全风险的大小用事故发生的可能性(L)、人员暴露于危险环境中的频繁程度(E)和事故后果(C)三个自变量的乘积衡量,即

$$S = LEC$$

式中　S——风险大小;

L——事故发生的可能性,按表 6-8 所给的定义取值;

E——人员暴露于危险环境中的频繁程度,按表 6-9 所给的定义取值;

C——事故后果的严重程度,按表 6-10 所给的定义取值。

此方法因为引用了 L、E、C 三个自变量,故也称为 LEC 法。

表 6-8　　　　　　　　事故发生的可能性(L)

分数值	事故发生的可能性	分数值	事故发生的可能性
10	必然发生的	0.5	很不可能,可以设想
6	相当可能	0.2	极不可能
3	可能,但不经常	0.1	实际不可能
1	可能性极小,完全意外		

表 6-9　　　　　　　暴露于危险环境的频繁程度(E)

分数值	人员暴露于危险环境的频繁程度	分数值	人员暴露于危险环境的频繁程度
10	连续暴露	2	每月一次暴露
6	每天工作时间内暴露	1	每年几次暴露
3	每周一次暴露	0.5	非常罕见的暴露

表 6-10　　　　　　　　发生事故产生的后果(C)

分数值	事故发生造成的后果	分数值	事故发生造成的后果
100	大灾难,许多人死亡	7	严重,重伤
40	灾难,多人死亡	3	较严重,受伤较重
15	非常严重,一人死亡	1	引人关注,轻伤

根据经验,危险性(S)的值在 20 分以下为可忽略风险;危险性值在 20～70 分之间为可容许风险;危险性值在 70～160 分之间为中度风险;危险性值在 160～320 分之间为重大风险。危险性值大于 320 分的为不容许风险。

2)危险源的控制方法。

①第一类危险源的控制方法。

a. 防止事故发生的方法：消除危险源、限制能量或危险物资、隔离。

b. 避免或减少事故损失的方法：隔离、个体防护、设置薄弱环节、使能量或危险物资按人们的意图释放、避难与援救措施。

②第二类危险源的控制方法。

a. 减少故障：增加安全系数、提高可靠性、设置安全监控系统。

b. 故障——安全设计：包括故障——消极方案(即故障发生后,系统处于最低能量状态,直到采取校正措施之前不能运转)；故障——积极方案(即故障发生后,在没有采取校正措施之前使系统、设备处于安全的能量状态下)；故障——正常方案(即保证在采取校正行动之前,设备系统正常发挥功能)。

(3)危险源控制的策划原则。

1)尽可能完全消除有不可接受风险的危险源,如用安全品取代危险品。

2)如果是不可能消除有重大风险的危险源,应努力采取降低风险的措施,如使用低压电器等。

3)在条件允许时,应使工作适合于人,如考虑降低人的精神压力和体能消耗。

4)应尽可能利用技术进步来改善安全管理措施。

5)将技术管理与程序控制结合起来。应考虑引入诸如机械安全防护装置的维护计划的要求。

6)在各种措施还不能绝对保证安全的情况下,作为最终手段,还应考虑使用个人防护用品。

7)应有可行、有效的应急方案。

8)预防性测定指标是否符合监视控制措施计划的要求。

不同的组织可根据不同的风险量选择适合的控制策略。表 6-11 为简单的风险控制策划表。

表 6-11　　　　　　　　　风险控制策划表

风险	措　　施
可忽略的	不采取措施且不必保留文件记录
可容许的	不需要另外的控制措施,应考虑投资效果更佳的解决方案或不增加额外成本的改进措施,需要监视来确保控制措施得以维持
中度的	应努力降低风险,但应仔细测定并限定预防成本,并在规定的时间期限内实施降低风险的措施。在中度风险与严重伤害后果相关的场合,必须进一步评价,以更准确地确定伤害的可能性,以确定改进控制措施
重大的	直至风险降低后才能开始工作。为降低风险有时必须配给大量的资源。当风险涉及正在进行中的工作时,就应采取应急措施
不容许的	只有当风险已经降低时,才能开始或继续工作。如果无限的资源投入也不能降低风险,就必须禁止工作

4. 施工安全技术措施及实施

(1)施工安全技术措施计划。

1)建设工程施工安全技术措施计划的主要内容包括工程概况,控制目标,控制程序,组织机构,职责权限,规章制度,资源配置,安全措施,检查评价,奖惩制度等。

①项目概况,包括项目的基本情况,可能存在的不安全因素等。

②安全管理目标和管理目标:应明确安全管理和安全管理的总目标和子目标,且目标要具体化。

③安全管理和管理程序,主要应明确安全管理和管理的过程和安全事故的处理过程。

④安全组织机构:包括安全机构形式、安全组织机构的组成。

⑤职责权限:根据组织机构状况,明确不同层次、各相关人员的职责和权限,进行责任分配。

⑥规章制度:包括安全管理制度、操作规程、岗位职责等规章制度的建立,应遵循的法律、法规和标准。

⑦资源配置:针对项目特点,提出安全管理和控制所必需的材料、设施等资源要求和具体配置方案。

⑧安全措施:针对不安全因素,确定相应措施。

⑨检查评价:明确检查评价的方法和评价标准。

⑩奖惩制度:明确奖惩标准和方法。

安全计划是进行安全管理和管理工作的指南,是考核安全管理和管理工作的依据。

安全计划应在项目开始实施前制订,在项目实施过程中不断加以调整和完善。

2)编制施工安全技术措施计划时,对于某些特殊情况应考虑:

①对结构复杂、施工难度大、专业性较强的工程项目,除制订项目总体安全保障计划外,还必须制订单位工程或分部分项工程的安全技术措施。

②对高处作业、井下作业等专业性强的作业,电器、压力容器等特殊工种作业,应制定单项安全技术规程,并对管理人员和操作人员的安全作业资格和身体状况进行合格检查。

3)制定和完善施工安全操作规程,编制各施工工种,特别是危险性较大工种的安全施工操作要求,作为规范和考核员工安全行为的依据。

4)施工安全技术措施:施工安全技术措施包括安全防护设施的设置和安全预防措施,主要有17个方面的内容,如防火、防毒、防爆、防洪、防尘、防雷击、防触电、防坍塌、防物体打击、防机械伤害、防起重设备滑落、防高空坠落、防交通事故、防寒、防暑、防疫、防环境污染等方面措施。

（2）项目施工安全技术方案的编制。

1）编制依据。

依据国家和政府颁发的有关安全生产的法规、法律，行业有关安全生产的规范、规程和制度。

2）编制原则。

①安全技术方案的编制，必须考虑现场的实际情况、施工特点及周围作业环境，措施要有针对性。

②在施工过程中可能发生的危险因素及建筑物周围的外部环境等不利因素，都必须从技术上采取具体有效的预防措施。

③安全技术方案必须有设计、计算、详图、文字说明。

3）施工中要编制安全施工方案内容。

①深基坑基础施工与土方开挖方案。

②±0.000m 以下结构施工防护方案。

③工程临电技术方案。

④结构施工临边、洞口、施工作业防护安全技术措施。

⑤垂直交叉作业防护方案。

⑥高处作业安全技术方案。

⑦塔吊、施工外用电梯、电动吊篮、垂直提升架等安装与拆除安全技术方案。

⑧大模板施工安全技术方案。

⑨高大、大型脚手架、整体式爬升（或提升）脚手架安全技术方案。

⑩特殊脚手架——吊篮架、插口架、悬挑架、挂架等安全技术方案。

⑪钢结构吊装安全技术方案。

⑫防水施工安全技术方案。

⑬大型设备安装安全技术方案。

⑭新工艺、新技术、新材料施工安全技术措施。

⑮冬、雨期施工安全技术措施。

⑯临街防护、临近外架供电线路、地下供电、供气、通风、管线，毗邻建筑物防护等安全技术措施。

⑰主体结构、装修工程安全技术方案。

（3）施工安全技术措施的实施。

1）安全生产责任制。建立安全生产责任制是施工安全技术措施计划实施的重要保证。安全生产责任制是指企业对项目经理部各级领导、各个部门、各类人员所规定的在他们各自职责范围内对安全生产应负责任的制度。

2）安全教育。

①广泛开展安全生产的宣传教育，使全体员工真正认识到安全生产的重要性

和必要性,懂得安全生产和文明施工的科学知识,牢固树立安全第一的思想,自觉地遵守各项安全生产法规和规章制度。

②把安全知识、安全技能、设备性能、操作规程、安全法规等作为安全教育的主要内容。

③建立经常性的安全教育考核制度,考核成绩要记入员工档案。

④电工、电焊工、架子工、司炉工、爆破工、机操工、起重工、机械司机、机动车辆司机等特殊工种工人,除一般安全教育外,还要经过专业安全技能培训,经过考试合格持证后,方可独立操作。

⑤采用新技术、新工艺、新设备施工和调换工作岗位时,也要进行安全教育,未经安全教育培训的人员不得上岗操作。

3)安全技术交底。

①安全技术交底的基本要求。

a.项目经理部必须实行逐级安全技术交底制度,纵向延伸到班组全体作业人员。

b.技术交底必须具体、明确,针对性强。

c.技术交底的内容应针对分部分项工程施工中给作业人员带来的潜在危害和存在的问题。

d.应优先采用新的安全技术措施。

e.应将工程概况、施工方法、施工程序、安全技术措施等向工长、班组长进行详细交底。

f.定期向由两个以上作业队和多工种进行交叉施工的作业队伍进行书面交底。

g.保存书面安全技术交底签字记录。

②安全技术交底的内容。

a.本工程项目的施工作业特点和危险点。

b.针对危险点的具体预防措施。

c.应注意的安全事项。

d.相应的安全操作规程和标准。

e.发生事故后应及时采取的避难和急救措施。

5.施工安全检查

工程项目安全检查的目的是为了消除隐患、防止发生事故、改善劳动条件及提高员工安全生产意识的重要手段,是安全管理的一项重要内容。通过安全检查可以发现工程中的危险因素,以便有计划地采取措施,保证安全生产。施工项目的安全检查应由项目经理组织,定期进行。

(1)安全检查的类型。

安全检查可分为日常性检查、专业性检查、季节性检查、节假日前后检查和不定期检查。

1)日常性检查:即经常的、普遍的检查。企业一般每年进行1～4次;工程项目组、车间、科室每月至少进行一次;班组每周、每班次都应进行检查。专职安全人员的日常检查应该有计划,针对重点部位周期性地进行。

2)专业性检查:是针对特种作业、特种设备、特殊场所进行的检查,如电焊、气焊、起重设备、运输车辆、锅炉压力容器、易燃易爆场所等。

3)节假日前后检查:是针对节假日期间容易产生麻痹思想的特点而进行的安全检查,包括节假日前进行的安全生产综合检查,节假日后要进行遵章守纪的检查。

4)不定期检查:是指在工程或设备开工和停工前,检修中,工程或设备竣工及试运转时进行的安全检查。

(2)安全检查的注意事项。

1)安全检查要深入基层、紧紧依靠职工,坚持领导与群众相结合的原则,组织好检查工作。

2)建立检查的组织领导机构,配备适当的检查力量,挑选具有较高技术业务水平的专业人员参加。

3)做好检查的各项准备工作,包括思想、业务知识、法规政策和检查设备、奖金的准备。

4)明确检查的目的和要求。既要严格要求,又要防止一刀切,要从实际出发,分清主、次矛盾,力求实效。

5)把自查与互查有机地结合起来。基层以自检为主,企业内部相应部门间互相检查,取长补短,相互学习和借鉴。

6)坚持查改相结合。检查不是目的,只是一种手段,整改才是最终目的。发现问题要及时采取切实有效的防范措施。

7)建立检查档案。结合安全检查表的实施,逐步建立健全检查档案,收集基本的数据,掌握基本安全状况,为及时消除隐患提供数据,同时也为以后的职业健康、安全检查奠定基础。

8)在制订安全检查表时,应根据用途和目的具体情况确定安全检查表的种类。

(3)安全检查的主要内容。

1)查思想:主要检查企业的领导和职工对安全生产工作的认识。

2)查管理:主要检查工程的安全生产管理是否有效。主要内容包括安全生产责任制,安全技术措施计划,安全组织机构,安全保证措施,安全技术交底,安全教育,持证上岗,安全设施,安全标志,操作规程,违规行为,安全记录等。

3)查整改:主要检查对过去提出的问题的整改情况。

4)查事故处理:对安全事故的处理应达到查明事故原因、明确责任并对责任者作出处理、明确和落实整改措施等要求。同时,还应对事故是否及时报告、认真调查、严肃处理。

安全检查的重点是违章指挥和违章作业。安全检查后应编制安全检查报告,说明已达标项目,未达标项目,存在问题,原因分析,纠正和预防措施。

(4)项目经理部安全检查的主要规定。

1)定期对安全管理计划的执行情况进行检查、记录、评价和考核。对作业中存在的不安全行为和隐患,签发安全整改通知,由相关部门制订整改方案,落实整改措施,实施整改后应予复查。

2)根据施工过程的特点和安全目标的要求确定安全检查的内容。安全检查应配备必要的设备和器具,确定检查负责人和检查人员,并明确检查的方法和要求。

3)检查应采取随机抽样,现场观察和实地检测的方法,并记录检查结果,纠正违章指挥和违章作业。

4)对检查结果进行分析,找出安全隐患,确定危险程度。

5)编写安全检查报告并上报。

三、文明施工和环境保护

1. 现场文明施工

(1)文明施工的概念。

文明施工是保持施工现场良好的作业环境、卫生环境和工作秩序。文明施工是施工组织科学、施工程序合理的一种施工现象。文明施工的现场有整套的施工组织设计(或施工方案),有健全的施工指挥系统和岗位责任制,工序交叉衔接合理,交接责任明确,各种临时设施和材料、构件、半成品按平面位置堆放整齐,施工现场场地平整,道路通畅,排水设施得当,水电线路整齐,机具设备良好,使用合理,施工作业标准规范,符合消防和安全要求,对外界的干扰和影响较小等。一个工地的文明施工水平是该工地乃至企业各项管理水平的综合体现。也可以从一个侧面反映建设者的文化素质和精神风貌。文明施工主要包括以下几个方面的工作:

1)规范施工现场的场容,保持作业环境的整洁卫生。

2)科学组织施工,使生产有序进行。

3)减少施工对周围居民和环境的影响。

4)保证职工的安全和身体健康。

(2)文明施工的组织与管理。

1)组织和制度管理。

①施工现场应成立以项目经理为第一责任人的文明施工管理组织。分包单位应服从总包单位的文明施工管理组织的统一管理,并接受监督检查。

②各项施工现场管理制度应有文明施工的规定,包括岗位责任制、经济责任制、安全检查制度、持证上岗制度、奖惩制度、竞赛制度和各项专业管理制度等。

③加强和落实现场文明检查、考核及奖惩管理,以促进施工文明管理工作提高。检查范围内容全面周到,包括生产区、生活区、场容场貌、环境文明及制度落实等内容。检查发现的问题应采取整改措施。

2)建立收集文明施工的资料及其保存的措施。

①上级关于文明施工的标准、规定、法律法规等资料。

②施工组织设计(方案)中对文明施工的管理规定,各阶段施工现场文明施工的措施。

③文明施工自检资料。

④文明施工教育、培训、考核计划的资料。

⑤文明施工活动各项记录资料。

3)加强文明施工的宣传和教育。

①在坚持岗位练兵基础上,要采取派出去、请进来、短期培训、上技术课、登黑板报、听广播、看录像、看电视等方法狠抓教育工作。

②要特别注意对临时工的岗前教育。

③专业管理人员应熟悉掌握文明施工的规定。

(3)现场文明施工的基本要求。

1)施工现场必须设置明显的标牌,标明工程的项目名称、建设单位、设计单位、施工单位、项目经理和施工现场总代表人的姓名、开工、竣工日期、施工许可证批准文号等。施工单位负责施工现场标牌的保护工作。

2)施工现场的管理人员在施工现场应佩戴证明其身份的证卡。

3)应当按照施工总平面布置图设置各项临时设施。现场堆放的大宗材料、成品、半成品和机具设备不得侵占场内道路及安全防护等设施。

4)施工现场的用电线路、用电设施的安装和使用必须符合安装规范和安全操作规程,并按照施工组织设计进行架设,严禁任意拉线接电。施工现场必须设有保证施工安全要求的夜间照明;危险潮湿场所的照明以及手持照明灯具,必须采用符合安全要求的电压。

5)施工机械应当按照施工总平面布置图规定的位置和线路设置,不得任意侵占场内道路。施工机械进场须经过安全检查,经检查合格的方能使用。施工机械操作人员必须建立机组责任制,并依照有关规定持证上岗,禁止无证人员操作。

6)应保证施工现场道路畅通,排水系统处于良好的使用状态;保持场容场貌的整洁,随时清理垃圾。在车辆、行人通行的地方施工,应当设置施工标志,并对沟井坎穴进行覆盖。

7)施工现场的各种安全设施和劳动保护器具,必须定期进行检查和维护,及时消除隐患,保证其安全有效。

8)施工现场应当设置各类必要的职工生活设施,并符合卫生、通风、照明等要求。职工的膳食、饮水供应等应当符合卫生要求。

9)应当做好施工现场安全保卫工作,采取必要的防盗措施,在现场周边设立维护设施。

10)应当严格依照《中华人民共和国消防条例》的规定,在施工现场建立和执行防火管理制度,设置符合消防要求的消防设施,并保持完好的备用状态。在容易发生火灾的地区施工,或者储存、使用易燃易爆器材时,应当采取特殊的消防安全措施。

11)施工现场发生工程建设重大事故的处理,依照《工程建设重大事故报告和调查程序规定》执行。

2.现场环境保护

(1)大气污染的防治。

大气污染物的种类有数千种,已发现有危害作用的有 100 多种,其中大部分是有机物。大气污染通常以气体状态和粒子状态存在于空气中。

1)大气污染物的分类。

①气体状态污染物。

气体状态污染物具有运动速度较大,扩散较快,在周围大气中分布比较均匀的特点。气体状态污染物包括分子状态污染物和蒸汽状态污染物。

a.分子状态污染物:指常温常压下以气体分子形式分散于大气中的物资,如燃料燃烧过程中产生的二氧化硫(SO_2)、氮氧化物(NO)、一氧化碳(CO)等。

b.蒸汽状态污染物:指在常温常压下易挥发的物质,以蒸汽状态进入大气,如机动车尾气、沥青烟中含有的碳氢化合物、苯并[a]芘等。

②粒子状态污染物。

粒子状态污染物又称固体颗粒污染物,是分散于大气中的微小液滴和固体颗粒,粒径在 $0.01\sim100\mu m$ 之间,是一个复杂的非均匀体。通常根据粒子状态污染物在重力作用下的沉降特性又可分为降尘和飘尘。

a.降尘:指在重力作用下能很快下降的固体颗粒,其粒径大于 $10\mu m$。

b.飘尘:指可长期漂浮于大气中的固体颗粒,其粒径小于 $10\mu m$。飘尘具有胶体的性质,故又称为气溶胶,它易随呼吸进入人体肺脏,危害人体健康,故又称为可吸入颗粒。

施工工地的粒子状态污染物主要有锅炉、熔化炉、厨房烧煤产生的烟尘。还有建材破碎、筛分、碾磨、加料过程、装卸运输过程产生的粉尘等。

2)大气污染的防治措施。

空气污染的防治措施主要针对上述粒子状态污染物和气体状态污染物进行治理。主要方法如下。

①除尘技术。

在气体中除去或收集固态或液态粒子的设备称为除尘装置。主要种类有机械除尘装置、洗涤式除尘装置、过滤除尘装置和电除尘装置等。工地的烧煤茶炉、锅炉炉灶等应选用装有上述除尘装置的设备。

工地其他粉尘可用遮盖、淋水等措施防治。

②气态污染物的治理技术主要有以下几种方法：

a.吸收法：选用合适的吸收剂，可吸收空气中的 SO_2、H_2S、HF、NO_x 等。

b.吸附法：让气体混合物与多孔性固体接触，把混合物中的某个组分吸留在固体表面。

c.催化法：利用催化剂把气体中的有害物质转化为无害物质。

d.燃烧法：是通过热氧化作用，将废气中的可燃有害部分，化为无害物质的方法。

e.冷凝法：是使处于气态的污染物冷凝，从气体分离出来的方法。该法特别适合处理有较高浓度的有机废气。如对沥青气体的冷凝，回收油品。

f.生物法：利用微生物的代谢活动过程把废气中的气态污染物转化为少害甚至无害的物质。该法应用广泛，成本低廉，但只适用于低浓度污染物。

3)施工现场空气污染的防治措施。

①施工现场垃圾渣土要及时清理出现场。

②高层或多层建筑清理施工垃圾时，要使用封闭式的专用垃圾道或采用容器吊运，或者其他措施处理高空废弃物，严禁随意凌空抛撒。

③施工现场道路应指定专人定期洒水清扫，形成制度，防止道路扬尘。

④对于细颗粒散体材料(如水泥、粉煤灰、白灰等)的运输、储存要注意遮盖、密封，防止和减少扬尘。

⑤车辆开出工地要做到不带泥沙，基本做到不撒土、不扬尘，减少对周围环境污染。

⑥除设有符合规定的装置外，禁止在施工现场焚烧油毡、橡胶、塑料、皮革、树叶、枯草、各种包装物等废弃物品以及其他会产生有毒、有害烟尘和恶臭气体的物资。

⑦机动车要安装减少尾气排放的装置，确保符合国家标准。

⑧工地茶炉应尽量采用电热水器。若只能使用烧煤茶炉和锅炉时，应选用消烟除尘型茶炉和锅炉，大灶应选用消烟节能回风炉灶，使烟尘降至允许排放范围为止。

⑨大城市市区的建设工程已不允许现场搅拌混凝土。在容许设置搅拌站的工地，应将搅拌站封闭严密，并在进料仓上方安装除尘装置，采用可靠措施控制工地粉尘污染。

⑩拆除旧建筑物时，应配合适当洒水，防止扬尘。

(2)水污染的防治。

1)水源污染的主要来源。

①工业污染源:指各种工业废水向自然水体的排放。

②生活污染源:主要有食物废渣、食油、粪便、合成洗涤剂、杀虫剂、病原微生物等。

③农业污染源:主要有化肥、农药等。

施工现场废水和固体废物随水流流入水体部分,包括泥浆、水泥、油漆、各类油类、混凝土外加剂、重金属、酸碱盐、非金属无机毒物等。

2)废水处理技术。

废水处理的目的是把废水中所含的有害物质清理分离出来。废水处理可分为化学法、物理方法、物理化学方法和生物法。

①物理法:利用筛滤、沉淀、气浮等方法。

②化学法:利用化学反应来分离、分解污染物,或使其转化为无害物质的处理方法。

③物理化学方法:主要有吸附法、反渗透法、电渗析法。

④生物法:是利用微生物新陈代谢功能,将废水中呈溶解和胶体状态的有机污染物降解,并转化为无害物质,使水得到净化。

3)施工过程水污染的防治。

①禁止将有害有毒废弃物作土方回填。

②施工现场进行搅拌作业的,必须在搅拌前台及运输车清洗处设置沉淀池。现制水磨石的污水,电石(碳化钙)的污水,排放的废水要排入沉淀池内经二次沉淀合格后,方可进入市政污水管线或回收用于洒水降尘,未经处理的泥浆水,严禁直接排入城市排水设施和河流。

③施工现场存放的油料,必须对库房地面进行防渗漏处理。如采用防渗混凝土地面,铺油毡等措施。使用时,要采取防止油料跑、冒、滴、漏的措施,以免污染水体。

④施工现场100人以上的临时食堂,污水排放时可设置简易有效的隔油池,定期清理防止污染。

⑤工地临时厕所,化粪池应采取防渗漏措施。中心城市施工现场的临时厕所可采用水冲式厕所,并有防蝇、灭蛆措施,防止污染水体和环境。

⑥化学用品,外加剂等要妥善保管,库内存放,防止污染环境。

(3)施工现场的噪声控制。

1)噪声的概念。

①声音与噪声。

声音是由物体振动产生的,当频率在20~20000Hz时,作用于人的耳鼓膜而产生的感觉称之为声音。由声构成的环境称为"声环境"。当环境中的声音对人类、动物及自然物没有产生不良影响时,就是一种正常的物理现象。相反,对人的生活和工作造成不良影响的声音就称之为噪声。

②噪声的分类。

a.噪声按振动性质可分为气体动力噪声、机械噪声、电磁性噪声。

b.噪声按噪声来源可分为交通噪声(如汽车、火车、飞机等)、工业噪声(如鼓风机、汽轮机、冲压设备等)、建筑施工噪声(如打桩机、推土机、混凝土搅拌机等发出的声音)、社会生活噪声(如高音喇叭、收音机等)。

c.噪声的危害。

噪声是影响与危害非常广泛的环境污染问题。噪声环境可以干扰人的睡眠与工作、影响人的心理状态与情绪,造成人的听力损失,甚至引起许多疾病。此外噪声对人们的对话干扰也是相当大的。

2)施工现场噪声的控制措施。

噪声控制技术可从声源、传播途径、接收者防护等方面来考虑。

①声源控制。

从声源上降低噪声,这是防止噪声污染的最根本的措施。

a.尽量采用低噪声设备和工艺代替高噪声设备与加工工艺,如低噪声振捣器、风机、电动空压机、电锯等。

b.在声源处安装消声器消声,即在通风机、鼓风机、压缩机、燃气机、内燃机及各类排气放空装置等进出风管的适当位置设置消声器。

②传播途径的控制。

在传播途径上控制噪声的方法主要有以下几种:

a.吸声:利用吸声材料(大多由多孔材料制成)或由吸声结构形成的共振结构(金属或木质薄板钻孔制成的空腔体)吸收声能,降低噪声。

b.隔声:应用隔声结构,阻碍噪声向空气中传播,将接收者与噪声声源分隔。隔声结构包括隔声室、隔声罩、隔声屏障、隔声墙等。

c.消声:利用消声器阻止传播。允许气流通过的消声降噪是防治空气动力性噪声的主要装置。如对空气压缩机、内燃机产生的噪声等。

d.减振降噪:对来自振动引起的噪声,通过降低机械振动减小噪声,如将阻尼材料涂在振动源上,或改变振动源与其他刚性结构的连接方式等。

③接收者防护。

让处于噪声环境的人员使用耳塞、耳罩等防护用品,减少相关人员在噪声环境中的暴露时间,以减轻噪声对人体的危害。

④严格控制人为噪声。

进入施工现场不得高声喊叫、无故甩打模板、乱吹哨,限制高音喇叭的使用,最大限度地减少噪声扰民。

⑤控制强噪声作业的时间。

凡在人口稠密区进行强噪声作业时,须严格控制作业时间,一般晚 22:00 点到次日早 6：00 点之间停止强噪声作业。确系特殊情况必须昼夜施工时，尽量采取降低噪声措施，并会同建设单位找当地居委会、村委会或当地居民协调，出安民告示，求得群众谅解。

3）施工现场噪声的限值。

根据国家标准《建筑施工场界噪声限值》(GB 12523—2011)的要求，对不同施工作业的噪声限值见表 6-12。在施工中，要特别注意不得超过国家标准的限值，尤其是夜间禁止打桩作业。

表 6-12　　　　　　　　　　建筑施工场界噪声限值

施工阶段	主要噪声源	噪声限值[dB(A)]	
		昼间	夜间
土石方	推土机、挖掘机、装载机等	75	55
打桩	各种打桩机械等	85	禁止施工
结构	混凝土搅拌机、振捣棒、电锯等	70	55
装饰	吊车、升降机等	65	55

（4）固体废弃物的处理。

1）建筑工地上常见的固体废弃物。

①固体废弃物的概念。

固体废弃物是生产、建设、日常生活和其他活动中产生的固态、半固态废弃物质。固体废弃物是一个极其复杂的废物体系。按照其化学组成可分为有机废物和无机废物；按照其对环境和人类健康的危害可以分为一般废物和危险废物。

②施工工地上常见的固体废物。

a.建筑渣土：包括砖瓦、碎石、渣土、混凝土碎块、废钢铁、碎玻璃、废屑、废弃装饰材料等。

b.废弃的散装建筑材料：包括散装水泥、石灰等。

c.生活垃圾：包括炊厨废物、丢弃食品、废纸、生活用具、玻璃、陶瓷碎片、废电池、废旧日用品、废塑料制品、煤灰渣、废交通工具等。

d.设备、材料等的废弃包装材料等。

e.粪便。

2）固体废弃物对环境的危害。

固体废弃物对环境的危害是全方位的。主要表现在以下几个方面：

①侵占土地：由于固体废弃物的堆放，可直接破坏土地和植被。

②污染土壤：固体废物的堆放中，有害成分易污染土壤，并在土壤中发生积累，给作物生长带来危害。部分有害物质还能杀死土壤中的微生物，使土壤丧失

腐解能力。

③污染水体:固体废弃物遇水浸泡、溶解后,其有害成分随地表径流或土壤渗流污染地下水和地表水;此外,固体废弃物还会随风飘迁进入水体造成污染。

④污染大气:以细颗粒状存在的废渣垃圾和建筑材料在堆放和运输过程中,会随风扩散,使大气中悬浮的灰尘废弃物提高;此外,固体废弃物在焚烧等处理过程中,可能产生有害气体造成大气污染。

⑤影响环境卫生:固体废弃物的大量堆放,会招致蚊蝇滋生,臭味四溢,严重影响工地以及周围环境卫生,对员工和工地附近居民的健康造成危害。

3)固体废弃物的处理和处置。

①固体废弃物处理的基本思想是采取资源化、减量化和无害化的处理,对固体废弃物产生的全过程进行控制。

②固体废弃物的处理方法。

a.回收利用:回收利用是对固体废弃物进行资源化、减量化的重要手段之一。对建筑渣土可视其情况加以利用。废钢可按需要用作金属原材料。对废电池等废弃物应分散回收,集中处理。

b.减量化处理:减量化是对已经产生的固体废弃物进行分选、破碎、压实浓缩、脱水等减少其最终处置量,减少处理成本,减少对环境的污染。在减量化处理的过程中,也包括和其他处理技术相关的工艺方法,如焚烧、热解、堆肥等。

c.焚烧技术:焚烧用于不适合再利用且不宜直接予以填埋处置的废弃物,尤其是对于受到病菌、病毒污染的物品,可以采用焚烧进行无害化处理。焚烧处理应使用符合环境要求的处理装置,注意避免对大气的二次污染。

d.稳定和固化技术:利用水泥、沥青等胶结材料,将松散的废弃物包裹起来,减小废弃物的毒性和可迁移性,使得污染减少。

e.填埋:填埋是固体废弃物处理的最终技术,经过无害化、减量化处理的废弃物残渣集中到填埋场进行处置。填埋场应利用天然或人工屏障。尽量使需处置废弃物与周围的生态环境隔离,并注意废弃物的稳定性和长期安全性。

3.施工现场环境卫生管理措施

施工现场的环境卫生管理工作,要逐步做到科学化、规范化的管理。

(1)施工现场要清洁整齐,无积水,车辆出入现场不得遗撒或者带泥沙。

(2)工地发生法定传染病和食物中毒时,要及时向卫生防疫部门和行政主管部门报告,并采取措施防止传染病传播。

(3)施工现场应设置饮水茶炉或电热水器,保证开水供应,并由专人管理和定期清洗、保持卫生。

(4)办公室、宿舍、食堂、吸烟室、饮水站、专用封闭垃圾间、厕所等必须有统一制作的标志牌。

(5)工地办公室要整洁、整齐、美观。

(6)宿舍要有开启式窗户,保证室内空气流通,夏季有防蚊蝇设施及电风扇,冬季有取暖设施,采用取暖炉的房间必须安装防煤气中毒的风斗。

(7)宿舍床铺要整洁,不得私拉乱接电线,宿舍张贴卫生管理制度,每天有人打扫卫生。

(8)生活区垃圾必须按指定地点集中堆放,及时清理。垃圾堆放在封闭垃圾间。

(9)食堂必须有卫生许可证,炊事人员每年要进行一次健康体检,持有健康合格证及卫生知识培训证后,方可上岗。凡有其他有碍食品卫生的疾病,不得接触直接入口食品的制售和食品洗涤工作。

(10)炊事人员操作时必须穿戴好工作服、发帽,并保持清洁整齐,并搞好个人卫生,不打赤膊、不光脚、不随地吐痰。

(11)食堂操作间、仓库生熟食品必须分开存放,制作食品生熟分开。食品案板须有遮盖,不得食用腐烂变质食品。操作间刀、盆、案板等炊具生熟必须分开,存放炊具要有封闭式柜橱,各种炊具要干净无锈。

(12)食堂操作间、库房要清洁卫生,做到无蝇、无鼠、无蛛网,并有防火措施,食堂内外要保持清洁、卫生,泔水桶要加盖。

(13)施工现场的厕所设置,要远离食堂30m以外,应做到墙壁、屋顶严密,门窗齐全有纱窗,纱门。做到天天打扫,每周撒白灰或打药一二次。厕所应采用冲水或加盖措施,保持通风、无异味,高层建筑楼内应设流动厕所,每天清理干净。

第七章 施工员现场进度、成本控制工作

第一节 进度计划管理基本要求

一、施工进度计划管理与控制基本内容

组织施工项目的施工,施工进度计划管理与控制是整个施工项目管理的核心和龙头。以建筑施工企业管理来讲,施工计划管理,是指用全面计划的组织管理方法把施工企业的全部施工项目的施工生产活动和各项经营管理活动全面组织起来运作,并对其进行综合平衡、协调、控制和监督。它包括在市场经济规律的指导下,制定企业生产经营的经济技术指标或目标;对承担的施工项目任务进行科学合理的部署安排;编制可行的项目施工生产进度的长、中、短期计划和保证实施的各类专业计划,并进行综合平衡;组织计划的贯彻执行,并在执行中进行动态检查、分析;对项目施工中的生产、技术、经济等活动进行协调和控制,并使其正常运转。施工计划管理是一项全面的管理工作,是施工企业管理的首要职能。

因此,项目经理部对所承担的施工项目实施阶段的施工进度计划管理与控制,而控制的标准是施工进度计划。所以,施工进度计划是指表示施工项目中各个单位工程或分部分项工程的施工顺序、开竣工时间关系和为保证目标进度实现的资源计划做出全面部署安排的计划。施工项目进度计划管理是指对施工项目预期目标进行统筹安排和实施、监督、控制等一系列管理活动的总称。它包括编制施工项目实施性施工进度网络计划和资源优化配置计划以及执行中的月、旬(周)、日施工作业性计划和施工任务书;贯彻执行施工进度计划并不断推进施工进度;对施工进度计划执行情况进行动态检查、对比、分析和及时调整;进行施工进度控制和协调;安排好收尾阶段的交叉施工作业计划,确保按合同工期交竣工验收并进行进度控制总结。

二、施工进度计划概念和分类

1. 施工进度计划的概念

施工进度计划是施工现场各项施工活动在时空上的体现。编制施工进度计划就是根据施工中的施工方案和工程开展程序,对全工地所有的工程项目做出时空上的安排。其作用在于确定各个施工项目及其主要工程工种,准备工作和全工程的施工期限及开竣工日期,从而确定建筑施工现场上的劳动力、材料、成品、半

成品、施工机具的需要数量和调配情况,以及现场临时设施的数量、水电供应数量和能源交通需要数量等等。因此,正确地编制施工进度计划是保证建设项目按期交付使用,充分发挥投资效益,降低建筑工程成本的重要条件。

2. 施工进度计划的分类

施工进度计划按编制时间、编制对象、编制内容的不同进行分类,有以下几种情况:

(1)按编制时间不同分类。

施工进度计划按编制时间不同可分为:年度项目施工进度计划、季度项目施工进度计划、月项目施工进度计划、旬日项目施工进度计划四种。

(2)按编制对象的不同分类。

施工进度计划按编制对象的不同可分为:施工总进度计划、单位工程进度计划、分阶段工程进度计划、分部分项工程进度计划四种。

1)施工总进度计划。

施工总进度计划是以一个建设项目或一个建筑群体为编制对象,用以指导整个建设项目或建筑群体施工全过程进度控制的指导性文件。施工总进度计划一般在总承包企业的总工程师领导下进行编制。

2)单位工程进度计划。

单位工程进度计划是以一个单位工程为编制对象,在项目总进度计划控制目标的原则下,用以指导单位工程施工全过程进度控制的指导性文件。单位工程施工进度计划一般在施工图设计完成后,单位工程开工前,由项目经理组织,在项目技术负责人领导下进行编制。

3)分阶段工程进度计划。

分阶段工程进度计划是以工程阶段目标(例如:+0.000以下阶段;主体结构施工阶段;外装施工阶段;内装施工阶段;设备安装阶段;调试阶段;室外庭院;道路施工阶段等等)为编制对象,用以实施其施工阶段过程进度控制的文件。分阶段工程进度计划一般是与单位工程进度计划同时进行,由专业负责的专业工程师进行编制。

4)分部分项工程进度计划。

分部分项工程进度计划是以分部分项工程为编制对象,用以具体实施操作其施工过程进度控制的专业性文件,在分阶段工程进度计划控制下,由负责分部分项的工长进行编制。

施工总进度计划、单位工程进度计划、分阶段工程进度计划、分部分项工程进度计划有以下关系:施工总进度计划是对整个施工项目的进度全局性的战略部署,其内容和范围比较广泛概括;单位工程进度计划是在施工总进度计划的控制下,以施工总进度计划和单位工程的特点为依据编制的;分阶段工程进度计划是以单位工程进度计划和分阶段的具体目标要求编制的,把单位工程内容具体化;分部分项工程进度计划是以总进度计划、单位工程进度计划、分阶段工程进度计划为依据编制的,针对具体的分部分项工程,把进度控制进一步具体化可操作化,是专业工程具体安排控制的体现。

(3)按编制内容的繁简程度不同分类。

施工进度计划按编制内容不同可分为完整的项目施工进度计划和简单形式的施工进度计划。完整的项目施工进度计划对于工程规模大,结构装修复杂,交叉施工复杂,技术要求高,采用新技术、新材料和新工艺的施工项目,必须编制内容详尽的完整施工进度计划。对于工程规模小,施工简单,技术要求不复杂的施工项目,可编制一个内容简单的施工项目进度计划。

三、施工进度计划基本原则

1. 贯彻国家方针政策

认真贯彻国家和地方对工程建设的各项方针政策,严格执行法定工程建设程序,施工阶段应该在设计阶段结束后和施工准备完成后方可正式开始进行。如果违背建设程序,就会给施工带来混乱,造成时间上的浪费,资源上的损失,质量上的低劣等后果。执行施工许可证制度和工程竣工验收备案制度,准确地确定工程项目的开竣工日期。

2. 坚持合理施工程序和施工顺序

遵循建筑施工工艺及其技术规律,坚持合理的施工程序和施工顺序。项目产品及其生产,有其本身的客观规律。这里既有施工工艺及其技术方面的规律,也有施工程序和施工顺序方面的规律。遵循这些规律去组织施工,就能保证各项施工活动的紧密衔接和相互促进,充分利用资源,确保工程质量,加快施工速度,缩短工期。

施工工艺及其技术规律,是分部(项)工程固有的客观规律。例如:钢筋加工工程,其工艺顺序是钢筋调直、除锈、下料、弯曲和成型,其中任何一道工序也不能省略或颠倒,这不仅是施工工艺要求,也是技术规律要求,因此,在编制施工进度计划过程中,必须遵循施工工艺及其技术规律。

施工程序和施工顺序是施工过程中的固有规律。施工活动是在同一场地、不同空间、同时或前后交错搭接地进行,前面的工作完不成,后面的工作就不能开始。这种前后顺序是客观规律决定的,而交错搭接则是计划决策人员争取时间的主观努力,所以组织项目施工过程必须科学地安排施工程序和施工顺序。

施工程序和施工顺序是随着施工的规模、性质、设计要求、施工条件和使用功能的不同而变化的,但是经验证明其仍有可供遵循的共同规律。

(1)施工准备与正式施工的关系。

施工准备之所以重要,是因为它是后续施工活动能够按时开始的充分且必要的条件。准备工作没有完成就贸然开工,不仅会引起工地的混乱,而且还会造成资源的浪费。因此,安排施工程序的同时,首先安排其相应的准备工作。

（2）全场性工程与单位工程的关系。

在正式施工前，应该首先进行全场性工程的施工，然后按照工程排队的顺序，逐个地进行单位工程的施工，例如：平整场地、架设电线、敷设管网、修建铁路、修筑公路等全场性的工程均应在施工项目正式开工之前完成。这样就可以使这些永久性工程在全面施工期间为工地的供电、给水、排水和场内外运输服务，不仅有利于文明施工，而且能够获得可观的经济效益。

（3）场内与场外的关系。

在安排架设电线、敷设管网、修建铁路和修筑公路的施工程序时，应该先场外后场内；由远而近；先主干后分支；排水工程要先下游后上游。这样既能保证工程质量，又能加快施工速度。

（4）地下与地上的关系。

在处理地下工程与地上工程的关系时，应遵循先地下后地上和先深后浅的原则。对于地下工程要加强安全技术措施，保证其安全施工。

（5）主体结构与装饰工程的关系。

一般情况下，主体结构施工在前，装饰工程施工在后。当主体结构工程施工进展到一定程度之后，为装饰工程的施工提供了工作面时，装饰工程施工可以穿插进行。当然，随着建筑产品生产工厂化程度的提高，它们之间的先后时间间隔的长短也将发生变化。

（6）空间顺序与工种顺序的关系。

在安排施工顺序时，既要考虑施工组织要求的空间顺序，又要考虑施工工艺要求的工种顺序。空间顺序要以工种顺序为基础，工种顺序应该尽可能地为空间顺序提供有利的施工条件。研究空间顺序是为了解决施工流向问题，它是由施工组织、缩短工期和保证质量的要求来决定的；研究工种顺序是为了解决工种之间在时间上的搭接问题，它必须在满足施工工艺的要求条件下，尽可能地利用工作面，使相邻两个工种在时间上合理地和最大限度地搭接起来。

3. 采用流水、网络计划技术组织连续施工

采用流水施工方法和网络计划技术，组织有节奏、均衡、连续的施工。

流水施工方法具有生产专业化强、劳动效率高、操作熟练、工程质量好、生产节奏性强、资源利用平衡、工人连续作业、工期短成本低等特点。国内外经验证明，采用流水施工方法组织施工，不仅可使施工有节奏、均衡、连续地进行，而且会带来很大的技术经济效益。

网络计划技术是当代计划管理的最新方法。它应用网络图形表达计划中各项工作的相互关系。它具有逻辑严密、思维层次清晰、主要矛盾突出，有利于计划的优化、控制和调整，有利于电子计算机在计划管理中的应用等特点。因此，它在各种计划管理中都得到广泛的应用。实践经验证明，在建筑企业和施工项目计划管理中，采用网络计划技术，其经济效益更为显著。为此，在组织工程项目施工时,采用流水作业和网络计划技术是极为重要的。

4. 搞好项目排队,保证重点,统筹安排

建筑企业和项目经理部一切生产经营活动的最终目的就是尽快地完成施工项目,使其早日投产或交付使用。这样对于建筑企业的计划决策人员来说,先建造哪部分,后建造哪部分,就成为通过各种科学管理手段,对各种管理信息进行优化后,做出决策的关键。通常情况下,根据施工项目是否为重点工程,或是否为有工期要求的项目,或是否为续建项目等进行统筹安排和分类排队,把有限的资源优先用于国家或业主最急需的重点项目,使其尽快地建成投产;同时照顾一般项目,把一般项目和重点项目结合起来。实践经验证明,在时间上分期和在项目上分批,保证重点和统筹安排,是建筑企业和施工项目经理部在组织项目施工时必须遵循的。

施工项目的收尾工作也必须重视。项目的收尾工作,通常是工序多、耗工多、工艺复杂、材料品种多样,而工程量少,如果不严密地组织、科学地安排,就会拖延工期,影响施工项目的早日投产使用。因此,抓好施工项目的收尾工作,对早日实现施工项目效益和工程建设投资的经济效果是很重要的。

5. 科学地安排冬雨期施工项目,保证全年生产的均衡性和连续性

由于建筑产品生产露天作业的特点,因此,建筑施工必然受到气候和季节的影响,冬季的严寒和夏季的多雨,都不利于建筑施工的正常进行。如果不采取相应的、可靠的技术组织措施,全年施工的均衡性、连续性就不能得到保证。

随着施工工艺及其技术的发展,已经完全可以在冬雨期进行正常施工,但是由于冬雨期施工要采取一些特殊的技术组织措施,必然会增加一些费用。因此,在安排施工进度计划时应当严肃地对待,恰当地安排冬雨期施工的项目。

6. 提高建筑工业化程度

建筑技术进步的重要标志之一是建筑工业化,而建筑工业化主要体现在认真执行工厂预制和现场预制相结合的方针,努力提高建筑机械化程度。

建筑产品的生产需要消耗巨大的社会劳动。在建筑施工过程中,尽量以机械化施工代替手工操作,尤其是大面积的平整场地,大量的土(石)方工程,大批量的装卸和运输,大型钢筋混凝土构件或钢结构构件的制作和安装等繁重施工过程的机械化施工,对于改善劳动条件,减轻劳动强度和提高劳动生产率等有其显著的经济效益。

目前,我国建筑企业的技术装备程度还很不够,满足不了生产的需要。为此在组织工程施工时,要因地、因工程制宜,充分利用现有的机械设备。在选择施工机械过程中,要进行技术经济比较,使大型机械和中、小型机械结合起来,使机械化和半机械化结合起来,尽量扩大机械施工范围,提高机械化程度。同时要充分发挥机械设备的生产率,保持其作业的连续性,提高机械设备的利用率。

7. 采用国内外先进的施工技术和科学管理方法

先进的施工技术与科学管理手段相结合,是改善建筑施工企业和施工项目经理部的生产经营管理素质、提高劳动生产率、保证工程质量、缩短工期、降低工程成本的重要途径。为此,在编制施工组织设计时,应广泛地采用国内外的先进的施工技术和科学施工管理的方法。

8. 科学进行平面布置

尽量减少暂设工程,合理地储备物资,减少物资运输量;科学地布置施工平面图。暂设工程在施工结束后就要拆除,其投资有效时间是短暂的,因此,在组织项目施工时,对暂设工程和大型临时设施的用途、数量和建造方式等方面,要进行技术经济方面的可行性研究,在满足施工需要的前提下,使其数量最少和造价最低。这对于降低工程成本和减少施工用地都是十分重要的。

上述原则,既是建筑产品生产的客观需要,又是加快施工速度、缩短工期、保证工程质量、降低工程成本、提高建筑企业和施工项目经理部经济效益的需要,所以必须在组织项目施工过程中认真地贯彻执行。

9. 贯彻计划编制"早、全、实、细"的工作原则

计划编制"早、全、实、细"的工作原则具体如下:

(1)早:强调计划工作先行。必须根据建设单位所提出的全面要求和信息,尽早地制订施工项目总体和阶段性目标计划,尽早地依照计划组织人员和设备、材料进入现场,使计划具有指导施工的意义。

(2)全:强调计划的全面配套。必须把施工项目实施的全部管理活动、全体人员、施工的全过程,统一纳入计划管理控制系统,并使各种计划衔接配套十分严密,而不是单独孤立的分头制定。实施中必须严格按照计划组织施工,使之形成一项全面的管理活动。

(3)实:强调计划安排实事求是的准确性。要保证计划在执行过程中的严肃性,首先要在计划安排上保证准确性。一定要考虑到目标的全面要求;同时要考虑到外界的约束条件和现实的可能性,既先进又留有余地,并以强有力的管理和技术措施做保证。施工方案要考虑先进合理,实用性强,从技术管理上提高经济效益,施工组织要强调均衡生产,使得计划编制的质量高,并具有合理性、科学性、务实性。

(4)细:强调计划编制细致具体的深化和展开。从施工总体计划到年、季、月、周(日)计划的具体工作必须逐级分解展开。总体网络计划为统筹全局的计划,从施工准备到竣工验收逐一对每一单项工程及各种工序的衔接关系、持续时间、最早和最迟开工时间都做了细致的计划编制。从施工总体计划分解直到日计划工作划分应越来越细,计划内容应越来越具体,前者以后者为支柱,后者以前者为指导,把项目施工全过程、全部管理工作、全体参加施工人员统一纳入计划管理和控制轨道。

四、施工进度计划基本内容

1.施工总进度计划

(1)施工总进度计划依据。

1)工程项目承包合同及招标投标书。招投标文件及签订的工程承包合同;工程材料和设备的订货、供货合同等。

2)工程项目全部设计施工图纸及变更洽商。建设项目的扩大初步设计、技术设计、施工图设计、设计说明书、建筑总平面图及建筑竖向设计及变更洽商等。

3)工程项目所在地区位置的自然条件和技术经济条件。主要包括:气象、地形地貌、水文地质情况、地区施工能力,交通、水电条件等;建筑安装企业的人力、设备、技术和管理水平。

4)工程项目设计概算和预算资料、劳动定额及机械台班定额等。

5)工程项目拟采用的主要施工方案及措施、施工顺序、流水段划分等。

6)工程项目需用的主要资源。主要包括:劳动力状况、机具设备能力、物资供应来源条件等。

7)建设方及上级主管部门对施工的要求。

8)现行规范、规程和有关技术规定。国家现行的施工及验收规范、操作规程、技术规定和技术经济指标。

(2)施工总进度计划内容。

施工总进度计划主要包括建设项目的主要情况;工程性质、建设地点、建设规模、总占地面积、总建筑面积、总工期、分期分批投入使用的项目和工期;主要工种工程量、设备安装及其吨数;总投资额、建筑安装工作量、工厂区和生产区的工作量;建筑结构类型、新技术、新材料的复杂程度和应用情况等;施工部署和主要采取的施工方案;全场性的施工准备工作计划、施工资源总需要量计划、施工项目总进度控制目标;单位工程的分阶段进度目标以及单位工程与主要设备安装的施工配合穿插等;施工总平面布置和各项主要经济技术评价指标等。

但是,由于建设项目的规模、性质和建筑结构的复杂程度和特点不同,建筑施工场地条件差异和施工复杂程度不同,其内容也不一样。

2.单位工程施工进度计划

(1)施工总进度计划依据。

1)主管部门的批示文件及建设单位的要求。如:上级主管部门或发包单位对工程的开工、竣工日期,土地申请和施工执照等方面的要求及施工合同中的有关规定等。

2)施工图纸及设计单位对施工的要求。其中包括:单位工程的全部施工图纸、会审记录和标准图、变更洽商等有关部门设计资料,对较复杂的建筑工程还要有设备图纸和设备安装对土建施工的要求,及设计单位对新结构、新材料、新技术和新工艺的要求。

3)施工企业年度计划对该工程的安排和规定的有关指标。如:进度、其他项目穿插施工的要求等。

4)施工组织总设计或大纲对该工程的有关部门规定和安排。

5)资源配备情况。如:施工中需要的劳动力、施工机具和设备、材料、预制构件和加工品的供应能力及来源情况。

6)建设单位可能提供的条件和水电供应情况。如:建设单位可能提供的临时房屋数量,水电供应量,水压、电压能否满足施工需要等。

7)施工现场条件和勘察资料。如:施工现场的地形、地貌、地上与地下的障碍物、工程地质和水文地质、气象资料、交通运输道路及场地面积等。

8)预算文件和国家及地方规范等资料。工程的预算文件等提供的工程量和预算成本,国家和地方的施工验收规范、质量验收标准、操作规程和有关定额是确定编制施工进度计划的主要依据。

(2)施工总进度计划内容。

单位工程进度计划根据工程性质、规模、繁简程度的不同,其内容和深广度要求的不同,不强求一致,但内容必须简明扼要,使其真正能起到指导现场施工的作用。

单位工程进度计划的内容一般应包括:

1)工程建设概况。拟建工程的建设单位,工程名称、性质、用途、工程投资额,开竣工日期,施工合同要求,主管部门的有关部门文件和要求,以及组织施工的指导思想等。

2)工程施工情况。拟建工程的建筑面积、层数、层高、总高、总宽、总长、平面形状和平面组合情况,基础、结构类型,室内外装修情况等。

3)单位工程进度计划,分阶段进度计划,单位工程准备工作计划,劳动力需用量计划,主要材料、设备及加工品计划,主要施工机械和机具需要量计划,主要施工方案及流水段划分,各项经济技术指标要求等。

第二节　进度网络计划技术

一、流水施工基本方法

1.流水施工的组织方式

流水施工组织方式包括依次施工、平行施工、流水施工。

(1)依次施工。

依次施工,又叫顺序施工,它是将拟建工程项目的整个建造过程分解成若干个施工过程,按照一定的施工顺序,前一个施工过程完成后,下一个施工过程才开始施工;或前一个工程完成后,下一个工程才开始施工。

优点是:每天投入的劳动力较少,机具、设备使用不集中,材料供应较单一,施工现场管理简单,便于组织和安排。缺点是:班组施工及材料供应无法保持连续均衡,工人有窝工的情况或不能充分利用工作面,工期长。

(2)平行施工。

在拟建工程任务十分紧迫、工作面允许以及资源保证供应的条件下,可以组织几个相同的工作队,在同一时间、不同空间上,完成同样的施工任务。但施工的专业工作队数目大大增加,工作队的工作仍然有间歇,劳动力及物资资源的消耗相对集中。

(3)流水施工。

流水施工是指所有施工过程按一定的时间间隔依次施工。各个施工过程陆续开工、陆续竣工,同一施工过程的施工班组保持连续、均衡施工,不同施工过程的尽可能平行搭接施工。流水施工的优点如下:

1)充分、合理地利用工作面,减少或避免"窝工"现象,缩短工期。

2)资源消耗均衡,从而降低了工程费用。

3)能保持各施工过程的连续性、均衡性,从而提高了施工管理水平和技术经济效益。

4)能使各施工班组在一定时期内保持相同的施工操作和连续、均衡施工,从而有利于提高劳动生产率。

流水施工的实质就是在时间和空间上连续作业,组织均衡施工(同时隐含有工艺逻辑和组织逻辑关系的要求)。

2. 组织流水施工的条件

(1)施工对象的建造过程应能分成若干个施工过程,每个施工过程能分别由专业施工队负责完成。

(2)施工对象的工程量能划分成劳动量大致相等的施工段(区)。

(3)能确定各专业施工队在各施工段内的工作持续时间(流水节拍)。

(4)各专业施工队能连续地由一个施工段转移到另一个施工段,直至完成同类工作。

(5)不同专业施工队之间完成施工过程的时间应适度搭接、保证连续(确定流水步距),这是流水施工的显著的特点。

3. 流水施工的表达方式

流水施工的表达方式主要有横道图和网络图。横道图,又称横线图或甘特图,是建筑工程中常用的表达方法,横道图的表达方式有下面两种。

(1)水平指示图表。

如图 7-1 所示,表的横向表示持续时间,纵向表示施工过程,"横道"表示每个

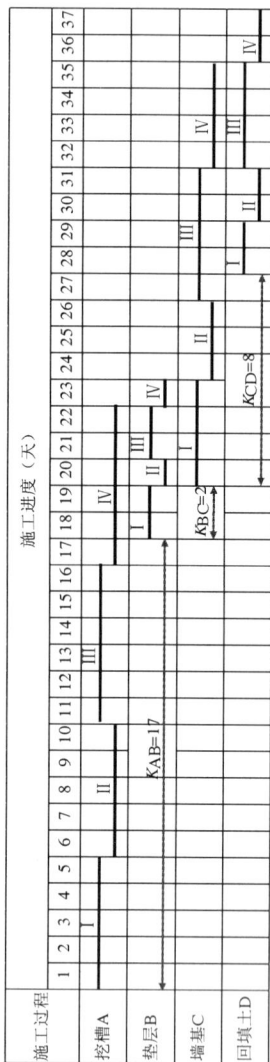

图7-1 某土建基础工程水平横道进度图

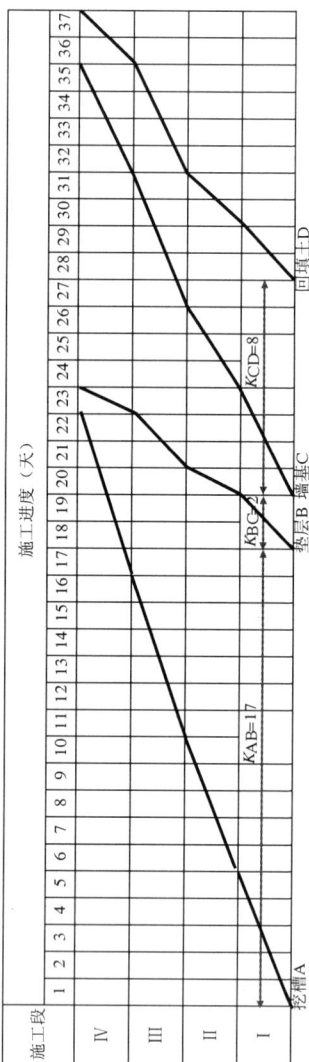

图7-2 某土建基础工程垂直指示图

施工过程在不同施工段上的持续时间和进展情况,"横道"上方的编号表示施工段编号。

(2)垂直指示图表。

如图 7-2 所示,其横坐标表示持续时间,纵坐标表示施工段,斜线表示每个施工段完成各道工序的持续时间以及进展情况,斜线上方的编号表示施工过程,垂直指示图能直观地反映出一个施工段各施工过程的先后顺序。斜线的斜率反映了施工速度快慢,直观反映施工进度计划。

4. 流水施工参数及确定方法

(1)流水施工参数。

在组织拟建工程项目流水施工时,用以表达流水施工在工艺流程、空间布置和时间排列等方面开展状态的参数,称为流水参数。它包括工艺参数、空间参数、时间参数。

流水施工的基本参数,见表 7-1。

表 7-1　　　　　　　　　　　流水施工的基本参数

序号	类别	基本参数	代号	说明
一	工艺参数	施工过程数	n	用以表达流水施工在工艺上开展层次的有关过程,称为施工过程。施工过程所包括的范围可大可小,划分的粗细程度由实际需要而定
		流水强度	V_j	某施工过程在单位时间内所完成的工程数量
二	空间参数	工作面		指供某专业工种的工人或某种施工机械进行施工的活动空间,可根据该工种的计划产量定额和安全施工技术规程要求确定
		施工段	m	把拟建工程在平面上划分为若干个劳动量大致相等的施工段落,即为施工段
		施工层	r	为了满足专业工种对操作高度和施工工艺的要求,将拟建多层或高层建筑物(构筑物)工程项目在竖向上划分为若干个施工层
三	时间参数	流水节拍	t_i	每个专业工作队在各个施工段上完成相应的施工任务所必需的持续时间,均称为流水节拍
		流水步距	$K_{j,j+1}$	相邻两个专业工作队 j 和 $j+1$ 在保证施工顺序、满足连续施工、最大限度搭接和保证工程质量要求的条件下,相继投入施工的最小时间间隔

序号	类别	基本参数	代号	说明
三	时间参数	技术间歇	$Z_{j,j+1}$	在组织流水施工时通常将施工对象的工艺性质决定的间歇时间,统称为技术间歇,如混凝土浇筑后的养护时间、砂浆抹面和油漆面的干燥时间、墙身砌筑前的墙身位置弹线、施工机械转移、回填土前地下管道检查验收等
		组织间歇	$G_{j,j+1}$	组织流水施工时,通常将施工组织原因造成的间歇时间,统称为组织间歇,如墙体砌筑前的墙身位置弹线、施工人员、机械转移、回填土前地下管道检查验收等其他需要很多时间的作业前准备工作。在组织流水施工时,间歇时间可以并入前一过程或后一过程中,以简化流水施工组织
		平行搭接时间	$C_{j,j+1}$	为了缩短工期,有时在工作面允许的前提下,某施工过程可与其紧前施工过程平行搭接施工
		流水施工工期	T	从第一个专业工作队投入流水施工开始,到最后一个专业工作队完成最后一个施工段的任务后退出流水施工为止的整个持续时间

(2)流水施工主要参数的确定方法。

1)施工段数 m。

一般情况下,一个施工段在同一时间内只安排一个专业工作队施工,各专业工作队遵循施工工艺顺序依次投入作业,同一时间内在不同的施工段上平行施工,使流水施工均衡地进行。在划分施工段时,应考虑以下因素,见表 7-2。

表 7-2   施工段数 m 确定时应考虑的因素

序号	内容
1	施工段的分界线应尽可能与结构界线(如沉降缝、伸缩缝等)相一致,或设在对建筑结构整体性影响小的部位
2	同一专业工作队在各个施工段上的劳动量应大致相等,相差幅度不宜超过10%~15%;划分的段数不宜过多,过多势必使工期延长
3	每个施工段内要有足够的工作面,使其所容纳的劳动力人数或机械台数,能满足合理劳动组织的要求
4	尽量使主导施工过程的工作队能连续施工

续表

序号	内容
5	考虑垂直运输机械的能力,如采用塔吊,应考虑每台班的吊次,充分发挥塔吊效率
6	施工段的数目要满足合理组织流水施工的要求: 对于多层或高层建筑物,施工段数$(m)\geqslant$施工过程数(n); 当无层间关系或无施工层(如某些单层建筑物、基础工程等)时,则施工段不受此限制,可按前面所述划分施工段的原则进行确定
7	对多层建筑物、构筑物或需要分层施工的工程,既要划分施工段,又要划分施工层,以确保相应专业队在施工段与施工层之间,组织连续、均衡、有节奏地流水施工

2)施工层数 r。

施工层的划分,要按施工项目的具体情况,根据建筑物的高度、楼层来确定。如砌筑工程的施工层高度一般为 1.2m,室内抹灰、木装饰、油漆、玻璃和水电安装等,可按楼层进行施工层划分。

3)流水节拍 t_i。

流水节拍的大小,可以反映出流水施工速度的快慢、节奏感的强弱和资源供应量的多少,同时,流水节拍也是区别流水施工组织方式的特征参数。为了避免工作队转移时浪费工时,流水节拍在数值上最好是半个班的整倍数。流水节拍可分别按下列方法确定:

①定额计算法。

根据各施工段的工程量、能够投入的资源量(工人数、机械台数和材料量等),按下列公式进行计算:

$$t_i = \frac{Q_i}{S_i R_i N_i} = \frac{P_i}{R_i N_i} \tag{7-1}$$

或

$$t_i = \frac{Q_i H_i}{R_i N_i} = \frac{P_i}{R_i N_i} \tag{7-2}$$

式中　t_i——某专业工作队在第 i 施工段上的流水节拍;

Q_i——某专业工作队在第 i 施工段上要完成的工程量;

S_i——某专业工作队的计划产量定额;

H_i——某专业工作队的计划时间定额;

R_i——某专业工作队在第 i 施工段上投入的工作人数或机械台数;

N_i——某专业工作队在第 i 施工段上的工作班次;

P_i——某专业工作队在某施工段(i)上的劳动量或机械设备数量,其值可按式(7-13)或式(7-14)确定。

式(7-1)和式(7-2)中产量定额 S_i、时间定额 H_i 最好是反映该专业队施工实际水平的定额。

如工期已定,根据工期要求倒排进度的方法确定的流水节拍,可用上式反算出资源需要量,这时应考虑作业面是否足够。如果工期紧、节拍短,就应考虑增加作业班次(双班或三班),相应的机械设备能力和材料供应情况,亦应同时考虑。

②经验估算法。

对于采用新结构、新工艺、新方法和新材料等没有定额可循的工程项目,可根据以往的施工经验进行估算。为了提高准确程度,往往先估算出该流水节拍的最长、最短和正常(即最可能)三种时间,然后据此求出期望时间,作为某专业工作队在某施工段上的流水节拍。一般按下式进行计算:

$$t_i = (a_i + 4c_i + b_i)/6 \qquad (7\text{-}3)$$

式中　t_i——某专业工作队在第 i 施工段上的流水节拍;

a_i——某施工过程在第 i 施工段上的最短估算时间;

b_i——某施工过程在第 i 施工段上的最长估算时间;

c_i——某施工过程在第 i 施工段上的正常估算时间。

(3)流水步距 $K_{j,j+1}$。

流水步距的数目取决于参加流水施工的专业工作队数,如果有 x 个专业工作队,则流水步距的总数为 $x-1$ 个。

1)确定流水步距的原则(见表 7-3)。

表 7-3　　　　　　　　　　　确定流水步距的原则

序号	内容
1	相邻两个专业工作队按各自的流水速度施工,要始终保持施工工艺的先后顺序
2	各专业工作队投入施工后尽可能保持连续作业
3	相邻两个专业工作队在满足连续施工的条件下,能最大限度地实现合理搭接
4	要保证工程质量,满足安全生产

2)确定流水步距的方法。

确定流水步距常用“潘特考夫斯基法”,即“累加数列 错位相减 取大差”法,其计算步骤如下:

①根据各专业工作队在各施工段上的流水节拍,求累加数列。

②根据施工顺序,对所求相邻的两累加数列,错位相减。

③根据错位相乘的结果,确定相邻专业工作队之间的流水步距,即相减结果中数值最大者。

3)应用举例。

例:某混凝土结构工程主要有三个施工过程组成,分别由 A、B、C 三个专业队完成,该工程在平面上分为四个施工段,每个专业队在各施工段上的作业时间见表 7-4。试确定相邻专业队投入施工的最小时间间隔。

表 7-4　　　　　　某混凝土结构工程施工段作业时间表

流水节拍(天) 专业队	施工段 ①	②	③	④
A	4	3	4	2
B	3	2	3	2
C	2	1	2	1

解:即求相邻两专业队之间的流水步距。

1)累加数列:　　　　　A:　　4,　　7,　　11,　　13,

　　　　　　　　　　　B:　　3,　　5,　　8,　　10,

　　　　　　　　　　　C:　　2,　　3,　　5,　　6,

2)错位相减:　　　　　A:　　4,　　7,　　11,　　13,

　　　　　　　　　　　B:　　—　　3,　　5,　　8,　　10

　　　　　　　　　　　　————————————————————————————————
　　　　　　　　　　　　　　4,　4,　　6,　　5,　　−10

　　　　　　　　　　　B:　　3,　　5,　　8,　　10,

　　　　　　　　　　　C:　　—　　2,　　3,　　5,　　6

　　　　　　　　　　　　————————————————————————————————
　　　　　　　　　　　　　　3,　3,　　5,　　5,　　−6

3)取大差值为流水步距

$$K_{A,B} = \max\{4, 4, 6, 5, -10\} = 6(天)$$

$$K_{B,C} = \max\{3, 3, 5, 5, -6\} = 5(天)$$

5. 流水施工的基本方法

根据各施工过程时间参数的不同,可将流水施工分为等节拍流水、成倍节拍流水和无节奏流水三大类。

(1)等节拍专业流水施工计算。

等节拍流水,也称为全等节拍流水、固定节拍流水或同步距流水,是指同一施工过程在各个施工段上的流水节拍都相等,并且不同施工过程之间流水节拍也相等的一种流水施工方式,如图 7-3 所示。

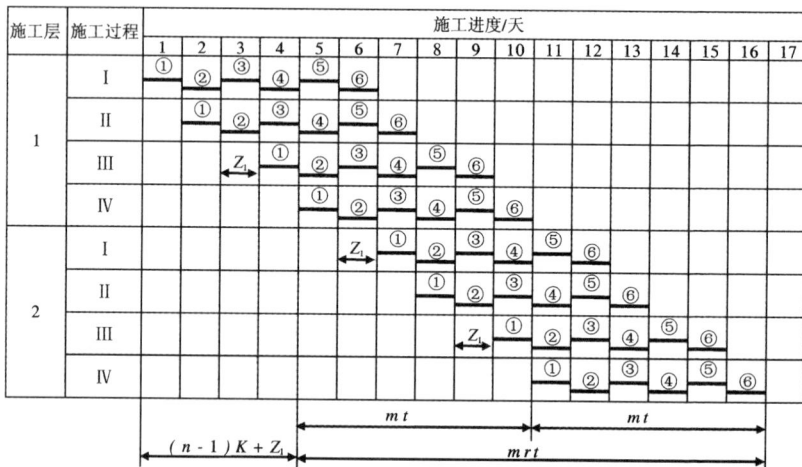

施工层	施工过程	施工进度/天																
		1	2	3	4	5	6	7	8	9	10	11	12	13	14	15	16	17
1	I	①	②	③	④	⑤	⑥											
	II		①	②	③	④	⑤	⑥										
	III			Z₁ ①	②	③	④	⑤	⑥									
	IV					①	②	③	④	⑤	⑥							
2	I					Z₁ ①	②	③	④	⑤	⑥							
	II						①	②	③	④	⑤	⑥						
	III							Z₁ ①	②	③	④	⑤	⑥					
	IV									①	②	③	④	⑤	⑥			

$(n-1)K+Z_1$ ←——→ mt ←——→ mt

mrt

图 7-3 全等节拍流水施工进度计划图

1) 等节拍流水施工特点,见表 7-5。

表 7-5   等节拍流水施工特点

序号	内容
1	流水节拍彼此相等,即 $t_i = t$
2	流水步距彼此相等,且等于流水节拍,即 $K_i = K = t$
3	每一个施工过程组织一个专业工作队,由该队完成相应施工过程在所有施工段上的施工任务,即专业工作队数 $n_1 =$ 施工过程数 n
4	各个专业工作队都能够连续施工,施工段没有空闲,是一种理想的施工方式

2) 等节拍流水施工工期计算。

计算流水施工的工期 T,可按下式进行计算:

$$T = (mr + n - 1)K + \sum Z_{j,j+1}^1 + \sum G_{j,j+1}^1 - \sum C_{j,j+1}^1 \qquad (7\text{-}4)$$

式中 j——施工过程编号,$1 \leqslant j \leqslant n$;

T——流水施工的工期;

m——施工段数;

r——施工层数;

n——施工过程数;

K——流水步距;

$\sum Z_{j,j+1}^1$ —— 第一个施工层中各施工过程间的技术间歇时间总和；

$\sum G_{j,j+1}^1$ —— 第一个施工层中各施工过程间的组织间歇时间总和；

$\sum C_{j,j+1}^1$ —— 第一个施工层中各施工过程间的平行搭接时间总和。

(2)成倍节拍流水施工计算。

在通常情况下,组织等节拍的流水施工是比较困难的。在任一施工段上,很难使得各个施工过程的流水节拍彼此相等。但是,如果施工段划分得合适,保持同一施工过程各施工段的流水节拍相等是不难实现的,此时可采用成倍节拍流水组织施工,如图 7-4 所示。

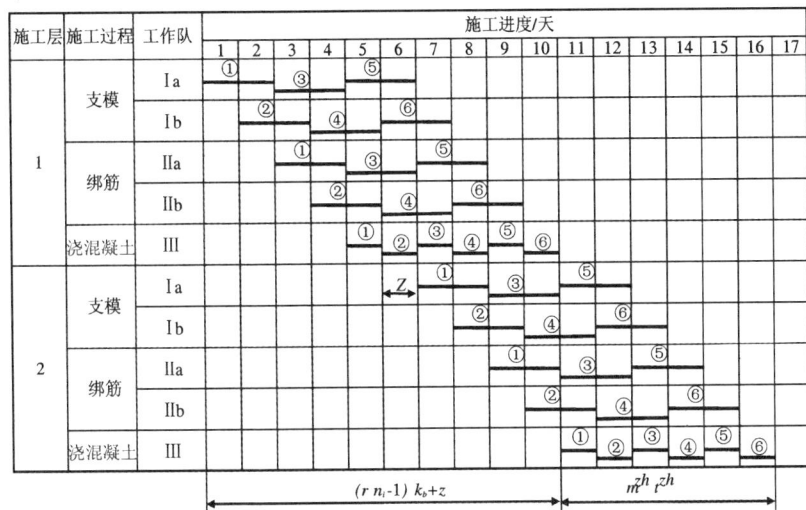

图 7-4 成倍节拍流水施工进度计划图

1)成倍节拍流水施工的特点(见表 7-6)。

表 7-6 成倍节拍流水施工特点

序号	内容
1	同一施工过程在各施工段上的流水节拍彼此相等,不同的施工过程在同一施工段上的流水节拍不尽相同,但其值为倍数关系
2	相邻专业工作队的流水步距 K_b 相等,且等于流水节拍的最大公约数
3	专业工作队数 $n_1 >$ 施工过程数 n
4	各专业工作队都能够保证连续施工,施工段之间没有空闲时间

2)成倍节拍流水施工的组织步骤。

①确定施工流水线、分解施工过程、确定施工顺序。

②划分施工段。

a. 不分施工层时,可按划分施工段的原则确定施工段数号。

b. 分施工层时,每层的段数可按下式确定:

$$m = n_1 + \frac{\max \sum Z_1}{K_b} + \frac{\max \sum G_1}{K_b} + \frac{\max \sum Z_2}{K_b} \quad (7\text{-}5)$$

式中　m——施工段数目;

　　n_1——专业工作队总数;

　　$\sum Z_1$——一个楼层内各施工过程间的技术间歇之和;

　　$\sum G_1$——一个楼层内各施工过程间的组织间歇之和;

　　Z_2——楼层间技术间歇时间;

　　K_b——成倍节拍流水的流水步距。

③按式(7-1)、式(7-2)或式(7-3)计算,确定流水节拍。

④按下式,确定流水步距 K_b:

$$K_b = 最大公约数\{t_1, t_2, \cdots, t_n\} \quad (7\text{-}6)$$

⑤按下式,确定专业工作队数 n_1:

$$b_j = \frac{t_j}{K_b} \quad (7\text{-}7)$$

$$n_i = \sum_{i=1}^{n} b_j \quad (7\text{-}8)$$

式中　t_j——施工过程 j 在各施工段上的流水节拍;

　　b_j——施工过程 j 所要组织的专业工作队数;

　　j——施工过程编号,$1 \leqslant j < n$;

　　K_b——成倍节拍流水的流水步距;

　　n——施工过程数;

　　n_1——专业工作队数。

⑥确定计划总工期 T,按下式进行计算。

$$T = (m_1 - 1) \times K_b + m^{zh}t^{zh} + \sum Z_{j,j+1} + \sum G_{j,j+1} - \sum C_{j,j+1} \quad (7\text{-}9)$$

或　$$T = (mr + n_1 - 1) \times K_b + \sum Z^1_{j,j+1} + \sum G^1_{j,j+1} - \sum C^1_{j,j+1} \quad (7\text{-}10)$$

式中　T——计划总工期;

　　r——施工层数;

　　n_1——专业工作队总数;

　　m——施工段数目;

　　K_b——成倍节拍流水的流水步距;

m^{zh}——最后一个施工过程的最后一个专业工作队所要通过的施工段数;

t^{zh}——最后一个施工过程的流水节拍;

n——施工过程数;

$\sum Z_{j,j+1}$——相邻两专业工作队 j 与 $j+1$ 之间的技术间歇时间总和$(1 \leqslant j \leqslant n-1)$;

$\sum G_{j,j+1}$——相邻两专业工作队 j 与 $j+1$ 之间的组织间歇时间总和$(1 \leqslant j \leqslant n-1)$;

$\sum C_{j,j+1}$——相邻两专业工作队 j 与 $j+1$ 之间的平行搭接时间之和$(1 \leqslant j \leqslant n-1)$;

$\sum Z_{j,j+1}^{1}$——第一个施工层中各施工过程间的技术间歇时间总和;

$\sum G_{j,j+1}^{1}$——第一个施工层中各施工过程间的组织间歇时间总和;

$\sum C_{j,j+1}^{1}$——第一个施工层中各施工过程间的平行搭接时间总和。

⑦绘制成倍节拍流水施工进度计划图。

在成倍节拍流水施工进度计划图中,除表明施工过程的编号或名称外,还应表明专业工作队的编号。在表明各施工段的编号时,一定要注意有多个专业工作队的施工过程。各专业工作队连续作业的施工段编号不应该是连续的,否则无法组织合理的流水施工。

3)应用举例。

例:某两层工程,分为安装模板、绑扎钢筋和浇筑混凝土三个施工过程。其中每层每段各施工过程的流水节拍分别为 $t_{模}=2$ 天, $t_{筋}=2$ 天 , $t_{混凝土}=1$ 天。第一层第 1 段的混凝土养护 1 天后才能进行第二层第 1 段模板安装施工。在保证各工作队连续施工的条件下,试计算工期并编制本工程的流水施工进度图表。

解:按要求,本工程宜采用成倍节拍流水组织施工。

①确定流水步距 K_{b},由式(7-6)得,

$$K_{b}=最大公约数\{t_{模},t_{筋},t_{混凝土}\}=最大公约数\{2,2,1\}=1 \text{ 天}$$

②确定专业工作队数量 n_{1},由式 7-7 得,

$$b_{模}=t_{模}/K_{b}=2/1=2 \text{ 个};同理,b_{筋}=2 \text{ 个},b_{混凝土}=1 \text{ 个};$$

由式(7-8)得,$n_{1}=\sum b_{j}=2+2+1=5$ 个

③确定每层施工段数量 m,由式(7-5)得,

$$m=n_{1}+\max \sum Z_{1}/K_{b}=5+1/1=6 \text{ 段}$$

④计算工期 T,由式(7-9)得,

$$T=(m_{1}-1) \times K_{b}+m^{zh}t^{zh}+\sum Z_{j,j+1}-\sum C_{j,j+1}$$

$$=(2 \times 5-1) \times 1+6 \times 1+1-0=16 \text{ 天}$$

[也可由式(7-10)计算,$T=(m_{r}+n_{1}-1)K_{b}+\sum Z_{j,j+1}^{1}+\sum G_{j,j+1}^{1}$

$$-\sum C_{j,j+1}^{1}$$

$$=(6 \times 2+5-1) \times 1+0+0-0=16 \text{天},结果同上]$$

⑤编制成倍节拍流水施工进度图表,如图 7-4 所示。

(3)无节奏流水施工计算。

工程施工中经常由于项目结构形式、施工条件不同等原因,使得各施工过程在各施工段上的工程量有较大差异,或因专业工作队的生产效率相差较大,导致各施工过程的流水节拍随施工段的不同而不同,且不同施工过程之间的流水节拍又有很大差异。这时,流水节拍虽无任何规律,但仍可利用流水施工原理组织流水施工,使各专业工作队在满足连续施工的条件下,实现最大搭接。这种无节奏流水施工方式是建设工程流水施工的普遍方式,如图 7-5 所示。

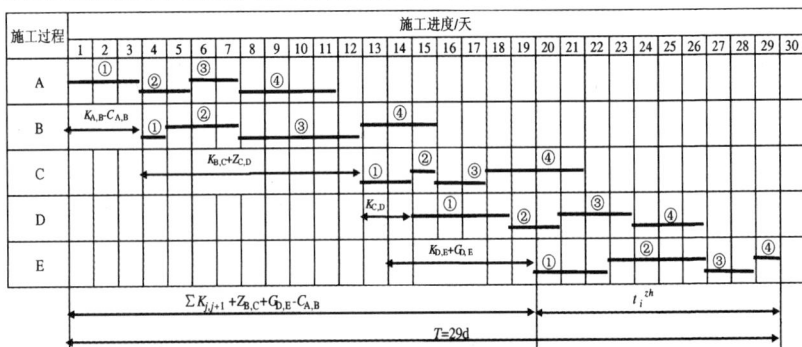

图 7-5 某工程无节奏流水施工进度计划

1)无节奏流水施工的特点,见表 7-7。

表 7-7　　　　　　　　　　**无节奏流水施工特点**

序号	内容
1	各施工过程在各个施工段上的流水节拍不尽相等
2	相邻专业工作队的流水步距不尽相等
3	专业工作队数等于施工过程数,即 $n_1 = n$
4	各专业工作队在施工段上能够连续施工,但有的施工段可能存在空闲时间

2)无节奏流水施工的组织步骤。

①确定施工流水线、分解施工过程、确定施工顺序。

②划分施工段。

③按相应的公式计算各施工过程在各个施工段上的流水节拍(参照本节相关内容)。

④按"潘特考夫斯基法"确定相邻两个专业工作队之间的流水步距。

⑤按下式计算流水施工的计划工期 T:

$$T = \sum_{j=1}^{n-1} K_{j,j+1} + \sum_{i=1}^{m} t_i^{zh} + \sum Z_{j,j+1} + \sum G_{j,j+1} - \sum C_{j,j+1} \quad (7\text{-}11)$$

式中 T——流水施工的计划总工期;

j——专业工作队编号,$1 \leqslant j \leqslant n_1 - 1$;

n_1——专业工作队数目,此时 $n_1 = n$;

m——施工段数目;

$K_{j,j+1}$——相邻专业工作队 j 与 $j+1$ 之间的流水步距;

I——施工段编号,$1 \leqslant i \leqslant m$;

t_i^{zh}——最后一个施工过程的第 i 个施工段上的流水节拍;

$\sum Z_{j,j+1}$——相邻两专业工作队 j 与 $j+1$ 之间的技术间歇时间总和($1 \leqslant j \leqslant n-1$);

$\sum G_{j,j+1}$——相邻两专业工作队 j 与 $j+1$ 之间的组织间歇时间总和($1 \leqslant j \leqslant n-1$);

$\sum C_{j,j+1}$——相邻两专业工作队 j 与 $j+1$ 之间的平行搭接时间之和($1 \leqslant j \leqslant n-1$)。

⑥绘制流水施工进度表,如图 7-5 所示。

3) 应用举例。

例:某项工程有 A、B、C、D、E 等五个施工过程。施工时在平面上划分成四个施工段,每个施工过程在各个施工段上的工程量、定额与班组人数见表 7-8。施工过程 B 完成后,其相应施工段至少要养护 2 天;施工过程 D 完成后,其相应施工段要留有 1 天的准备时间。为了早日完工,允许施工过程 A、B 之间搭接施工 1 天。试编制流水施工进度图表。

表 7-8　　　　　　　　　　　　　某工程资料表

施工过程	劳动力人数	劳动定额	各施工段工程量				
			单位	第 1 段	第 2 段	第 3 段	第 4 段
A	10	8m²/工日	m²	240	160	165	300
B	15	1.5m³/工日	m³	25	65	120	70
C	10	0.4t/工日	t	6.5	3.5	9	16
D	10	1.3m³/工日	m³	50	25	40	35
E	10	5m³/工日	m³	150	200	100	50

解:①计算流水节拍 t,由式(7-1)得,

$$t_{A,1} = Q_{A,1}/(S_{A,1} R_{A,1} N_{A,1}) = 240/(8 \times 10 \times 1) = 3;$$

同理可得其他各段的流水节拍,见表 7-9。

表 7-9　　　　　　　　　　　　　某工程流水节拍表

施工段　　流水节拍(天)　　专业队	①	②	③	④
A	3	2	2	4
B	1	3	5	3
C	2	1	2	4
D	4	2	3	3
E	3	4	2	1

②确定流水步距 K_b,采用"潘特考夫斯基法"。

1)累加数列：

A:	3,	5,	7,	11,
B:	1,	4,	9,	12,
C:	2,	3,	5,	9,
D:	4,	6,	9,	12,
E:	3,	7,	9,	10,

2)错位相减：

A,B:　　3,　5,　7,　11,

　－　　　　1,　4,　9,　12

　　　　3,　4,　3,　2,　－12

同理

B,C:　1,　2,　6,　7,　－9

C,D:　2,　－1,　－1,　0,　－12

D,E:　4,　3,　2,　3,　－10

3)取大差值为流水步距：

$$K_{A,B} = \max\{3, 4, 3, 2, -12\} = 4 (天)$$
$$K_{B,C} = \max\{1, 2, 6, 7, -9\} = 7 (天)$$
$$K_{C,D} = \max\{2, -1, -1, 0, -12\} = 2 (天)$$
$$K_{D,E} = \max\{4, 3, 2, 3, -10\} = 4 (天)$$

③计算工期 T,由式 7-12 得：

$$T = \sum_{j=1}^{n-1} K_{j,j+1} + \sum_{i=1}^{m} t_i^{zh} + \sum Z_{j,j+1} + \sum G_{j,j+1} - \sum C_{j,j+1}$$
$$= (4+7+2+4) + (3+4+2+1) + 2 + 1 - 1 = 29 \ 天$$

④编制成倍节拍流水施工进度图表,如图7-4所示。

二、双代号网络图的绘制

工程网络计划技术是以规定的网络符号及其图形表达计划中工作之间的相互制约和依赖关系,并分析其内在规律,从而寻求其最优方案的计划管理新方法。它在项目的组织施工、方案制定、进度管理与控制等方面起着十分重要的作用,其主要有关键线路法(CMP)和计划评审法(PERT)两种技术,两者大同小异,都是用工程网络图表达计划。一般工程网络图分为双代号网络图和单代号网络图。

1. 双代号网络图的基本概念

采用两个带有编号的圆圈和一个中间箭线表示一项工作,其持续时间多为肯定型,由工作(箭线)、节点和线路三要素组成。分有时间坐标和无时间坐标两种。

(1)工作。

1)工作又称工序、活动,是指计划按需要粗细程度划分而成的一个消耗时间(或也消耗资源)的子项目或子任务。它是网络图的组成要素之一。

①在双代号网络图中工作用箭线表示。工作名称写在箭线的上面或左面,工作持续时间写在箭线的下面或右面。

②即使不消耗人力、物力,但需要消耗时间的活动过程仍是工作,如混凝土浇筑后的养护过程,也是工作。

③工作根据一项计划(或工程)的规模不同其划分的粗细程度、大小范围也有所不同。如对于一个规模较大的工程项目来讲,一项工作可能代表一个单位工程或一个构筑物;如对于一个单位工程,一项工作可能只代表一个分部或分项工作。

④箭线的长度和方向:在无时间坐标的网络图中,原则上可以任意画,但必须满足网络逻辑关系且不得中断;箭线的长度按美观和需要而定,其方向尽可能由左向右画出,箭线优先选用水平走向。在有时间坐标的网络图中,其箭线长度必须根据完成该项工作所需持续时间的大小按比例绘制。在同一张网络图中,箭线的画法要求统一,图面要求整齐醒目。

2)工作类型。

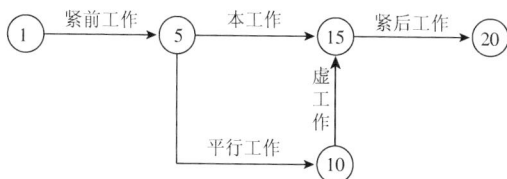

图 7-6　工作间的关系

按照网络图中工作之间的相互关系,可将工作分为以下几种类型,见表7-10。

表 7-10　　　　　　　　　　网络图的工作类型

序号	工作类型	说明
1	紧前工作	如图 7-6 所示,相对于工作 2-5 而言,紧排在本工作 2-5 之前的工作 1-2 称为工作 2-5 的紧前工作,即 1-2 完成后本工作即可开始;若不完成,本工作不能开始
2	紧后工作	如图 7-6 所示,紧排在本工作 2-5 之后的工作 7-8,称为工作 2-5 的紧后工作,本工作完成之后紧后工作即可开始;否则,紧后工作就不能开始
3	平行工作	如图 7-6 所示,工作 2-4 就是 2-5 的平行工作,可以和本工作 2-5 同时开始和同时结束
4	起始工作	没有紧前工作的工作。如图 7-6 所示,工作 1-2 就是起始工作
5	结束工作	没有紧后工作的工作。如图 7-6 所示,工作 7-8 就是结束工作
6	先行工作	自起点节点至本工作开始节点之前各条线路上的所有工作,称为本工作的先行工作
7	后续工作	本工作结束节点之后至终点节点之前各条线路上的所有工作,称为本工作的后续工作
8	虚工作	不消耗时间和资源的工作称为虚工作,即虚工作的持续时间为零。通常用虚箭线表示,如图 7-6 中工作 4-5 所示。当虚箭线很短,在画法上不易表示时,可采用工作持续时间为零的实箭线标识。虚工作实际上是用来表示工作间逻辑关系的一种符号

绘制网络图时,最重要的是明确各工作之间的紧前或紧后关系。只要这一点弄清楚了,其他任何复杂的关系都能借助网络图中的紧前或紧后关系表达出来。

(2)节点。

1)节点又叫事件,以圆圈表示。一个箭线尾部的节点称为开始节点(事件),箭线头部的节点称为结束节点,两个工作之间的节点称为中间节点。中间节点标志前一个工作的结束,允许后一个工作的开始,起到承上启下把工作衔接起来的作用。

2)节点仅为前后两个工作的交接点,它是工作完成或开始的瞬间,既不消耗时间也不消耗资源。在网络图中,对一个节点来讲,可能有许多箭线指向该节点,称该节点前导工作或前项工作,由该节点发出的箭线称该节点的后续工作或后项工作。

(3)线路,如图 7-7 所示。

网络图中从起点节点开始,沿箭线方向连续通过一系列箭线与节点,最后到达终点节点所经过的通路,称为线路。每一条线路都有自己确定的完成时间,它等于该线路上各项工作持续时间的总和,称为线路时间。以图 7-7 为例,列表计

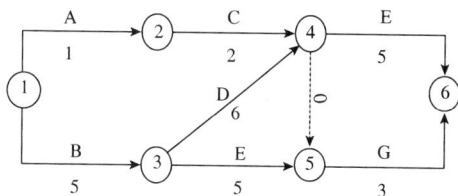

图 7-7 双代号网络示意图

算见表 7-11。

表 7-11 网络图线路时间计算表

序号	线路	线长
1	①→②→④→⑥	8
2	①→②→④→⑤→⑥	6
3	①→③→⑤→⑥	13
4	①→③→④→⑥	16
5	①→③→④→⑤→⑥	14

　　在整个网络线路中线路时间最长的线路称为关键线路(也称主要线路)。见表 7-11，图 7-7 中共有 5 条线路，其中第 4 条线路即①→③→④→⑥的时间最长，即为关键线路。位于关键线路上的工作称为关键工作。关键工作完成的快慢直接影响整个计划工期的实现。关键线路一般用粗线(或双箭线、红箭线)来重点表示。

　　在网络图中关键线路有时不止一条，可能同时存在几条关键线路，即这几条线路上的持续时间相同且是线路持续时间的最大值。但管理上一般不希望出现太多的关键线路。

　　在一定的条件下，关键线路和非关键线路可以相互转化。例如，当采用了一定的技术组织措施，缩短了关键线路上各工作的持续时间就有可能使关键线路发生转移，使原来的关键线路变成非关键线路，而原来的非关键线路却变成关键线路。

　　位于非关键线路的工作除关键工作外，其余称为非关键工作，它具有机动时间(即时差或浮时)。利用非关键工作的浮时可以科学的、合理的调配资源和对网络计划进行优化，例如可以利用将非关键工作在浮时范围内延长，而把部分人员和设备转移到关键工作上去，可以加快关键工作的进行，从而缩短工期。

2. 双代号网络图的绘制

(1)项目的分解。

根据项目管理和网络计划的要求和编制需要,将项目分解为网络计划的基本组成单元(工作)。项目分解的原则见表 7-12。

表 7-12 项目分解的原则

序号	内容
1	项目分解一般可按其性质、组织结构或运行方式等来划分。如:按准备阶段、实施阶段;按全局与局部;按专业或工艺作业内容;按工作责任或工作地点等进行分解
2	项目分解一般先粗后细。粗分有利于制定总网络计划,细分可作为绘制局部网络计划的依据
3	项目分解宜根据具体情况决定分解的粗细程度,也可仅在某一局部、某一生产阶段进行必要的粗分或细分

项目分解的结果就是形成项目的分解说明及项目的工作分解结构(WBS)图表。

(2)逻辑关系分析。

工作的逻辑关系分析是根据施工工艺和施工组织的要求,确定各道工作之间的相互依赖和相互制约的关系,以方便绘制网络图。

1)分析逻辑关系的依据,见表 7-13。

表 7-13 分析逻辑关系的依据

序号	内容
1	已设计的工作方案
2	项目已分解的工作序列
3	收集到的有关资料
4	编制计划人员的专业工作经验和管理工作经验等

2)逻辑关系分类,见表 7-14。

表 7-14 逻辑关系分类

序号	分类	说明
1	工艺关系	由施工工艺所决定的各工作之间的先后顺序关系。这种关系是受客观规律支配的,一般是不可改变的。当一个工程的施工方法确定之后,工艺关系也就随之被确定下来。如果违背这种关系,将不可能进行施工,或会造成质量、安全事故,导致返工和浪费

续表

序号	分类	说明
2	组织关系	施工过程中,由于劳动力、机械、材料和构件等资源的组织与安排的需要而形成的各工作之间的先后顺序关系。这种关系不是由工程本身决定的而是人为的。组织方式不同,组织关系也就不同。但是不同的组织安排,往往产生不同的组织效果,所以组织关系不但可以调整,而且应该优化。这是由组织管理水平决定的,应该按组织规律办事

3)分析方法。

①根据网络图的要求,分析每项工作的紧前工作或紧后工作以及与相关工作的各种搭接关系。

②将项目分解及逻辑关系分析结果列表(见表 7-15),并使联系密切的工作尽量相邻或相近排列。

表 7-15　　　　项目分解及逻辑关系分析结果列表

编码	工作名称	逻辑关系			工作持续时间				
		紧前工作(或紧后工作)	搭接		确定时间 D	三时估计法			
			相关工作	时距		最短估计时间 a	最长估计时间 b	最可能时间 m	期望持续时间 D_e
1	2	3	4	5	6	7	8	9	10

4)计算工作持续时间的方法。

计算时间参数的依据有网络图、工作的任务量、资源供应能力、工作组织方式、工作能力和效率、选择的计算方法。常用方法如下:

①参照以往实践经验估算。

②经过试验推算。

③按定额计算,工作持续时间 $D=$ 工作任务量 $Q/$(资源数量 $R\times$工效定额 S)。

④对于一般非肯定型网络,工作持续时间 D 可采用"三时估计法"计算,即:期望持续时间值 $D_e=$(最短估计时间 $a+4\times$最可能时间 $m+$最长估计时间 $b)/6$。

5)常用逻辑关系表示方法,参见表 7-17。

(2)绘制双代号网络图。

1)基本规则。

①双代号网络图必须正确表达各项工作之间已定的逻辑关系。

②双代号网络图中,严禁出现循环回路。

③双代号网络图中,在节点之间严禁出现带双向箭头或无箭头的连线。

④双代号网络图中,严禁出现没有箭头节点或没有箭尾节点的箭线。

⑤当双代号网络图的某些节点有多条外向箭线或多条内向箭线时,为使图形简洁,在不违反"一项工作应只有唯一的一条箭线和相应的一对节点编号"的前提下,可使用母线法绘图(图7-8),当箭线线型不同时(如粗线、细线、虚线、点划线等),可在从母线上引出的支线上标出。

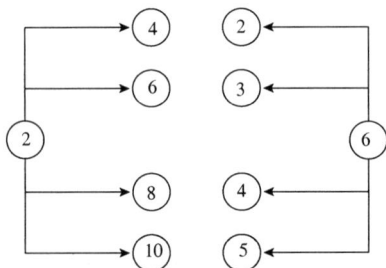

图 7-8　母线法图

⑥绘制网络图时,箭线不宜交叉;当交叉不可避免时,可用过桥法(图7-9)或指向法(图7-10)。

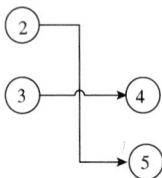

图 7-9　过桥法

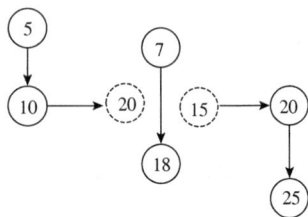

图 7-10　指向法

⑦双代号网络图中应只有一个起点节点,在不分期完成任务的网络图中,应只有一个终点节点;而其他所有节点均应是中间节点。

2)网络图的编号。

①箭线尾部的节点,即一项工作的开始节点的号码要小于箭头节点的号码,以开始节点为 i,箭头节点为 j,则各项工作总是 $i<j$。同一个网络图中,节点号码不能重复但可以不连续即中间可以跳号(最好以 5、10 跳隔比较方便),便于将来需要临时加入工作时可以不致打乱全图的编号。

②水平编号法:按水平自左至右顺序编号,此法首先在画网络图时,各节点尽

量以相同的步距间隔布置,但上下的节点要垂直对位,然后每行自左至右沿箭头流向,编写由小到大的号码,保证节点号码 $i<j$ 即可。

③垂直编号。绘制网络图要求与水平编号相同,而编号则按垂直方向从原始节点起由上而下或自下而上,或者自上而下从左至右编排。

3)网络图的布局要求。

在保证网络图逻辑关系正确的前提下,要重点突出、层次清晰、布局合理,方便阅读。关键线路应尽可能布置在中心位置,用粗箭线或双线箭头画出;密切相关的工作尽可能相邻布置,避免箭线交叉;尽量采用水平箭线或垂直箭线。

绘制网络图时,力求减少不必要的箭线和节点。正确使用网络图断路方法,将没有逻辑关系的有关工作用虚工作加以隔断(图 7-11)。

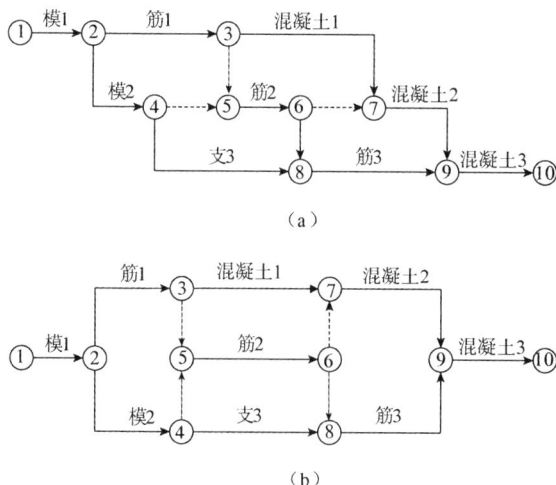

图 7-11 网络图断路方法

(a)横向断路法;(b)纵向断路法

当网络图的工作数目很多时,可将其分解为几块来绘制;各块之间的分界点要设在箭线和事件最少的部位,分界点事件的编号要相同,并且画成双层圆圈。单位工程施工网络图的分界点,通常设在分部工程分界处,如图 7-12 所示。

在绘成正式网络图之前,最好先绘成草图,再进行整理。

4)绘制网络图的步骤。

①按选定的网络图类型和已确定的排列方式,决定网络图的合理布局。

②从起始工作开始,自左至右依次绘制,只有当先行工作全部绘制完成后,才能绘制本工作,直至结束工作全部绘完为止。

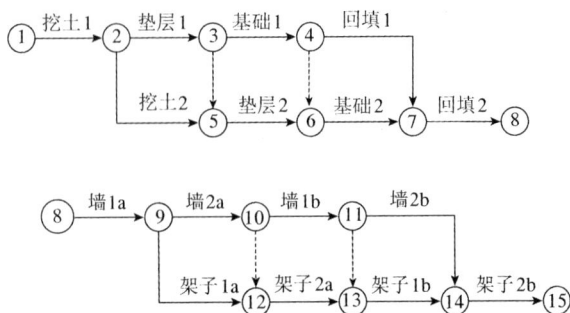

图 7-12　网络图分解

③检查工作和逻辑关系有无错、漏并进行修正。

④按网络图绘图规则的要求完善网络图。

⑤按网络图的编号要求将工作节点编号。

3. 双代号网络图的计算

网络图计算的目的就是计算出各种时间参数,为管理提供信息,从而为确定关键线路及优化、控制网络计划服务。

(1)网络图计算的主要时间参数,见表 7-16。

表 7-16　　　　　　　网络图计算的主要时间参数

序号	内容	说明	详细说明
1	D_{i-j}	工作持续时间	对一项工作规定的从开始到完成的时间
2	ES_{i-j}	最早开始时间	在紧前工作和有关时限约束下,工作有可能开始的最早时刻
3	EF_{i-j}	最早完成时间	在紧前工作和有关时限约束下,工作有可能完成的最早时刻
4	LS_{i-j}	最迟开始时间	在不影响任务按期完成和有关时限约束的条件下,工作最迟必须开始的时刻
5	LF_{i-j}	最迟完成时间	在不影响任务按期完成和有关时限约束的条件下,工作最迟必须完成的时刻
6	FF_{i-j}	自由时差	在不影响其紧后工作最早开始和有关时限的前提下,一项工作可以利用的机动时间
7	TF_{i-j}	总时差	在不影响工期和有关时限的前提下,一项工作可以利用的机动时间

序号	内容	说明	详细说明
8	T_c	计算工期	根据网络计划时间参数计算出来的工期
9	T_r	要求工期	任务委托人所要求的工期
10	T_p	计划工期	在要求工期和计算工期的基础上综合考虑需要和可能而确定的工期

（2）时间参数计算。

1）按工作计算法计算时间参数。

①按工作计算法计算时间参数应在确定各项工作的持续时间之后进行。虚工作必须视同工作进行计算，其持续时间为零。

②按工作计算法计算时间参数，其计算结果应标注在箭线之上（图7-13）。当为虚工作时，图中的箭线为虚箭线。

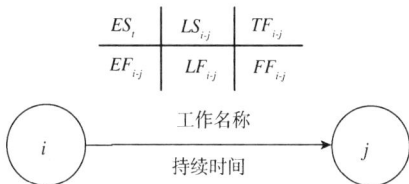

图 7-13　作计算法标注要求

③工作最早开始时间的计算应符合下列规定：

a. 工作 $i-j$ 的最早开始时间 ES_{i-j} 应从网络计划的起点节点开始顺着箭线方向依次逐项计算；

b. 以起点节点 i 为箭尾节点的工作 $i-j$，当未规定其最早开始时间 ES_{i-j} 时，其值应等于零，即：$ES_{i-j} = 0 \ (i=1)$

c. 当工作 $i-j$ 只有一项紧前工作 $h-i$ 时，其最早开始时间 ES_{i-j} 应为：

$$ES_{i-j} = ES_{h-i} + D_{h-i} \qquad (7-12)$$

d. 当工作 $i-j$ 有多个紧前工作时，其最早开始时间 ES_{i-j} 应为：

$$ES_{i-j} = \max\{ES_{h-i} + D_{h-I}\} \qquad (7-13)$$

式中　ES_{h-i}——工作 $i-j$ 的各项紧前工作 $h-i$ 的最早开始时间；

　　　D_{h-I}——工作 $i-j$ 的各项紧前工作 $h-i$ 的持续时间。

④工作 $i-j$ 的最早完成时间 EF_{i-j} 应按下式计算：

$$EF_{i-j} = ES_{i-j} + D_{i-j} \qquad (7-14)$$

⑤网络计划的计算工期 T_c 应按下式计算：

$$T_c = \max\{EF_{i-n}\} \qquad (7-15)$$

式中　　EF_{i-n}——以终点节点($j=n$)为箭头节点的工作 $i-n$ 的最早完成时间。

⑥网络计划的计划工期 T_p 的计算应按下列情况分别确定：

a. 当已规定了要求工期 T_r 时，　　$T_p \leqslant T_r$；

b. 当未规定要求工期 T_r 时，　　　$T_p = T_c$；

⑦工作最迟完成时间的计算应符合下列规定：

a. 工作 $i-j$ 的最迟完成时间应从网络计划的终点节点开始，逆着箭线方向依次逐项计算。

b. 以终点节点($j=n$)为箭头节点的工作的最迟完成时间 LF_{i-n}，应按网络计划的计划工期 T_p 确定，即　　$LF_{i-n} = T_p$。

c. 其他工作 $i-j$ 的最迟完成时间 LF_{i-j} 应为

$$LF_{i-j} = \min\{LF_{j-k} - D_{j-k}\} \tag{7-16}$$

式中　　LF_{j-k}——工作 $i-j$ 的各项紧后工作 $j-k$ 的最迟完成时间；

D_{j-k}——工作 $i-j$ 的各项紧后工作 $j-k$ 的持续时间。

⑧工作 $i-j$ 的最迟开始时间 LS_{i-j} 应按下式计算：

$$LS_{i-j} = LF_{i-j} - D_{i-j} \tag{7-17}$$

⑨工作 $i-j$ 的总时差 TF_{i-j} 应按下式计算：

$$TF_{i-j} = LS_{i-j} - ES_{i-j} \tag{7-18}$$

或　　　　　　　　　$$TF_{i-j} = LF_{i-j} - EF_{i-j} \tag{7-19}$$

⑩工作 $i-j$ 的自由时差 FF_{i-j} 的计算应符合下列规定：

a. 当工作 $i-j$ 有紧后工作 $j-k$ 时，其自由时差应为

$$FF_{i-j} = ES_{i-j} - ES_{i-j} - D_{i-j} \tag{7-20}$$

或　　　　　　　　　$$FF_{i-j} = ES_{i-j} - EF_{i-j} \tag{7-21}$$

式中　　ES_{j-k}——工作 $i-j$ 的紧后工作 $j-k$ 的最早开始时间。

b. 以终点节点($j=n$)为箭头节点的工作，其自由时差 FF_{i-n} 应按网络计划的计划工期 T_p 确定，即

$$FF_{i-n} = T_p - ES_{i-n} - D_{i-n} \tag{7-22}$$

或　　　　　　　　　$$FF_{i-n} = T_p - EF_{i-n} \tag{7-23}$$

2）按节点计算法计算时间参数。

①按节点计算法计算时间参数应在确定各项工作的持续时间之后进行。虚工作必须视同工作进行计算，其持续时间为零。

②按节点计算法计算时间参数，其计算结果应标注在节点之上（图 7-14）。

③节点最早时间的计算应符合下列规定：

a. 节点 i 的最早时间 ET_i 应从网络计划的起点节点开始，顺着箭线方向依次逐项计算；

b. 起点节点 i 如未规定最早时间 ET_i 时，其值应等于零，即 $ET_i = 0(i=1)$；

c. 当节点 j 只有一条内向箭线时，最早时间 ET_j 应为：

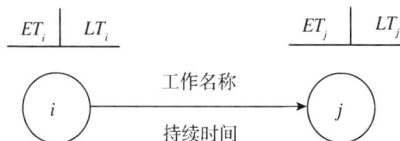

图 7-14　节点计算法标注要求

$$ET_j = ET_i + D_{i-j} \tag{7-24}$$

d. 当节点 j 有多条内向箭线时,其最早时间 ET_j 应为:

$$ET_j = \max\{ET_i + D_{i-j}\} \tag{7-25}$$

式中　D_{i-j}——工作 $i-j$ 的持续时间。

④网络计划的计算工期 T_c 应按下式计算:

$$T_c = ET_n \tag{7-26}$$

式中　ET_n——终点节点 n 的最早时间。

⑤网络计划的计划工期 T_p 的计算应按下列情况分别确定:

a. 当已规定了要求工期 T_r 时,$T_p \leqslant T_r$;

b. 当未规定要求工期 T_r 时,$T_p = T_c$;

⑥节点最迟时间的计算应符合下列规定:

a. 节点 i 的最迟时间 LT_i 应从网络计划的终点节点开始,逆着箭线的方向依次逐项计算。当部分工作分期完成时,有关节点的最迟时间必须从分期完成节点开始逆向逐项计算;

b. 终点节点 n 的最迟时间 LT_n 应按网络计划的计划工期 T_p 确定,即:$LT_n = T_p$;分期完成节点的最迟时间应等于该节点规定的分期完成的时间。

c. 其他节点的最迟时间 LT_i 应为:

$$LT_i = \min\{LT_j - D_{i-j}\} \tag{7-27}$$

式中　LT_j——工作 $i-j$ 的箭头节点 j 的最迟时间。

⑦工作 $i-j$ 的最早开始时间 ES_{i-j} 应按下式计算:

$$ES_{i-j} = ET_i \tag{7-28}$$

⑧工作 $i-j$ 的最早完成时间 EF_{i-j} 应按下式计算:

$$EF_{i-j} = ET_i + D_{i-j} \tag{7-29}$$

⑨工作 $i-j$ 的最迟完成时间 LF_{i-j} 应按下式计算:

$$LF_{i-j} = LT_j \tag{7-30}$$

⑩工作 $i-j$ 的最迟开始时间 LS_{i-j} 应按下式计算:

$$LS_{i-j} = LT_j - D_{i-j} \tag{7-31}$$

⑪工作 $i-j$ 的总时差 TF_{i-j} 应按下式计算:

$$TF_{i-j} = LT_j - Et_i - D_{i-j} \tag{7-32}$$

⑫工作 $i-j$ 的自由时差 FF_{i-j} 应按下式计算:

$$FF_{i-j} = ET_j - ET_i - D_{i-j} \qquad (7\text{-}33)$$

（3）关键工作和关键线路的确定。

1）总时差为最小的工作应为关键工作。

2）自始至终全部由关键工作组成的线路或线路上总的工作持续时间最长的线路应为关键线路。该线路在网络图上应用粗线、双线或彩色线标注。

三、单代号网络图的绘制

1. 单代号网络图的基本概念

单代号网络图又称活动（工作）节点网络图，采用节点及其编号（一个大方框或圆圈）表示一项工作，工作之间相互关系以箭线表达，工作持续时间多为肯定型。它与双代号网络图只是表现的形式不同，其所表达的内容则完全一样。相比双代号网络图，单代号网络图具有容易画、没有虚工作、便于修改等优点，但在多进多出的节点处容易发生箭线交叉，故又不如双代号网络图清楚。单代号网络图在国外使用较多。

（1）节点。

单代号网络图中节点代表一项工作，既占用时间，又消费资源，节点可用圆圈或方框表示，其内标注工作编号、名称和持续时间。节点均需编号，不能重复，箭头节点的编号要大于箭末节点的编号。

（2）箭线。

在单代号网络图中，箭线仅表示工作间的逻辑关系，既不占用时间，又不消费资源。单代号网络图中不设虚箭线。

2. 单代号网络图的绘制

（1）单代号网络图的绘制步骤基本同双代号网络图。

（2）项目分解、逻辑关系分析，基本同双代号网络图。双代号与单代号网络逻辑关系表示方法比较见表 7-17。

表 7-17　　　　　　　　网络图逻辑关系表示方法

序号	逻辑关系	网络图表示方法	
		双代号	单代号
1	A 完成后进行 B，B 完成后进行 C	○→A→○→B→○→C→○	Ⓐ→Ⓑ→Ⓒ

续表

序号	逻辑关系	网络图表示方法	
		双代号	单代号
2	A 完成后同时进行 B 和 C		
3	A 和 B 都完成后进行 C		
4	A 和 B 都完成后同时进行 C 和 D		
5	A、B、C 同时开始施工		
6	A、B、C 同时结束施工		
7	A 完成后进行 C；A、B 都完成后进行 D		

序号	逻辑关系	网络图表示方法	
		双代号	单代号
8	A、B 都完成后进行 C，B、D 都完成后进行 E		
9	A 完成后进行 C，A、B 都完成后进行 D，B 完成后进行 E		
10	A、B 两项先后进行的工作，各分为三段进行。A_1 完成后进行 A_2、B_1，A_2 完成后进行 A_3、B_2，B_1 完成后进行 B_2、A_3、B_2 完成后进行 B_3		

(3)绘制单代号网络图。

1)基本规则。单代号网络图绘制的基本规则也和双代号基本相同，即：

①必须正确表达各项工作之间已定的逻辑关系。

②严禁出现循环回路。

③严禁出现带双向箭头或无箭头的连线。

④严禁出现没有箭头节点和没有箭尾节点的箭线。

⑤工作的编号不允许重复。

⑥绘制网络图时，箭线不宜交叉；当交叉不可避免时，可采用过桥法和指向法绘制。

⑦只应有一个起点节点和一个终点节点；当单代号网络图中有多项起点节点或多项终点节点时，应在网络图的两端分别设置一项虚工作，作为该网络图的起点节点(S_t)和终点节点(F_{in})，如图 7-15 所示。

2)绘制单代号网络图的步骤、编号和布局要求，同双代号网络图。

3. 单代号网络图的计算

(1)单代号网络计划的时间参数计算应在确定各项工作持续时间之后进行。

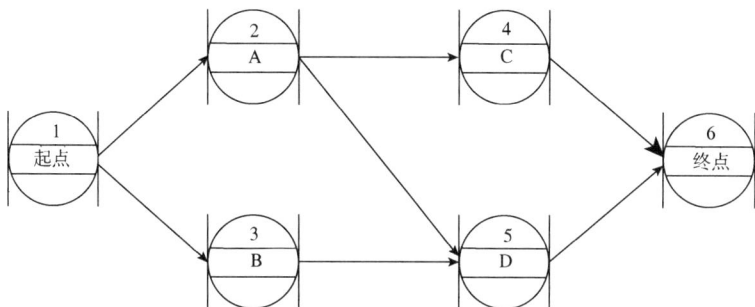

图 7-15 单代号网络图起点节点和终点节点

（2）单代号网络计划的时间参数基本内容和形式应按图 7-16 所示的方式标注。

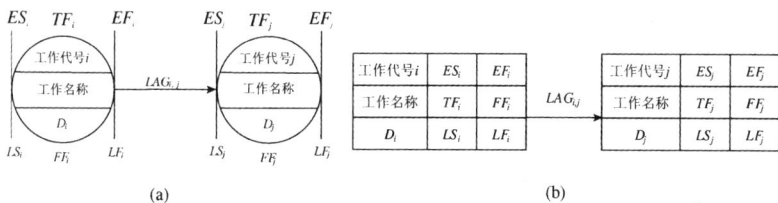

图 7-16 单代号网络图时间参数标注形式

（3）工作最早开始时间的计算应符合下列规定：

1）工作 i 的最早开始时间 ES_i 应从网络图的起点节点开始，顺着箭线方向依次逐项计算；

2）当起点节点 i 的最早开始时间 ES_i 无规定时，其值应等于零，即：$ES_i = 0 (i=1)$；

3）其他工作的最早开始时间 ES_i 应为：

$$ES_i = \max\{EF_h\} \tag{7-34}$$

或

$$ES_i = \max\{ES_h + D_h\} \tag{7-35}$$

式中 ES_h——工作 i 的各项紧前工作 h 的最早开始时间；

D_h——工作 i 的各项紧前工作 h 的持续时间。

（4）工作 i 的最早完成时间 EF_i 应按下式计算：

$$EF_i = ES_i + D_i \tag{7-36}$$

（5）网络计划计算工期 T_c 应按下式计算：

$$T_c = EF_n \tag{7-37}$$

式中　EF_n——终点节点 n 的最早完成时间。

(6)网络计划的计划工期 T_p 的计算应按下列情况分别确定：

1)当已规定了要求工期 T_r 时，$T_p \leqslant T_r$；

2)当未规定要求工期 T_r 时，$T_p = T_c$。

(7)相邻两项工作 i 和 j 之间的时间间隔 $LAG_{i,j}$ 的计算应符合下列规定：

1)当终点节点为虚拟节点时，其时间间隔应为：

$$LAG_{i,n} = T_p - EF_i \qquad (7\text{-}38)$$

2)其他节点之间的时间间隔应为：

$$LAG_{i,j} = ES_j - EF_i \qquad (7\text{-}39)$$

(8)工作总时差的计算应符合下列规定：

1)工作 i 的总时差 TF_i 应从网络计划的终点节点开始，逆着箭线方向依次逐项计算。当部分工作分期完成时，有关工作的总时差必须从分期完成的节点开始逆向逐项计算；

2)终点节点所代表工作 n 的总时差 TF_n 值应为：

$$TF_n = T_p - EF_n \qquad (7\text{-}40)$$

3)其他工作 i 的总时差 TF_i 应为：

$$TF_i = \min\{TF_j + LAG_{i,j}\} \qquad (7\text{-}41)$$

(9)工作 i 的自由时差 FF_i 的计算应符合下列规定：

1)终点节点所代表工作 n 的自由时差 FF_n 应为：

$$FF_n = T_p - EF_n \qquad (7\text{-}42)$$

2)其他工作 i 的自由时差 FF_i 应为：

$$FF_i = \min\{LAG_{i,j}\} \qquad (7\text{-}43)$$

(10)工作最迟完成时间的计算应符合下列规定：

1)工作 i 的最迟完成时间 LF_i 应从网络计划的终点节点开始，逆着箭线方向依次逐项计算。当部分工作分期完成时，有关工作的最迟完成时间应从分期完成的节点开始逆向逐项计算。

2)终点节点所代表的工作 n 的最迟完成时间 LF_n，应按网络计划的计划工期 T_p 确定，即 $LF_n = T_p$。

3)其他工作 i 的最迟完成时间 LF_i 应为：

$$LF_i = \min\{LS_j\} \qquad (7\text{-}44)$$

或
$$LF_i = EF_i + TF_i \qquad (7\text{-}45)$$

式中　LS_j——工作 i 的各项紧后工作 j 的最迟开始时间。

(11)工作 i 的最迟开始时间 LS_i 应按下式计算：

$$LS_i = LF_i - D_i \qquad (7\text{-}46)$$

或
$$LS_i = ES_i + TF_i \qquad (7\text{-}47)$$

四、建筑施工网络计划的应用

（1）建筑施工网络计划的分类，如图 7-17 所示。

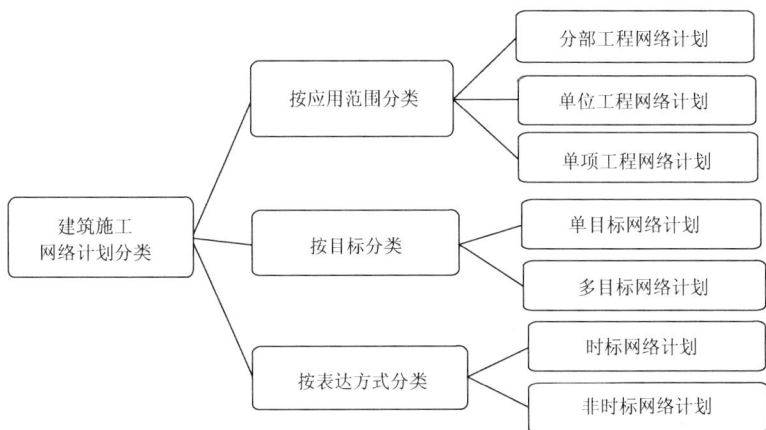

图 7-17　建筑施工网络计划分类

（2）建筑施工网络计划的编排方法，如图 7-18 所示。

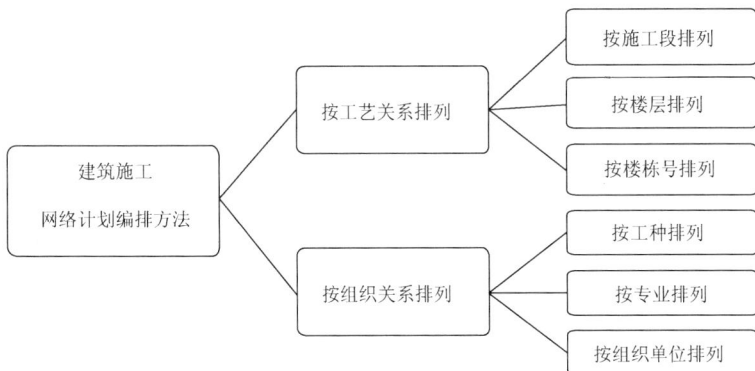

图 7-18　建筑施工网络计划编排方法

（3）建筑施工网络计划应用的一般程序，见表 7-18。

表 7-18　　　　　　　建筑施工网络计划应用的一般程序

序号	阶段	步骤
1	准备阶段	1. 确定网络计划目标(包括时间目标、时间—资源目标、时间—费用目标) 2. 调查研究 3. 项目分解 4. 施工方案设计
2	绘制网络图	5. 逻辑关系分析 6. 网络图构图
3	计算参数	7. 计算工作持续时间和搭接时间 8. 计算其他时间参数 9. 确定关键线路
4	编制可行网络计划	10. 检查与修正 11. 可行网络计划编制
5	确定正式网络计划	12. 网络计划优化 13. 网络计划的确定
6	网络计划的实施与控制	14. 网络计划的贯彻 15. 检查与数据采集 16. 控制与调整
7	收尾	17. 分析 18. 总结

(4)建筑施工网络计划的优化。

网络计划优化,是在编制阶段,在满足既定约束条件下,按某一目标,通过不断改进网络计划的可行方案,寻求满意结果,从而编制可供实施的网络计划的过程。

通过网络计划优化实现项目进度、成本目标,有重要的实际意义,甚至会使项目施工取得重大的经济效果,我们应当尽量利用网络计划模型可优化的特点,努力实现优化目标。

1)网络计划优化目标的确定。网络计划优化目标一般有以下几种选择:

①工期优化。

②"时间固定、资源均衡"的优化。

③"资源有限,工期最短"的优化。

④"时间—费用"优化。

2)网络计划优化的程序。网络计划应按下列程序进行优化:

①确定优化目标。

②选择优化方法并进行优化。

③对优化结果进行评审、决策。

(5)网络计划软件应用介绍。

工程计划的实现,必须进行经常的检查和调整。在工程应用中网络计划编制工作量大,计算工作量大,优化工作量更大,但随着计算机和网络通信技术的普及和发展,项目管理软件和网络计划软件应运而生。

1)国外计划管理软件。国外项目管理软件有 Oracle 公司的 Oracle Primavera 软件 P3、Artemis 公司 Artemis Viewer、NIKU 公司的 Open WorkBench、Welcom 公司的 OpenPlan 等软件,这些软件适合大型、复杂项目的项目管理工作;而 Sciforma 公司的 ProjectScheduler(PS)、Primavera 公司的 SureTrak、Microsoft 公司的 Project、IMSI 公司的 TurboProject 等则是适合中小型项目管理的软件。国外计划管理软件多采用单代号网络图表示。

①P3E/C 软件。

美国 P3E/C(Primavera Project Planner Enterprise/ Construction)软件,目前在中国可能是大型工程建设项目中应用最广泛的项目管理软件,非常适合大型施工建设行业(包括建筑、设计和施工)。P3E/C 是包涵现代项目管理知识体系的、以计划-协同-跟踪-控制-积累为主线的企业级工程项目管理软件。目前,最新版本为 P6(Oracle-Primavera P6)。

②Microsoft Project 软件。

美国 Microsoft Project 软件与 Microsoft 其他系列产品的结合,满足协同工作、用户权限管理、任务关联等;通过 Excel、Access 或各种兼容数据库存取项目文件。很多项目管理软件和 Microsoft Project 都有接口。在小型项目应用中占据主导地位。目前,最新版本为 Microsoft Project2010。

2)国内计划管理软件。国内的工程计划管理软件功能较为完善的有:普华 PowerOn、梦龙 Pert、邦永科技 PM2、建文软件、易建工程项目管理软件等,基本上是在借鉴国外项目管理软件的基础上,按照我国标准或习惯实现上述功能,并增强了产品的易用性。国内的网络计划软件一般可采用双代号网络图表示。

五、劳动力计算及组织

1. 劳动力计算

(1)确定现场施工人员的组成。

施工总承包项目通常由下列人员组成:①生产工人;②管理人员;③服务人员;④临时劳动力等。

(2)劳动力计算流程。

先根据施工总体部署和施工方案,结合施工进度计划,计算分项工程工程量;然后计算分项工程劳动量,再进行分项工程劳动力人数的计算,最后分析统计工程项目所需劳动力数量,并按工期一定、资源均衡的原则进行优化与调整。

(3)劳动量的计算。

劳动量也称劳动工日数。

1)以手工操作为主的施工过程,其劳动量一般可根据各分部分项工程的工程量、施工方法和现行劳动定额,结合本单位的实际情况,按式(7-48)或式(7-49)计算。

$$P = QH \tag{7-48}$$

$$P = Q/S \tag{7-49}$$

式中　P——完成某施工过程所需的劳动量(工日);

　　　　Q——某施工过程的工程量(m^3、m^2、$t\cdots$);

　　　　H——某施工过程的人工时间定额(工日/m^3、工日/m^2、工日/$t\cdots$);

　　　　S——某施工过程的人工产量定额(m^3/工日、m^2/工日、t/工日$\cdots$)。

选用时间定额时,若参考统一定额,则需综合考虑企业当时当地定额与统一定额的幅度差及不可预见因素的修正,其计算可按式(7-50)进行。

$$H = H_{统} h_1 h_2 \tag{7-50}$$

式中　H——某分项工程施工过程的时间定额(工日/m^3、工日/m^2、工日/$t\cdots$);

　　　　$H_{统}$——某分项工程施工过程的统一时间定额(工日/m^3、工日/m^2、工日/$t\cdots$);

　　　　h_1——企业当时、当地定额与统一定额的幅度差(%);

　　　　h_2——不可预见因素修正系数。

2)当某一施工过程是由两个或两个以上不同分项工程合并而成时,其总劳动量应按式(7-51)计算。

$$P = \frac{Q_1}{S_1} + \frac{Q_2}{S_2} + \cdots + \frac{Q_n}{S_n} = \sum_{i=1}^{n} \frac{Q_i}{S_i} \tag{7-51}$$

式中　P——完成某施工过程所需的劳动量(工日);

　　　　Q_1——某施工过程包含的一个分项工程的工程量(m^3、m^2、$t\cdots$);

　　　　S_1——某施工过程包含的一个分项工程的人工产量定额(m^3/工日、m^2/工日、t/工日$\cdots$);

　　　　n——某一施工过程包含的不同分项工程的个数。

3)当某一施工过程是由同一工种、但不同做法、不同材料的若干个分项工程合并组成时,应按合并前后总劳动量不变的原则,先按式(7-52)计算合并后的综合产量定额,然后再按式(7-48)求其劳动量。

$$S = \frac{\sum_{i=1}^{n} Q_1}{\dfrac{Q_1}{S_1} + \dfrac{Q_2}{S_2} + \cdots + \dfrac{Q_n}{S_n}} \qquad (7\text{-}52)$$

式中　S——综合产量定额；

　　　Q_1——某施工过程包含的一个分项工程的工程量（m^3、m^2、t···）；

　　　S_1——某施工过程包含的一个分项工程的人工产量定额（$m^3/工日$、$m^2/工日$、$t/工日$···）；

　　　n——某一施工过程包含的不同分项工程的个数。

4）计划中的"其他工程"项目所需劳动量，一般可根据实际工程对象，取总劳动量的一定比例（10％～20％）。

（4）分部分项工程劳动力计算。

分部分项工程劳动力是完成基本工程所需的劳动力（包括工地小搬运及备料、运输等劳动力）。除备料运输劳动力需另行计算外，其余均可根据工程的劳动量及要求的工期计算。在计算过程中要考虑日历天中扣除节假日和大雨、雪天对施工的影响系数，另外还要考虑施工方法，是人力施工，还是半机械施工及机械化施工。

1）人力施工劳动力需要量的计算。

①人力施工在不受工作面限制时，可直接用劳动量除以工期即得劳动力数量，其计算公式如下：

$$R = P/T \qquad (7\text{-}53)$$

式中　R——劳动力的需要量（人）；

　　　P——完成某施工过程所需的劳动量（工日），按式（7-48）或式（7-49）计算；

　　　T——工程施工的工作天数（工作日）。

考虑法定的节假日和气候影响，工程施工的工作天数 T 将小于其日历天数，其计算可按式（7-54）进行。

$$T = 施工期的日历天数 \times 0.7Kcn \qquad (7\text{-}54)$$

式中　0.7——节假日换算系数，除去星期天和国家法定假日即（365 天－104 天星期天－11 天法定假日）/（12 月×30 日）＝0.7，可根据情况调整；

　　　K——气候影响系数，K 的取值随不同地区而变化；

　　　c——出勤率，一般不小于 85％；

　　　n——作业班次。

②人力施工受到工作面限制时，计算劳动力的需要量必须保证每个人最小工作面这个条件，否则会在施工过程中出现窝工现象。每班工人的数量可按式（7-55）计算：

$$R = \frac{\text{施工现场的作业面积}(m^2)}{\text{工人施工的最小工作面}(m^2/\text{人})} \qquad (7\text{-}55)$$

式中,工人施工的最小工作面需根据工作不同进行实测而定。

2)半机械化施工方法施工时所需劳动力的计算。

半机械化施工方法主要是有的施工项目采用机械施工,有的项目采用人力施工。如基坑土石方工程,挖、运、填、压实等工序采用机械施工,而基底、边坡修整及肥槽回填夯实采用人工施工。

半机械化施工方法在计算劳动力需要量时除了根据定额和工程量外,还要考虑充分发挥机械的工作效率和保证工期的要求,否则会出现窝工或者机械的工作效率降低的情况,影响工程施工成本。

3)机械化施工方法所需劳动力的计算。

机械化施工方法所需劳动力主要是司机及维修保养人员和管理人员(即机械辅助施工人员)。因此计算机械施工方法所需的劳动力与机械的施工班次有关,每日一班制配备的驾驶员少于多班次工作的人数,辅助人员也相应较少。其次是与投入施工的机械数有关,投得多所需劳动力也多,只有同时考虑上述两个方面的问题,才能够较准确地计算所需的劳动力数量。

(5)工程基本劳动力计算。

当分部分项工程劳动力求出后,便对其分析统计,得出相应单位或单项工程的劳动力数量,进而再分析统计为工程项目所需劳动力数量。方法是根据施工进度计划,按工期一定、资源均衡的原则进行优化与调整。即在工期不变的情况下,使劳动力分配尽量均衡,力求每天的劳动力需求量基本接近平均值。只有按这种方法对劳动力进行配备,才不会造成现场的劳动力短缺,也不会形成窝工现象。

(6)定额外劳动力计算。

这类人员主要包括:①材料采购及保管人员;②材料到达工地以前的搬运、装卸工人等人员;③驾驶施工机械、运输工具的工人;④由管理费支付工资的人员。由于工程项目管理规范的推行,以及施工队伍向知识密集型发展,此类人员数量可简化计算。

1)机械台班中的劳动力。

该项劳动力及司机人数,随着机械化程度而变。可按各种机械台班总量,乘以台班劳动定额求得;也可以按机械配备数量,根据各种机械特点,配备司机人数。根据以往经验资料,该项劳动力约占基本劳动力的 4%～7%。

2)备料、运输劳动力。

此项劳动力随窝工数量的多少而变化,并随着机械化,工厂化水平不断发展而减小。各施工单位可根据企业历史数据,统计此项劳动力约占工程基本劳动力百分比(如 20%～30%)。目前项目上此项劳动力多对外发包,基本不用考虑。

3)管理及服务人员。

由项目经理组织确定,也按项目定员估算。一般可按基本劳动力的10%~25%计算,项目越大,比例越小。

(7)计算劳动力数量注意事项。

1)工程量的计算。

工程量计算是进行劳动力计算的基础。当确定了施工过程之后,应计算每个施工过程的工程量。工程量应根据施工图纸、工程量计算规则及相应的施工方法进行工程量的计算。

2)劳动定额的选用。

确定了施工过程及工程量之后,即可套用施工定额(当地实际采用的劳动定额)以确定劳动量。在套用国家或当地颁发的定额时,必须注意结合本单位工人的技术等级、实际操作水平、施工机械情况和施工现场条件等因素,确定定额的实际水平,使计算出来的劳动量符合实际需求。有些采用新技术、新材料、新工艺或特殊施工方法的施工过程,定额中尚未编入,这时可参考类似施工过程的定额、经验资料,按实际情况确定。

3)作业班次的确定。

当工期允许、劳动力和施工机械周转使用不紧迫、施工工艺上无连续施工要求时,通常采用一班制施工,在建筑业中往往采用1.25班即10h。当工期较紧或为了提高施工机械的使用率及加快机械的周转使用,或工艺上要求连续施工时,某些施工项目可考虑二班甚至三班制施工。但采用多班制施工,必然增加有关设施及费用,因此,须慎重研究确定。

2. 劳动力组织

项目的劳动力组织主要是研究施工基层组织——施工队、施工班组的劳动组织,其中包括各工种工人和管理人员的组织,人员总数、体制、工种结构、各工种人数比例的组织,施工高峰期的人数等;还包括研究施工项目总的劳动力和各工种劳动力的投入量及比例,以及项目施工全过程中人力动态的变化(即进出现场人员的计划)等。在组织劳动力时,应考虑以下问题:

(1)投入项目人工日数不超过项目人力全员计划的总数。各队、班组的工人技术等级要成比例搭配,不能全高,也不能全低。常采用技术测定法搭配,首先将施工对象的工作内容(工序)加以详细的划分,定出每一项工作内容的等级(即该项工作需要由哪一技术等级的工人才能完成),同时测定完成每项工作所需要的时间,最后再据此配备一定数量的工人,确定其组成。配备工人数量的方法是要使每一个工人的工作时间都彼此相等,工作时间多者可相应地多配工人。

(2)专业施工队基本上是由同工种的若干个班(组)组织成的,综合施工队则由不同工种的班(组)组织成的。顺序作业和平行作业大都选用综合施工队,而流水作业大都选用专业施工队。施工队的人数不宜太多,一般每队的总人数在100人左右为宜。

(3)班组劳动力组织优化。在实际工作中,一般根据工作面所能容纳的最多人数(即最小工作面)和现有的劳动组织来确定每天的工作人数。

1)最小工作面。是指为了发挥高效率,保证施工安全,每一个工人或班组施工时必须具有的工作面。一个施工过程在组织施工时,安排人数的多少会受到工作面的限制,不能为了缩短工期,而无限制地增加工人人数,否则,会造成工作面不足而出现窝工。

2)最小劳动组合。在实际工作中,绝大多数施工过程不能由一个人来完成,而必须由几个人配合才能完成。最小劳动组合是指某一施工过程要进行正常施工所必需的最少人数及其合理组合。

3)可能安排的人数。根据现场实际情况(如劳动力供应情况、技工技术等级及人数等),在最少必需人数和最多可能人数的范围内,安排工人人数。通常,若在最小工作面条件下,安排了最多人数仍不能满足工期要求时,可组织两班倒或三班倒。

(4)做好劳动力岗前培训。各施工人员进场后,在正式施工前,由项目部统一组织,针对具体施工的工程项目,对施工人员进行岗前培训,明确设计标准、技术要求、施工工艺、操作方法和质量标准,施工人员经培训合格后上岗。施工过程中,在施工队伍中开展劳动竞赛,技术比武和安全评比等活动,提高施工人员整体施工水平。利用施工间隙进行法制宣传和环保教育,教育施工人员遵章守纪,保障社会治安,保护周边环境。作为储备的施工队伍在上场之前,先在单位劳务基地进行相关教育培训,根据现场施工需要时随时进场。对职工家在农村的,首先进行思想动员。

各施工队伍、各工种劳动力上场计划根据工程施工进度安排确定,施工人员根据施工计划和工程实际需要,分批组织进场。提前做好农忙季节和春节期间劳动力保障措施,让每位劳动者明确工期和信誉对项目的重要性,提前安排好家中的生产和生活,做到农忙季节不回家、春节期间轮休假,同时对坚持施工的劳动者给予一定的特殊补贴,保证各项工序正常进行。在施工过程中,由项目经理部统一调度,合理调配施工人员,确保各施工队、各工种之间相互协调,减少窝工和施工人员浪费现象。工程完工后,在统一安排、调度下,分批安排多余施工人员退场。

第三节　施工进度控制

一、施工合同要求

1.施工准备阶段的进度控制条款

(1)双方约定合同工期。

施工合同工期,是指施工工程从开工起到完成施工合同协议条款双方约定的全部内容,工程达到竣工验收标准所经历的时间。

在协议条款中约定合同工期的具体方法有两种:一种是约定具体的开工日期和竣工日期,竣工日期是根据包括休息日和法定假日在内的总日历工期天数推算而得;另一种则是不明确规定开工日期和竣工日期,而是明确规定工期天数,同时规定甲方代表发布开工令的日期为开工日期。

(2)承包方提交进度计划。

承包方应在协议条款约定的日期,将施工组织设计(或施工方案)和进度计划提交甲方代表。在协议条款中除应写明承包方提交施工组织设计(或施工方案)的进度计划的要求和时间外,还应当写明承包方应负的违约责任和违约金金额。

(3)甲方代表或监理工程师批准进度计划。

甲方代表或监理工程师应当按协议条款约定的时间予以批准或提出修改意见,逾期不批复,可视为该施工组织设计(或施工方案)和进度计划已经批准。

需要说明的是,这种"批准"与上下级之间的批准有很大的不同,它并不免除承包方对施工组织设计(或施工方案)和进度计划本身的缺陷所应承担的责任。

(4)延期开工。

1)承包方要求的延期开工。

承包方如不能按时开工,应在协议条款约定的开工日期 5d 之前,向甲方代表提出延期开工的理由和要求,甲方代表应在 3d 内答复承包方,否则视为同意承包方的要求。甲方代表同意延期开工要求,则工期相应顺延;甲方代表不同意延期开工要求,或者承包方未在规定时间内提出延期开工要求,竣工日期不予顺延。

经甲方代表同意的延期开工,不视为承包方违约;否则,应初承包方违约。

2)发包方要求的延期开工。

发包方在征得承包方同意,以书面形式通知承包方后可推迟开工日期,但发包方应承担承包方因此造成的经济支出,相应顺延工期。

(5)其他准备工作。

在开工前,合同双方还应做好各项其他准备工作。包括双方的一般责任,工程款的预付、材料设备的采购等。

2. 施工阶段的进度控制

(1)监督进度计划的执行。

承包方必须按批准的进度计划组织施工,接受甲方代表对进度的检查、监督。一般情况下,甲方代表每月检查一次承包方的进度计划执行情况,由承包方提交一份上月进度实际执行情况报告和本月的施工计划。

工程实际进展与进度计划不符时,承包方应按甲方代表的要求提出改进措施,报甲方代表批准后执行。如果采用改进措施一段时间后,工程实际进展赶上了进度计划,则仍可按原进度计划执行;如果采用改进措施一段时间后,工程实际进展仍明显与进度计划不符,则甲方代表可要求承包方修改原进度计划,并交甲方代表批准。但这种批准并不是甲方代表对工程延期的批准,而仅仅是要求承包方在合理的状态下施工。

(2)暂停施工。

1)甲方代表要求的暂停施工。

甲方代表在确有必要时,可要求承包方暂停施工,并在提出要求后 48h 内提出处理意见。承包方按甲方要求停止施工,妥善保护已完工程,直至甲方代表处理意见后向其提出复工要求,甲方代表批准后继续施工。甲方代表未能在规定时间内提出处理意见,或收到承包方复工要求后 48h 内未予答复,承包方可自行复工。停工责任在甲方,由甲方承担经济支出,相应顺延工期;停工责任在承包方,由承包方承担发生的费用。因甲方代表不及时作出答复,施工无法进行,承包方可以认为甲方已部分或全部取消合同,由甲方承担违约责任。

2)由于甲方违约,承包方主动暂停施工。

如甲方不支付工程款,并且在收到承包方要求付款的通知后仍不能按要求支付,承包方可在发出通知 5d 后停止施工。

3)意外情况导致的暂时停工。

在施工过程中,如果出现一些意外情况,如:发现有价值的文物等,承包方应暂停施工,与甲方代表协商处理方案。

(3)设计变更。

1)承包方对原设计进行变更。

承包方对原设计进行变更,须经甲方代表同意,并由甲方取得以下批准:

①超过原设计标准和规模时,须经原设计和规划审查部门批准,取得相应追加投资和材料指标。

②送原设计单位审查,取得相应图纸和说明。

2)甲方对原设计进行变更。

施工中甲方对原设计进行变更,在取得上述两项批准后,向承包方发出变更通知,承包方按通知进行变更,否则,承包方有权拒绝变更。

3)变更事项。

双方办理变更、洽商后,承包方按甲方代表要求,进行下列变更:

①增减合同中约定的工程数量。

②更改有关工程的性质、质量、规格。

③更改有关部分的标高、基线、位置和尺寸。

④增加工程需要的附加工作。

⑤改变有关工程的施工时间和顺序。

因以上变更导致的经济支出和承包方损失,由甲方承担,延误的工期相应顺延。

（4）工期延误。

对以下造成竣工日期推迟的延误，经甲方代表确认，工期相应顺延：

1）工程量变化和设计变更。

2）一周内，非承包方原因停水、停电、停气造成停工累计超过 8h。

3）不可抗力。

4）合同中约定或甲方代表同意给予顺延的其他情况。

承包方在以上情况发生后 5d 内，就延误的内容和因此发生的经济支出向甲方代表提出报告，甲方代表在收到报告后 5d 内予以确认、答复，逾期不予答复，承包方即可视为延期要求已被确认。

（5）工期提前。

1）工期提前的协商。

施工中如需提前竣工，经双方协商一致后签订提前竣工协议，合同竣工日期可以提前。承包方按此修订进度计划，报甲方代表批准。甲方代表应在 5d 内给予批准，并为赶工提供方便条件。

2）提前竣工协议的主要内容。

提前竣工协议包括以下主要内容：

①提前的时间。

②承包方采取的赶工措施。

③甲方为赶工提供的条件。

④赶工措施的经济支出和承担。

⑤提前竣工收益（如果有）的分享。

3. 竣工验收阶段的进度控制条款

工程具备竣工验收条件，承包方按国家工程竣工有关规定，向甲方代表提供完整竣工资料和竣工验收报告。按协议条款约定的日期和份数向甲方提交竣工图。甲方代表收到竣工验收报告后，在协议条款约定时间内组织有关部门验收，并在验收 5d 内给予批准或提出修改意见。甲方代表在收到乙方送交的竣工验收报告后 10d 内无正当理由不组织验收，或验收后 5d 内不予批准且不能提出修改意见，可视为竣工验收报告已被批准，即可办理结算手续。

竣工日期为承包方送交竣工验收报告的日期，需修改后才能达到竣工要求的，应为承包方修改后提请甲方验收的日期。

甲方如果不能按协议条款约定的日期组织验收，则应从约定期限最后一天的次日起承担工程保管费用。

因特殊原因，部分单位工程和部位须甩项竣工时，双方订立甩项竣工协议，明确各方责任，甩项竣工协议应当明确甩项工程的内容、数量、投资，规定明确的完成期限。

二、施工进度控制程序与方法

1.施工进度控制的概念

施工进度控制是施工项目管理中的重点控制目标之一。它是保证施工项目按期完成,合理安排资源供应、节约工程成本的重要措施。

施工进度控制是指在既定的工期内,编制出最优的施工进度计划,在执行该计划的过程中,经常检查施工实际情况,并将其与计划进度相比较,若出现偏差,则应分析产生的原因和对工期的影响程度,制定出必要的调整措施,修改原计划,不断的如此循环,直到竣工验收。

施工进度控制应以实现施工合同的交工日期为最终目标。

施工进度控制的总目标是确保施工项目既定目标的实现,或者在保证施工质量和不因此而增加施工实际成本的前提下,适当缩短工期。施工项目进度控制的总目标应进行层层分解,形成实施进度控制、相互制约的目标体系。目标分解,可按单项工程分解为交工分目标;按承包的专业或施工阶段分解为完工分目标;按年、季、月计划分解为时间分目标。

施工进度计划控制应建立以项目经理为首的控制体系,各子项目负责人、计划人员、调度人员、作业队长和班组长都是该体系的成员。各承担施工任务者和生产管理者都应承担进度控制目标,对进度控制负责。

2.施工进度控制程序

施工进度控制是各项目标实现的重要工作,其任务是实现项目的工期或进度目标。主要分为进度的事前控制、事中控制和事后控制。

(1)进度的事前控制内容为:

1)编制项目实施总进度计划,确定工期目标,作为合同条款和审核施工计划的依据。

2)审核施工进度计划,看其是否符合总工期控制的目标要求。

3)审核施工方案的可行性、合理性和经济性。

4)审核施工总平面图,看其是否合理、经济。

5)编制主要材料、设备的采购计划。

6)完成现场的障碍物拆除,进行"七通一平",创造必要的施工条件。

7)按合同规定接收设计文件、资料及地方政府和上级的批文。

8)按合同规定准备工程款项。

(2)进度的事中控制内容为:

1)进行工程进度的检查。审核每旬、每月的施工进度报告,一是审核计划进度与实际进度的差异;二是审核形象进度、实物工程量与工作量指标完成情况的一致性。

2)进行工程进度的动态管理,即分析进度差异的原因,提出调整的措施和方案,相应调整施工进度计划、设计计划、材料供应计划和资金计划,必要时调整工期目标。

3)组织现场的协调会,实施进度计划调整后的安排。

4)定期向业主、监理单位及上级机关报告工程进展情况。

(3)进度的事后控制内容。

当实际进度与计划进度发生差异时,在分析原因的基础上应采取以下措施:

1)制定保证总工期不突破的对策措施。

2)制定总工期突破后的补救措施。

3)调整相应的施工计划,并组织协调和平衡。

(4)项目经理部的进度控制应按下列程序进行:

1)根据施工合同确定的开工日期、总工期和竣工日期确定施工目标,明确计划开工日期、计划总工期和计划竣工日期,确定项目分期分批的开、竣工日期。

2)编制施工进度计划,具体安排实现前述目标的工艺关系、组织关系、搭接关系、起止时间、劳动力计划、材料计划、机械计划、其他保证性计划。

3)向监理工程师提出开工申请报告,按监理工程师开工令指定的日期开工。

4)实施施工进度计划,在实施中加强协调和检查,若出现偏差(不必要的提前或延误)及时进行调整,并不断预测未来进度状况。

5)项目竣工验收前抓紧收尾阶段进度控制,全部任务完成后进行进度控制总结,并编写进度控制报告。

3.施工进度控制方法、措施和主要任务

(1)施工进度控制方法。

施工进度控制方法主要是规划、控制和协调。规划是指确定施工项目总进度目标和分进度控制目标,并编制其进度计划。控制是指在施工项目实施的全过程中,进行施工实际进度与施工计划进度的比较,出现偏差及时采取措施调整。协调是指疏通、优化与施工进度有关部门的单位、部门和工作队组之间的进度关系。

(2)施工进度控制的措施。

施工进度控制采取的主要措施有组织措施、技术措施、合同措施、经济措施和信息管理措施等。

组织措施主要是指落实各层次的进度控制人员,具体任务和工作责任;建立进度控制的组织系统;按着施工项目的结构、进展阶段或合同结构等进行项目分解,确定其进度目标,建立控制目标体系;确定进度控制工作制度,如检查时间、方法、协调会议时间、参加人等;对影响进度的因素分析和预测。技术措施主要采取加快施工进度的技术方法。合同措施是指对分包单位签订的施工合同的合同工期与有关部门进度计划目标相协调。经济措施是指实现进度计划的资金保证措施。信息管理措施是指不断地收集实际施工进度的有关部门资料进行整理统计与计划进度比较,定期地向建设单位提供比较报告。

(3)施工进度控制的任务。

施工进度控制的主要任务是编制施工总进度计划并控制其执行,按期完成整个施工项目的任务;编制单位工程施工进度计划并控制其执行,按期完成单位工程的施工任务;编制分部分项工程施工进度计划并控制其执行,按期完成分部分项工程的施工任务;编制季度、月、旬作业计划并控制其执行,完成规定的目标等。

4. 影响施工进度的因素

由于工程项目的施工特点,尤其是较大和复杂的施工项目,工期较长,影响进度因素较多。编制计划、执行和控制施工进度计划时,必须充分认识和估计这些因素,才能克服这些影响,使施工进度尽可能按计划进行。当出现偏差时,应考虑有关部门影响因素,分析产生的原因。其主要影响因素有:

(1)有关单位的影响。

施工项目的主要施工单位对施工进度起决定性作用,但是建设单位、设计单位、银行信贷单位、材料供应部门、运输部门、水、电供应部门及政府的有关主管部门等,都可能给施工的某些方面造成困难而影响施工进度。其中设计单位图纸不及时和有错误,以及有关部门对设计方案的变动是经常发生和影响最大的因素;材料和设备不能按期供应,或质量、规格不符合要求,都会使施工停顿;资金不能保证也会使施工中断或速度减慢等。

(2)施工条件的变化。

施工中地质条件和水文地质条件与勘查设计的不符,如地质断层、溶洞、地下障碍物、软弱地基,以及恶劣的气候、暴雨、高温和洪水等,都对施工进度产生影响,造成临时停工或破坏。

(3)技术失误。

施工单位采用技术措施不当、施工中发生技术事故,应用新技术、新材料、新结构缺乏经验,不能保证质量等都会影响施工进度。

(4)施工组织管理不力。

流水施工组织不合理、施工方案不当、计划不周、管理不善、劳动力和施工机械调配不当、施工平面布置不合理、解决问题不及时等,都会影响施工计划的执行。

(5)意外事件的出现。

施工中如果出现意外的事件,如战争、内乱、拒付债务、工人罢工等政治事件,地震、洪水等严重自然灾害,重大工程事故、试验失败、标准变化等技术事件,拖延工程款、通货膨胀、分包单位违约等紧急事件都会影响施工进度计划的实现。

5. 施工进度控制的原理

施工进度控制受以下原理支配:

（1）动态控制原理。

施工进度控制是一个不断进行的动态控制，也是一个循环进行的过程。它是从项目施工开始，实际进度就出现了运动的轨迹，也就是计划进行执行的动态。实际进度按照计划进度进行时，两者相吻合；当实际进度与计划进度不一致时，便产生超前或落后的偏差。分析偏差的原因，采取相应的措施，调整原来的计划，使两者在新起点上重合，继续按原计划进行施工活动，并且充分发挥组织管理的作用，使实际工作按计划进行。但是在新的干扰因素作用下，又会产生新的偏差。施工进度计划的控制就是采用这种动态循环的控制方法。

（2）系统原理。

1）施工项目计划系统。

为了对施工项目实际进度计划进行控制，首先必须编制施工项目的各种进度计划，其中有施工项目总进度计划，单位工程进度计划，分部分项工程进度计划，季度和月、旬作业计划，这些计划组成一个施工项目计划系统。计划编制的对象由大到小，计划的内容从粗到细，编制时从总体计划到局部计划，逐层进行控制目标分解，以保证计划控制目标落实。执行计划时，从月、旬作业计划开始实施，逐级按目标控制，从而达到对施工项目整体进度目标控制。

2）施工项目进度实施组织系统。

施工项目实施的全过程，各专业队伍都是按照计划规定的目标去努力完成一个个任务。施工项目经理和有关部门劳动调配、材料设备、采购运输等职能部门都按照施工进度规定的要求进行严格管理，落实和完成各自的任务。施工组织各级负责人，从项目经理、施工队长、班组长及其所属全体成员组成了施工项目实施的完整组织系统。

3）施工项目进度控制组织系统。

为了保证施工项目进度实施，还有一个项目进度的检查控制系统。从公司经理、项目经理，一直到作业班组都设有专门职能部门或人员负责检查、统计、整理实际施工进度的资料，并与进度计划比较分析和进行调整。当然不同层次人员负有不同进度控制职责，分工协作，形成一个纵横连接的施工项目控制组织系统。事实上有的领导可能既是计划的实施者又是计划的控制者，实施是计划的落实，控制是保证计划按期实施。

（3）信息反馈原理。

信息反馈是施工项目进度控制的主要环节，施工的实际进度通过信息反馈给基层施工项目进度控制的工作人员，在分工的职责范围内，经过对其加工，再将信息逐级向上反馈，直到主控制室，主控制室整理统计各方面的信息，经比较分析做出决策，调整进度计划，使其符合预定工期目标。若不应用信息反馈原理，不断地进行信息反馈，则无法进行计划控制。施工项目进度控制的过程就是信息反馈的过程。

(4)弹性原理。

工程项目施工的工期长、影响进度的因素多,其已被人们掌握。根据统计资料和经验,可以估计出影响进度的程度和出现的可能性,并在确定进度目标时,进行实现目标的风险分析。在计划编制者具备了这些知识和经验之后,编制施工项目进度计划时就会留有余地,使施工进度计划具有弹性。在进行施工项目进度控制时,便可以利用这些弹性,缩短有关工作的时间,或者改变它们之间的搭接关系,使检查之前拖延的工期,通过缩短剩余计划工期的方法,达到预期的计划目标。这就是施工项目进度计划控制中对弹性原理的应用。

(5)封闭循环原理。

施工进度计划控制的全过程是计划、实施、检查、比较分析、确定调整措施、再计划。从编制施工进度计划开始,经过实施过程中的跟踪检查,收集有关部门实际进度的信息,比较和分析实际进度与施工计划进度之间的偏差,找出产生原因和解决办法,确定调整措施,再修整原进度计划,形成一个封闭的循环系统。

(6)网络计划技术原理。

在施工项目的控制中,利用网络计划技术原理编制进度计划,根据收集的实际进度信息,比较和分析进度计划,有利用网络计划的工期优化,工期与成本优化和资源优化的理论调整计划。网络计划技术原理是施工进度控制完整的计划管理和分析计算的理论基础。

三、施工统计及管理

1. 施工统计管理的作用

施工统计在工程管理中的作用是:

(1)能伴随施工项目管理全过程,准确、及时、全面、系统地搜集、整理、分析研究各种统计资料。

(2)能准确地反映工程施工项目的进度、消耗,对计划的执行情况进行监督。

(3)能及时反映和考核施工项目各种计划的执行情况,为及时调整各种计划和加强项目管理提供真实依据。

(4)能为施工企业综合统计提供施工项目统计依据,并为项目管理理论的研究和总结经验服务。

2. 施工统计管理的工作内容

由于施工项目管理是以一个工程施工项目为对象,从工程开工到竣工交付使用的一次性全过程的管理,因此施工项目的统计管理也具有一次性、全过程的特征。它随着施工项目存在而存在,随施工项目竣工而结束。它的工作范围就是以施工项目经济活动的开始为起点,以施工项目经济活动结束为终点。其具体内容包括:施工项目的实物量统计、施工项目的价值量统计、施工项目的形象进度统计和建立健全统计台账。

(1)实物量统计包括土建工程实物量统计和安装工程实物量统计。

土建工程实物量统计包括土石方工程、打桩工程、砌筑工程、混凝土工程、抹灰工程、门窗工程、屋面工程等统计。

安装工程实物量统计包括管道和电缆敷设工程、室内外采暖工程、通风工程、机械设备安装工程等统计。

(2)工程形象进度统计是用定量词(绝对数、百分数、分数)表示工程部位的形象进度,包括土建工程和安装工程。

土建工程部位划分:桩基、基础、结构、装饰、装潢等。

安装工程部位划分:埋管阶段、毛坯管阶段、设备安装阶段和调试阶段等。

(3)价值量统计还可延伸为施工产值统计、竣工产值统计、施工工期统计、房屋建筑面积统计等。

产值统计包括营业额、施工产值、工业产值、分包产值等。

竣工产值指报告期内竣工单位工程的全部价值。

施工工期统计包括开工日期、施工工期、合同(定额)工程技术人员达到率等。

房屋建筑面积统计包括开工面积、竣工面积、施工面积竣工率等。

(4)工程施工统计台账包括建设项目统计台账、单位工程统计台账、单位工程进度台账、分项工程统计台账、生产经营主要指标台账、监理审批工作量、工程量台账等。

3. 施工统计管理的统计分析

数据是进行一切管理工作的基础,"一切用数据说话"才能做出科学的判断。项目施工统计就是运用数理统计方法,通过收集整理施工中各种数据,据实进行分析,发现存在问题,及时采取措施和对策,针对性的进行纠正和预防。施工统计分析的方法多种多样,常用的有以下几种方法:

(1)分层法。

分层法又称分类或分组法,就是将收集到的施工统计数据,按统计分析的需要,进行分类整理使之系统化,以便于找到施工中产生问题的原因,及时采取措施加以预防。

分层法多种多样,可按班次日期分类;按操作人员工龄、技术等级分类;按施工方法分类;按设备型号、施工生产组织分类;按材料数量、规格、供料单位及时间等分类。

(2)调查分析法。

调查分析法又称调查表法,它是利用表格形式进行数据收集和统计的一种方法。表格形式要根据需要自行设计,应便于统计、分析。

(3)排列图法。

排列图法又叫巴氏图法或巴雷特图法,也叫主次因素分析图法。排列图画有两个纵坐标:左侧纵坐标表示产生影响问题频数;右侧纵坐标表示产生影响问题频率,即累计百分数。图中横坐标表示影响问题的各个不良因素或项目,按影响程度的大小,从左到右依次排列。每个直方图形的高度表示该因素影响的大小,图中曲线称为巴雷特曲线。运用排列图,便于找出主次矛盾,使错综复杂的问题一目了然,有利于采取措施加以改善。

(4)因果分析图法。

因果分析图又叫特性要素图、鱼刺图、树枝图。这是一种逐步深入研究和分析发生问题的图示方法。在工程实践中任何一种问题的发生,往往是多种原因造成的。这些原因有大有小,把这些原因依照大小次序分别用主干、大枝、中枝、小枝图形表示出来,便可一目了然地系统观察出产生问题的原因。运用因果分析图可以帮助制定对策,解决工程施工中存在的问题,从而达到控制的目的。

(5)管理图法。

管理图又叫控制图,它是反映施工工序随时间变化而发生的动态变化状态,即反映施工过程中各个阶段各种波动状态的图形。管理图法是利用上下波动控制界限,将各种影响因素特征控制在正常波动范围内,一旦有异常原因产生波动,通过管理图立即可以看出,能及时采取措施预防更大问题的发生。

四、施工进度计划实施与检查

1.施工进度计划的实施

施工进度计划的实施就是施工活动的开展,就是用施工进度计划指导施工活动、落实和完成计划。施工进度计划逐步实施的过程就是施工项目建造逐步完成的过程。为了保证施工进度计划的实施、并且尽量按编制的计划时间逐步进行,保证各进度目标的实现,应做好如下工作:

(1)施工进度计划的审核。

项目经理应进行施工项目进度计划的审核,其主要内容包括:

1)进度安排是否符合施工合同确定的建设项目总目标和分目标的要求,是否符合其开、竣工日期的规定。

2)施工进度计划中的内容是否有遗漏,分期施工是否满足分批交工的需要和配套交工的要求。

3)施工顺序安排是否符合施工程序的要求。

4)资源供应计划是否能保证施工进度计划的实现,供应是否均衡,分包人供应的资源是否能满足进度的要求。

5)施工图设计的进度是否满足施工进度计划要求。

6)总分包之间的进度计划是否相协调,专业分工与计划的衔接是否明确、合理。

7)对实施进度计划的风险是否分析清楚,是否有相应的对策。

8)各项保证进度计划实现的措施设计是否周到、可行、有效。

（2）施工项目进度计划的贯彻。

1)检查各层次的计划,形成严密的计划保证系统。

施工项目的所有施工进度计划:施工总进度计划、单位工程施工进度计划、分部分项工程施工进度计划,都是围绕一个总任务编制的,它们之间关系是高层次计划为低层次计划提供依据,低层次计划是高层次计划的具体化。在其贯彻执行时,应当首先检查是否协调一致,计划目标是否层层分解、互相衔接,组成一个计划实施的保证体系,以施工任务书的方式下达施工队,保证施工进度计划的实施。

2)层层明确责任并利用施工任务书。

施工项目经理、作业队和作业班组之间分别签订责任状,按计划目标规定工期、质量标准、承担的责任、权限和利益。用施工任务书将作业任务下达到作业班组,明确具体施工任务、技术措施、质量要求等内容,使施工班组必须保证按作业计划时间完成规定的任务。

3)进行计划的交底,促进计划的全面、彻底实施。

施工进度计划的实施是全体工作人员的共同行动,要使有关部门人员都明确各项计划的目标、任务、实施方案和措施,使管理层和作业层协调一致,将计划变成全体员工的自觉行动,在计划实施前可以根据计划的范围进行计划交底工作,使计划得到全面、彻底的实施。

（3）施工项目进度计划的实施。

1)编制月（旬）作业计划。

为了实施施工计划,将规定的任务结合现场施工条件,如:施工场地的情况、劳动力、机械等资源条件和实际的施工进度,在施工开始前和过程中不断地编制本月（旬）作业计划,这是使施工计划更具体、更实际和更可行的重要环节。在月（旬）计划中要明确:本月（旬）应完成的任务;所需要的各种资源量;提高劳动生产率和节约措施等。

2)签发施工任务书。

编制好月（旬）作业计划以后,将每项具体任务通过签发施工任务书的方式下达班组进一步落实、实施。施工任务书是向班组下达任务,实行责任承包、全面管理和原始记录的综合性文件。施工班组必须保证指令任务的完成。它是计划和实施的纽带。

施工任务书应由工长编制并下达。在实施过程中要做好记录,任务完成后回收,作为原始记录和业务核算资料。

施工任务书应按班组编制和下达。它包括施工任务单、限额领料单和考勤表。施工任务单包括:分项工程施工任务、工程量、劳动量、开工日期、完工日期、工艺、质量、安全要求。限额领料单是根据施工任务书编制的控制班组领用材料的依据,应具体列明材料名称、规格、型号、单位、数量和领用记录、退料记录等。

考勤表可附在施工任务书背面,按班组人名排列,供考勤时填写。

3)做好施工进度记录,填好施工进度统计表。

在计划任务完成的过程中,各级施工进度计划的执行者都要跟踪做好施工记录,即记载计划中的每项工作开始日期、每日完成数量和完成日期;记录施工现场发生的各种情况、干扰因素的排除情况;跟踪做好工程形象进度、工程量、总产值、耗用的人工、材料和机械台班等的数量统计与分析,为施工项目进度检查和控制分析提供反馈信息。因此,要求实事求是记载,并填好上报统计报表。

4)做好施工中的调度工作。

施工中的调度是组织施工中各阶段、环节、专业和工种的配合、进度协调的指挥核心。调度工作是施工进度计划实施顺利进行的重要手段。其主要任务是掌握计划实施情况,协调各方面关系,采取措施,排除各种矛盾,加强各薄弱环节,实现动态平衡,保证完成作业计划和实现进度目标。

调度工作内容主要有督促作业计划的实施,调整协调各方面的进度关系;监督检查施工准备工作;督促资源供应单位按计划供应劳动力、施工机具、运输车辆、材料构配件等,并对临时出现的问题采取调配措施;按施工平面图管理现场,结合实际情况进行必要的调整,保证文明施工;了解气候、水、电、气的情况,采取相应的防范和保证措施;及时发现和处理施工中各种事故和意外事件;调节各薄弱环节;定期及时召开现场调度会议,贯彻施工项目主管人员的决策,发布调度令。

2.施工进度计划的检查

在施工项目的实施过程中,为了进行进度控制,进度控制人员应经常地、定期地跟踪检查施工实际进度情况,主要是收集施工进度材料,进行统计整理和对比分析,确定实际进度与计划进度之间的关系,其主要工作包括:

(1)跟踪检查施工实际进度。

为了对施工进度计划的完成情况进行统计、进行进度分析和调整计划提供信息,应对施工进度计划依据其实施记录进行跟踪检查。

跟踪检查施工实际进度是项目施工进度控制的关键措施。其目的是收集实际施工进度的有关数据。跟踪检查的时间和收集数据的质量,直接影响到控制工作的质量和效果。

一般检查的时间间隔与施工项目的类型、规模、施工条件和对进度执行要求程度有关。通常可以确定每月、半月、旬或周进行一次。若施工中遇到天气、资源供应等不利因素的严重影响,检查的时间间隔可临时缩短,次数应频繁,甚至可以每日进行检查,或派人员驻现场督阵。检查和收集资料的方式一般采用进度报表方式或定期召开进度工作汇报会。为了保证汇报资料的准确性,进度控制人员要经常到现场察看施工项目的实际进度情况,从而保证经常地、定期地准确掌握施工项目的实际进度。

根据不同需要,进行日检查或定期检查的内容包括:

1)检查期内实际完成和累计完成的工程量。

2)实际参加施工的人力,机械数量和生产效率。

3)窝工人数、窝工机械台班数及其原因分析。

4)进度偏差情况。

5)进度管理情况。

6)影响进度的特殊原因及分析。

7)整理统计检查数据。

收集到的施工项目实际进度数据,要进行必要的整理,按计划控制的工作项目进行统计,形成与计划进度具有可比性的数据、相同的量纲和形象进度。一般按实物工程量、工作量和劳动消耗量以及累计百分比整理和统计实际检查的数据,以便与相应的计划完成量相对比。

(2)对比实际进度与计划进度。

将收集的资料整理和统计成具有与计划进度可比性的数据后,用施工项目实际进度与计划进度进行比较。通常用的比较方法有:横道图比较法、S形曲线比较法、"香蕉"形曲线比较法、前锋线比较法和列表比较法等。通过比较得出实际进度与计划进度相一致、超前、拖后三种情况。

(3)施工进度检查结果的处理。

施工进度检查的结果,按照检查报告制度的规定,形成进度控制报告向有关主管人员和部门汇报。

进度控制报告是把检查比较结果,有关施工进度现状和发展趋势,提供给项目经理及各级业务职能负责人的最简单的书面形式报告。

进度控制报告是根据报告对象的不同,确定不同的编制范围和内容而分别编制的。一般分为:项目概要级进度控制报告,是报给项目经理、企业经理或业务部门以及建设单位(业主)的,它是以整个施工项目为对象说明进度计划执行情况的报告;项目管理级的进度报告是报给项目经理及企业业务部门的,它是以单位工程或项目分区为对象说明进度计划执行情况的报告;业务管理级的进度报告是就某个重点部位或重点问题为对象编写的报告,供项目管理者及各业务部门为其采取应急措施而使用的。

进度报告由计划负责人或进度管理人员与其他项目管理人员协作编写。报告时间一般与进度检查时间相协调,也可按月、旬、周等间隔时间进行编写上报。

通过检查应向企业提供施工进度报告的内容主要包括:项目实施概况、管理概况、进度概要的总说明;项目施工进度、形象进度及简要说明;施工图纸提供进度;材料物资、构配件供应进度;劳务记录及预测;日历计划;对建设单位、监理和施工者的工程变更指令、价格调整、索赔及工程款收支情况;进度偏差的状况和导致偏差的原因分析;解决的措施;计划调整意见等。

3. 施工进度计划的调整与总结

(1) 分析进度偏差的影响。

通过前述的进度比较方法,当判断出现进度偏差时,应当分析偏差对后续工作和对总工期的影响。

1) 分析产生偏差的工作是否为关键工作。

若出现的工作为关键工作,则无论偏差大小,都对后续工作及总工期产生影响,必须采取相应的调整措施;若出现的工作不是关键工作,需要根据偏差值与总时差和自由时差的大小关系,确定对后续工作和总工期的影响程度。

2) 分析进度偏差是否大于总时差。

若进度偏差大于该工作的总时差,说明此偏差必将影响后续工作和总工期,必须采取相应的调整措施;若工作的进度偏差小于或等于该工作的总时差,说明此偏差对总工期无影响,但它对后续工作的影响程度,需要根据比较偏差与自由偏差的情况来确定。

3) 分析进度偏差是否大于自由时差。

若工作的进度偏差大于该工作的自由时差,说明此偏差对后续工作产生影响。如何调整,应根据后续工作允许影响的程度而定;若工作的进度偏差小于或等于该工作的自由时差,则说明此偏差对后续工作无影响,因此,原进度计划不作调整。

经过如此分析,进度控制人员可以确认应该调整产生进度偏差的工作和调整进度偏差值的大小,以便确定采取调整措施,获得新的符合实际进度情况和计划目标的新进度计划。

(2) 施工项目进度计划的调整方法。

在对实施的进度计划分析的基础上,应确定调整原计划的方法,一般主要有以下几种:

1) 改变某些工作间的逻辑关系。

若检查的实际施工进度的偏差影响了总工期,在工作之间的逻辑关系允许改变的条件下,可改变关键线路和超过计划工期的非关键线路上的有关工作之间的逻辑关系,达到缩短工期的目的。用这种方法调整的效果是很显著的,例如,可以把依此进行的有关部门工作改成平行的或互相搭接的,以及分成几个施工段进行流水施工的等,都可以达到缩短工期的目的。

2) 缩短某些工作的持续时间。

这种方法是不改变工作之间的逻辑关系,而是缩短某些工作持续时间,而使施工进度加快,并保证实现计划工期的方法。这些被压缩持续时间的工作是位于由于实际施工进度的拖延而引起总工期增长的关键线路和某些非关键线路上的工作。同时,这些工作又是可以压缩持续时间的工作,这种方法实际上就是网络计划优化中,工期优化方法和工期与成本优化的方法,不再赘述。

3）资源供应的调整。

如果资源供应发生异常,应采用资源优化方法对计划进行调整,或采取应急措施,使其对工期影响最小。

4）增减施工内容。

增减施工内容应做到不打乱原计划的逻辑关系,只对局部逻辑关系进行调整。在增减施工内容以后,应重新计算时间参数,分析对原网络计划的影响。当对工期有影响时,应采取措施,保证计划工期不变。

5）增减工程量。

增减工程量主要是指改变施工方案、施工方法,从而导致工程量的增加或减少。

6）起止时间的改变。

起止时间的改变应在相应工作时差范围内进行,每次调整必须重新计算时间参数,观察该项调整对整个施工计划的影响。调整时可在下列方法中进行:

①将工作在其最早开始时间与其最迟完成时间范围内移动。

②延长工作的持续时间。

③缩短工作的持续时间。

（3）施工进度控制的总结。

项目经理部应在施工进度计划完成后,及时进行施工进度总结,为进度控制提供反馈信息。总结时应依据下列资料:

1）施工进度计划。

2）施工进度计划执行的实际记录。

3）施工进度计划检查结果。

4）施工进度计划的调整资料。

5）施工进度控制总结应包括:

①合同工期目标和计划工期目标完成情况。

②施工进度控制经验。

③施工进度控制中存在的问题。

④科学的施工进度计划方法的应用情况。

⑤施工进度控制的改进意见。

第四节　施工项目成本控制

施工项目成本控制,是指项目经理部在项目成本形成的过程中,为控制人、机、材料消耗和费用支出,降低工程成本,达到预期的项目成本目标所进行的成本预测、计划、实施、核算、分析、考核、整理成本资料与编制成本报告等一系列活动。

一、施工项目成本控制原则

1. 全面控制的原则

(1)全员控制。

1)建立全员参加的责权利相结合的项目成本控制责任体系;

2)项目经理、各部门、施工队、班组人员都负有成本控制的责任,在一定的范围内享有成本控制的权利,在成本控制方面的业绩与工资奖金挂钩,从而形成一个有效的成本控制责任网络。

(2)全过程控制。

1)成本控制贯穿项目施工过程的每一个阶段;

2)每一项经济业务都要纳入成本控制的轨道;

3)经常性成本控制通过制度保证,不常发生的"例外问题"也要有相应措施控制,不能疏漏。

2. 动态控制的原则

(1)项目施工是一次性行为,其成本控制应更重视事前、事中控制。

(2)在施工开始之前进行成本预测。确定目标成本。编制成本计划,制订或修订各种消耗定额和费用开支标准。

(3)施工阶段重在执行成本计划,落实降低成本措施实行成本目标管理。

(4)成本控制随施工过程连续进行,与施工进度同步不能时紧时松,不能拖延。

(5)建立灵敏的成本信息反馈系统,使成本责任部门(人员)能及时获得信息、纠正不利成本偏差。

(6)制止不合理开支,把可能导致损失和浪费的苗头消灭在萌芽状态。

(7)竣工阶段成本盈亏已成定局,主要进行整个项目的成本核算、分析、考评。

3. 创收与节约相结合的原则

(1)施工生产既是消耗资财人力的过程,也是创造财富增加收入的过程,其成本控制也应坚持增收与节约相结合的原则。

(2)作为合同签约依据,编制工程预算时,应"以支定收",保证预算收入;在施工过程中,要"以收定支",控制资源消耗和费用支出。

(3)每发生一笔成本费用,都要核查是否合理。

(4)经常性的成本核算时,要进行实际成本与预算收入的对比分析。

(5)抓住索赔时机,搞好索赔、合理力争甲方给予经济补偿。

(6)严格控制成本开支范围,费用开支标准和有关财务制度.对各项成本费用的支出进行限制和监督。

(7)提高施工项目的科学管理水平、优化施工方案,提高生产效率、节约人、财、物的消耗。

(8)采取预防成本失控的技术组织措施,制止可能发生的浪费。

(9)施工的质量、进度、安全都对工程成本有很大的影响,因而成本控制必须与质量控制、进度控制、安全控制等工作相结合、相协调。避免返工(修)损失、降低质量成本,减少并杜绝工程延期违约罚款、安全事故损失等费用支出发生。

(10)坚持现场管理标准化,堵塞浪费的漏洞。

二、施工项目成本控制内容及程序

1. 施工项目成本控制内容

(1)投标承包阶段。

1)对项目工程成本进行预测、决策。

2)中标后组建与项目规模相适应的项目经理部,以减少管理费用。

3)公司以承包合同价格为依据,向项目经理部下达成本目标。

(2)施工准备阶段。

1)审核图纸,选择经济合理、切实可行的施工方案。

2)制订降低成本的技术组织措施。

3)项目经理部确定自己的项目成本目标。

4)进行目标分解。

5)反复测算平衡后编制正式施工项目计划成本。

(3)施工阶段。

1)制订落实检查各部门、各级成本责任制。

2)执行检查成本计划,控制成本费用。

3)加强材料、机械管理,保证质量,杜绝浪费,减少损失。

4)搞好合同索赔工作,及时办理增加账,避免经济损失。

5)加强经常性的分部分项工程成本核算分析以及月度(季年度)成本核算分析,及时反馈,以纠正成本的不利偏差。

(4)竣工阶段保修期间。

1)尽量缩短收尾工作时间,合理精简人员。

2)及时办理工程结算,不得遗漏。

3)控制竣工验收费用。

4)控制保修期费用。

5)提出实际成本。

6)总结成本控制经验。

2. 施工项目成本控制程序

施工项目成本控制程序,如图7-19所示。

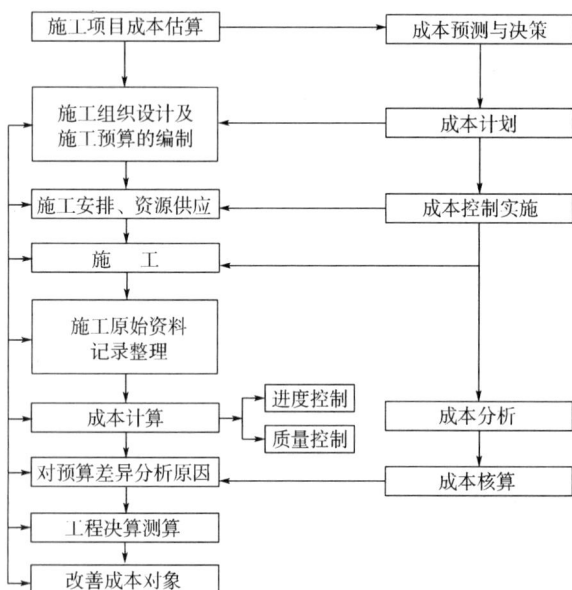

图 7-19 施工项目成本控制一般程序

三、施工项目成本控制与核算

1. 施工项目成本目标责任制

施工项目成本目标责任制就是项目经理部将施工项目的成本目标,按管理层次进行再分解为各项活动的子目标,落实到每个职能部门和作业班组,把与施工项目成本有关的各项工作组织起来,并且和经济责任制挂钩,形成一个严密的成本控制体系。

建立施工项目成本目标责任制,一是确立施工项目目标成本责任制,关键是责任者责任范围的划分和对费用的可控程度,二是要对施工项目成本目标责任制分解。

2. 施工项目成本预测

(1)施工项目成本预测是从投标承包开始的。预测者在深入市场调查,占有大量的技术经济信息的基础上,选择合理的预测方法,依据有关文件、定额,反复测算、分析,对施工项目成本作出判断和推测。其结果在投标时可作为估计项目预算成本的参考;在中标承包后是项目经理部确定项目目标成本,编制成本计划的依据。

(2)施工项目目标成本一般由施工项目直接目标成本和间接目标成本组成。

施工项目直接目标成本主要反映工程成本的目标价值。直接目标成本总表见表7-19。

表7-19　　　　　　　　　　**直接目标成本总表**

项目	目标成本	实际发生成本	差异	差异说明
1. 直接费用				
人工费				
材料费				
机械使用费				
其他直接费				
2. 间接费用				
施工管理费				
合　计				

施工项目间接目标成本主要反映施工现场管理费目标支出数。施工现场目标管理费用见表7-20。

表7-20　　　　　　　　　　**施工现场目标管理费用表**

项目	目标费用	实际支出	差异	差异说明
1. 工作人员工资				
2. 生产工人辅助工资				
3. 工资附加费				
4. 办公费				
5. 差旅交通费				
6. 固定资产使用费				
7. 工具用具使用费				
8. 劳动保护费				
9. 检验试验费				
10. 工程保养费				
11. 财产保险费				
12. 取暖、水电费				
13. 排污费				
14. 其他				
合　计				

（3）目标成本编制依据。

目标成本编制可以按单位工程或分部工程为对象来进行编制。编制依据是：

1）设计预算或国际招标合同报价书、施工预算。

2）施工组织设计或施工方案。

3）公司颁布的材料指导价,公司内部机械台班价,劳动力内部挂牌价。

4）周转设备内部租赁价格,摊销损耗标准。

5）已签订的工程合同,分包合同（或估价书）。

6）结构件外加工计划和合同。

7）财务成本核算制度和财务历史资料。

8）项目经理部与公司签订的内部承包合同。

（4）目标成本的编制要求。

1）编制设计预算。

仅编制工程基础地下室、结构部分时,要剔除非工程结构范围的预算收入,如各分项中综合预算定额包含粉刷工程的费用,并使用计算机预算软件上机操作,提供设计预算各预算成本作为成本项目和工料分析汇总,分包项目应单独编制设计预算,以便同目标比较。高层工程项目。标准层部位单独编制一层的设计预算,作为成本过程控制的预算收入标准。

2）编制施工预算。

包括进行"两算"审核、实物量对比、纠正差错。施工预算实际上是计报产值的依据,同时起到指导生产、控制成本作用,也是编制项目目标成本的主要依据。

3）人工费目标成本编制。

根据施工图预算人工费为收入依据,按施工预算计划工日数,对照包清工人挂牌价,列出实物量定额用工内的人工费支出,并根据本工程实际情况可能发生的各种无收入的人工费支出,不可预计用工的比例,参照以往同类型项目对估点工的处理及公司对估点工控制的要求而确定。对自行加工构件、周转材料整理、修理、临时设施及机械辅助工,提供资料列入相应的成本费用项目。

4）材料费、构件费目标成本的编制。

用由施工图预算提供各种材料、构件的预算用量、预算单价,施工预算提供计划用量,在此基础上,根据对实物量消耗控制的要求,以及技术节约措施等,计算目标成本的计划用量。单价根据指导价,无指导价的参照定额数提供的中准价,并根据合同约定的下浮率计算出单价。根据施工图预算、目标成本所列的数量、单价、计算出量差、价差,构成节超额。构料费、构件费的目标成本确定：目标成本＝预算成本－节超额。

5）周转材料目标成本的编制。

以施工图预算周转材料费为收入依据,按施工方案和模板排列图,作为周转材料需求量的依据,以施工部门提供的该阶段施工工期作为使用天数（租赁天数),再根据施工的具体情况。分期分批量进行量的配备。单价的核定,钢模板、扣件管及材料的修理费、赔偿费(报废)依据租赁分公司的租赁单价。在编制目标成本时,同时要考虑钢模、机件修理费、赔偿费,一般是根据以前历史资料进行测算。项目部使用自行采购的周转材料,同样按施工方案和模板排列图,作用周转材料需求量的依据,以及使用天数和周转次数,并预计周转材料的摊销和报废。

6)机械费用目标成本的编制。

以施工图预算机械费为收入依据,按施工方案计算所需机械类型、使用台班数、机械进出场费、塔基加固费、机操工人工费、修理用工和用工费用,计算小型机械、机具使用费。

7)其他直接费用目标成本的编制。

以施工图预算其他直接费为收入依据。按施工方案和施工现场条件,预计二次搬运费、现场水电费、场地租借费、场地清理费、检验试验费、生产工具用具费、标准化与文明施工等发生的各项费用。

8)施工间接费用目标成本的编制。

以施工图预算管理费为收入依据,按实际项目管理人员数和费用标准计算施工间接费的开支,计算承包基数上缴费,预计纠察、炊事等费用。根据临时设施搭建数量和预算计算摊销费用。按历史资料计算其他施工间接费。

9)分包成本的目标成本的编制。

以预算部门提供的分包项目的施工图预算为收入依据,按施工预算编制的分包项目施工预算的工程量,单价按市场价,计算分包项目的目标成本。

10)项目核算员汇总审核,在综合分析基础上,编制《目标成本控制表》,各部门会审签字,项目部经理组织讨论落实。

项目核算员根据预算部门提供的施工图预算进行各项预算成本项目拆分。审核各部门提供的资料和计划,纠正差错。汇总所有的资料,进行两算对比,根据施工组织设计中的技术节约措施,主要实物量耗用计划,分包工程降低成本计划,设备租赁计划等原始资料,考虑内部承包合同的要求和各种主客观因素,在综合分析挖掘潜力的基础上,编制《目标成本控制表》,编写汇总说明,形成目标成本初稿,提请各部门会审、签字,报请项目部经理组织讨论落实,分别归口落实到部门和责任人,督促实施。

3. 施工项目成本控制方法

(1)以施工图预算控制成本支出。在施工项目成本控制中,可按施工图预算,实行"以收定支",或者叫"量入为出",是有效的方法之一。这样对人工费、材料费、钢管脚手、钢模板等周转设备使用费、施工机械使用费、构件加工费和分包工程费实行有效的控制。

(2)以施工预算控制人力资源和物质资源的消耗。项目开工以前,应根据设计图纸计算工程量,并按照企业定额或上级统一规定的施工预算定额编制整个工程项目的施工预算,作为指导和管理施工的依据。对生产班组的任务安排,必须签收施工任务单和限额领料单,并向生产班组进行技术交底。要求生产班组根据实际完成的工程量和实耗人工、实耗材料做好原始记录,作为施工任务单和限额领料单结算的依据。任务完成后,根据回收的施工任务单和限额领料进行结算,并按照结算内容支付报酬(包括奖金)。为了便于任务完成后进行施工任务单和限额领料与施工预算对比,要求在编制施工预算时对每一个分项工程工序名称进行编号,以便对号检索对比,分析节超。

(3)建立资源消耗台账,实行资源消耗中间控制。资源消耗台账,属于成本核算的辅助记录,在成本核算中讲。

(4)应用成本与进度同步跟踪的方法控制分部分项工程成本。为了便于在分部分项工程的施工中同时进行进度与费用的控制,可以按照横道图和网络图的特点分别进行处理。即横道图计划的进度与成本的同步控制、网络图计划的进度和成本的同步控制。

(5)建立项目成本审核签证制度,控制成本费用支出。在发生经济业务的时候,首先要由有关项目管理人员审核,最后经项目经理签证后支付。审核成本费用的支出,必须以有关规定和合同为依据,主要有:国家规定的成本开支范围;国家和地方规定的费用开支标准和财务制度;施工合同;施工项目目标管理责任书。

(6)坚持现场管理标准化,堵塞浪费漏洞。现场管理标准化的范围很广,比较突出而需要特别关注的是现场平面布置管理和现场安全生产管理。

(7)定期开展"三同步"检查,防止项目成本盈亏异常。"三同步"就是统计核算、业务核算、会计核算同步。统计核算即产值统计,业务核算即人力资源和物质资源的消耗统计,会计核算即成本会计核算。根据项目经济活动的规律,这三者之间有着必然的同步关系。这种规律性的同步关系具体表现为:完成多少产值、消耗多少资源,发生多少成本,三者应该同步。否则,项目成本就会出现盈亏异常的偏差。"三同步"的检查方法可从以下三方面入手:时间上的同步、分部分项工程直接费的同步和其他费用同步。

(8)应用成本控制的财务方法—成本分析表法来控制项目成本。作为成本分析控制手段之一的成本分析表,包括月度成本分析表和最终成本控制报告表。月度成本分析表又分直接成本分析表和间接成本分析表。月度直接成本分析表主要反映分部分项工程实际完成的实物量与成本相对应的情况,以及与预算成本和计划成本相对比的实际偏差和目标偏差,为分析偏差产生的原因和针对偏差采取相应措施提供依据。此外,还要通过间接成本占产值的比例来分析其支用水平。最终成本控制报告表主要是通过已完实物进度、已完产值和已完累计成本,联系尚需完成的实物进度,尚可上报的产品和还将发生的成本,进行最终成本预测,以检验实现成本目标的可能性,并可为项目成本控制提出新的要求。这种预测,工期短的项目应该每季度进行一次,工期长的项目可每半年进行一次。

(9)加强质量管理、控制质量成本。

对影响质量成本较大的关键因素,采取有效措施,进行质量成本控制。质量成本控制表见表7-21。

表 7-21 质量成本控制表

关键因素	措施	执行人、检查人
降低返工、停工损失,将其控制在占预算成本的1%以内	(1)对每道工序事先进行技术质量交底 (2)加强班组技术培训 (3)设置班组质量员,把好第一道关 (4)设置施工队监点,负责对每道工序进行质量复检和验收 (5)建立严格的质量奖罚制度,调动班组积极性	
减少质量过剩支出	(1)施工员要严格掌握定额标准,力求在保证质量的前提下,使人工和材料消耗不超过定额水平 (2)施工员和材料员要根据设计要求和质量标准,合理使用人工和材料	
健全材料验收制度,控制烛质材料额外损失	(1)材料员在对现场材料和构配件进行验收时,发现劣质材料时予拒收,退货,并向供应单位索赔 (2)根据材料质量的不同,合理加以利用以减少损失	
增加预防成本,强化质量意识	(1)建立从班组到施工队的质量QC攻关小组 (2)定期进行质量培训 (3)合理地增加质量奖励,调动职工积极性	

4. 施工项目成本核算

(1)施工项目成本核算的基本任务。

1)执行国家有关成本的开支范围、费用开支标准、工程预算定额和企业施工预算、成本计划的有关规定,控制费用,促使项目合理、节约地使用人力、物力和财力。这是施工项目成本核算的先决前提和首要任务。

2)正确及时地核算施工过程中发生的各项费用,计算施工项目的实际成本。是施工项目成本核算的主体和中心任务。

3)反映和监督施工项目成本计划的完成情况,为项目成本预测,为参与项目施工生产、技术和经营决策提供可靠的成本报告和有关资料,促使项目改善经营管理,降低成本,提高经济效益。这是施工项目成本核算的根本目的。

(2)施工项目的成本核算遵守的基本要求。

1)划清成本、费用支出和非成本费用支出的界限。这是指划清不同性质的支出,即划清资本性支出和收益性支出与其他支出,营业支出与营业外支出的界限。

这个界限也就是成本开支范围的界限。

2)正确划分各种成本、费用的界限。这是指对允许列入成本、费用开支范围的费用支出,在核算上应划清的几个界限:划清施工项目工程成本和期间费用的界限,划清本期工程成本与下期工程成本的界限,划清不同成本核算对象之间的成本界限,划清未完工程成本与已完工程成本的界限。

(3)施工成本核算的工作流程。

项目经理部在承建工程项目收到设计图纸以后,一方面要进行现场"三通一平"等施工前期准备工作;另一方面,还要组织力量分头编制施工图预算、施工组织设计,降低成本计划及其他实施和控制措施,最后将实际成本与预算成本、计划成本对比考核。对比的内容,包括项目总成本和各个成本项目的相互对比,用以观察分析成本升降情况,同时作为考核的依据。比较的方法如下:

通过实际成本与预算成本的对比,考核工程项目成本的降低水平;通过实际成本与计划成本的对比,考核工程项目成本的管理水平。

施工项目成本核算和管理的工作流程如图 7-20 所示。

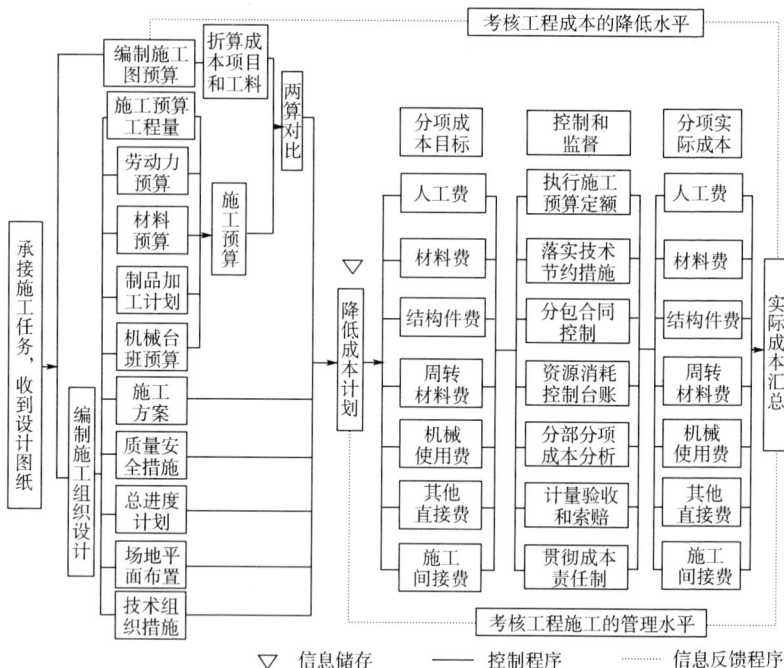

图 7-20 工程项目成本核算和管理的工作流程图

第八章　工程施工技术资料管理

第一节　工程资料管理基本要求

一、工程施工资料管理的原则

施工资料是工程质量的一部分,是施工质量和施工过程管理情况的综合反映,也是建筑管理水平的反映,更为重要的是,施工资料是工程施工过程的原始记录,也是工程施工质量可追溯的依据。而施工资料管理,是一项复杂而又细致的工作,涉及专业项目和内外纵横相关部门很多,资料发生和收集整理的环节错综复杂,有一个环节错位,即可造成资料拖延或遗漏不全。因此。必须依照部门业务职责分工,建立严格的岗位责任制,并设专人依据各专业规范、规程和有关技术资料管理规定负责收集整理和管理工作;同时施工资料具有否决权,施工资料的验收应与工程竣工验收同步进行,施工资料不符合要求,不得进行工程竣工验收。

(1)施工资料的填写应以施工及验收规范、工程合同与设计文件、工程质量验收标准等为依据。

(2)施工资料应随工程进度及时收集、整理,并应按专业归类,认真书写,字迹清楚,项目齐全、准确、真实,无未了事项。

(3)工程资料进行分级管理,各单位技术负责人负责本单位工程资料的全过程管理工作,工程资料的收集、整理和审核工作由各单位专(兼)职资料管理人员负责。

(4)对工程资料进行涂改、伪造、随意抽撤或损毁、丢失等,应按有关规定予以处罚,情节严重的,应依法追究法律责任。

(5)施工资料的管理工作,实行技术负责人负责制,建立健全施工资料管理岗位责任制,并配备专职施工资料管理员,负责施工资料的管理工作。工程项目的施工资料应设专人负责收集和整理。

(6)总承包单位负责汇总归档各分承包单位编制的全部施工资料,分承包单位应各自负责对分承包范围内的施工资料的收集和整理,各分承包单位应对其施工资料的真实性和完整性负责。

(7)对于接受建设单位的委托进行工程档案的组织编制工作的单位,要求在竣工前将施工资料整理汇总完毕并移交建设单位进行工程竣工验收。

(8)负责编制的施工资料不得少于两套,其中移交建设单位一套,自行保存一套,保存期自竣工验收之日起 5 年。如建设单位对施工资料的编制套数有特殊要求的,可另行约定。

二、施工资料收集整理的原则

(1)工程项目的资料管理人员要了解施工进度中应发生的文件资料,及时跟踪收集催办,不得造成资料拖延、不齐等现象。施工资料要随工程施工进度随发生、随整理,按分部、分项工程,分专业项目、类别及其发生的时间归类整理,按序排列,每一份资料都要有目录,从一开始就放入空白目录,并增加一份盒内总目录,来一份材料,分目录增加一条,并标明页码。目录应清晰,所附文件资料层次清楚有序,分类装订整洁,立卷存档保管,每填写完一页便打印一页替换手写目录,以便查阅。

(2)施工技术资料是工程施工全过程进行组织管理和质量控制及反映分部、分项工程质量状况的原始记录,是工程档案的重要资料,是可追溯的原始依据。因此,施工技术资料不仅按照有关档案资料管理要求做到文件资料齐全,更重要的是资料的来源和内容、数据必须真实、准确、可靠。

(3)为实现技术资料填写规范、及时、完整,收集、整理完善,项目必须在工程施工之初制订详尽的技术资料管理方案,明确各种表格的填写要求、各部门的职责分工、资料检查和收集整理责任人等。使工程档案的管理做到“凡事有人负责、凡事有人监督”,使规范化的管理自始至终贯穿于整个工程的施工管理全过程。

三、施工资料流程时限性的把握

(1)为保证工程资料的时效性、准确性、完整性,工程相关各方宜在合同中约定资料(报审、报验资料等)的提交时间与提交格式以及审批时间;并应约定有关责任方应承担的责任。

(2)应明确时限的资料包括:物资选样送审、技术送审(包括方案送审和深化设计送审)、物资进场报验、分项工程报验、分部工程报验和竣工报验等。

(3)项目经理部设专职资料员负责施工资料的管理,并定期对所收集的施工资料进行整理、交圈。

(4)施工资料应随工程进度及时收集、整理,并应按专业归类,认真填写,字迹清楚,项目齐全、准确、真实,无未了事项。表格应统一采用规定表格。

(5)凡涉及施工资料的各部门及配属队伍均应提供一式三份原件资料,交资料员进行归档。施工资料必须使用原件,内容填写清晰准确、无涂改,如有特殊原因不能使用原件的,应在复印件上加盖公章并注明原件存放处。

四、施工资料的编号原则

1.分部(子分部)工程划分及代号规定

(1)分部(子分部)工程代号规定是参考统一标准 GB 50300−2001 的分部(子

分部)工程划分原则与国家质量验收推荐表格编码要求,并结合施工资料类别编号特点制定。

(2)建筑工程共分为九个分部工程(地基与基础、主体结构、建筑装饰装修、建筑屋面、建筑给水排水及采暖、建筑电气、智能建筑、通风空调、电梯)。

2.施工资料编号的组成

(1)施工资料编号应填入右上角的编号栏。

(2)通常情况下,资料编号应为 7 位编号,由以下三部分组成:①分部工程代号(2 位),应根据资料所属的分部工程规定的代号填写;②资料类别编号(2 位),应根据资料所属类别规定的类别编号填写;③顺序号(3 位),应根据相同表格、相同检查项目,按时间自然形成的先后顺序号填写;三部分每部之间用横线隔开。

编号形式如下:

$$\underset{①}{\times\times}\rule[-1pt]{18pt}{0.6pt}\underset{②}{\times\times}\rule[-1pt]{18pt}{0.6pt}\underset{③}{\times\times}\longrightarrow 共 7 位编号$$

(3)应单独组卷的子分部(分项)工程,资料编号应为 9 位编号,由以下四部分组成:①分部工程代号(2 位),应根据资料所属的分部工程规定的代号填写;②子分部(分项)工程代号(2 位),应根据资料所属的子分部(分项)工程规定的代号填写;③资料的类别编号(2 位),应根据资料所属类别规定的类别编号填写;④顺序号(3 位),应根据相同表格、相同检查项目,按时间自然形成的先后顺序号填写;四部分每部之间用横线隔开。

编号形式如下:

$$\underset{①}{\times\times}\rule[-1pt]{18pt}{0.6pt}\underset{②}{\times\times}\rule[-1pt]{18pt}{0.6pt}\underset{③}{\times\times}\rule[-1pt]{18pt}{0.6pt}\underset{④}{\times\times}\longrightarrow 共 9 位编号$$

3.顺序号填写原则

对于施工专用表格,顺序号应按时间先后顺序,用阿拉伯数字 001 开始连续标注。

对于同一施工表格(如隐蔽工程检查记录、预检记录等)涉及多个(子)分部工程时,顺序号应根据(子)分部工程的不同,按(子)分部工程的各检查项目分别从 001 开始连续标注。

无统一表格或外部提供的施工资料,应在资料的右上角注明编号。

4.监理资料编号

(1)监理资料编号应填入右上角的编号栏。

(2)对于相同的表格或相同的文件材料,应分别按时间自然形成的先后顺序从 001 开始,连续标注。

(3)监理资料中的施工测量放线报验表(A2 监)、工程物资进场报验表(A4 监)应根据报验内容编号,对于同类报验内容的报验表,应分别按时间自然形成的先后顺序从 001 开始,连续标注。

五、施工资料编目的原则

　　遵循自然形成的规律,按照时间先后和施工工序特性进行排列、编目,本着合理、完整、易察、易找的原则,每卷(盒)资料有总、分目录和封面,每卷(盒)资料的位置在分目录中标明,分目录在总目录中的位置也要标明,每卷(盒)资料的封面要标明其名称、资料代表的日期段、该卷的排列号等,做到易找、易查。

　　施工资料总目录见表 8-1;卷内目录见表 8-2;分目录见表 8-3。

表 8-1　　　　　　　　　　施工资料总目录

工程名称:

类别	类别名称	编号	名称	主要内容
C1	施工管理资料		工程概况表	工程概况表
		4	施工日志	施工日志
		8	见证记录	见证记录
...	......			

表 8-2　　　　　　　　　　卷内目录

序号	责任者	文件编号	文件材料题名	日期	页次	备注

表 8-3　　　　　　　　单位工程技术资料分目录

单位工程名称:　　　　　　　分目录名称:

序号	编号	日期	部位	页数	备注

　　在施工过程中为便于资料的查找、交圈检查、分类汇总,钢筋原材、混凝土小

票、混凝土试块试压报告应按分目录形式归档,见表 8-4～表 8-6。

表 8-4　　　　　　　　　　钢筋原材分目录

序号	施工部位	规格	牌号	产地	代表数量(t)	试件编号	试验日期	试验编号	材质编号	抗震要求		含碳量差值(%)	含锰量差值(%)	页次	备注
										强屈比≥1.25	屈标比≥1.3				

表 8-5　　　　　　　　　　混凝土小票分目录

混凝土小票现场统计						编号	T3-1	
工程名称及浇筑部位						浇筑日期		
混凝土强度等级		设计坍落度(mm)		混凝土搅拌站		浇筑方量(m³)		
序号	车号	方量(m³)	出站时刻	开浇时刻	浇完时刻	总用时间	验证初凝时间	实测坍落度	备注

表 8-6　　　　　　　　　　混凝土试块试压报告分目录

序号	试验编号	制作日期	施工部位	混凝土强度等级	配合比编号	水泥厂家、品种及强度	掺合料	外加剂	28d 混凝土强度等级(N/mm²)	达到设计强度(%)	页数	备注

六、施工编目、组卷的要求

案卷采用统一规格尺寸的纸张和装具,装具采用硬壳卷(盒),保证资料在整个过程中保持平整,对于小于统一规格的资料要粘贴托纸。卷(盒)的封面和背脊应标明案卷编号、资料名称、资料分类名称等。

七、施工资料组成

(1)工程管理预验收资料。

(2)施工管理资料。

（3）施工技术资料。

（4）施工测量记录。

（5）施工物资资料。

（6）施工记录。

（7）施工试验记录。

（8）施工验收资料。

八、工程管理预验收资料内容

1. 工程概况表

工程概况表是对工程基本情况的简要描述,应包括单位工程的一般情况、构造特征、机电系统等。

（1）一般情况:工程名称、建筑用途、建筑地点、建设单位、监理单位、施工单位、建筑面积、结构类型和建筑层数等。

（2）构造特征:地基与基础;柱、内外墙、梁、板、楼盖、内外墙装饰;楼地面装饰、屋面构造、防火设备等。

（3）机电系统名称:工程所含的机电各系统名称。

（4）其他:指特殊需要说明的内容。

2. 工程质量事故报告

凡工程发生重大质量事故应进行记载。其中发生事故时间应记载年、月、日、时、分;估计造成损失,指因质量事故导致的返工、加固等费用,包括人工费、材料费和管理费;事故情况,包括倒塌情况（整体倒塌或局部倒塌的部位）、损失情况（伤亡人数、损失程度、倒塌面积等）;事故原因,包括设计原因（计算错误、构造不合理等）、施工原因（施工粗制滥造、材料、构配件或设备质量低劣等）、设计与施工的共同问题、不可抗力等;处理意见,包括现场处理情况、设计和施工的技术措施、主要责任者及处理结果。

3. 单位(子单位)工程质量竣工验收记录

（1）单位工程完工,施工单位组织自检合格后,应报请监理单位进行工程预验收,通过后向建设单位提交工程竣工报告并填报《单位（子单位）工程质量竣工验收记录》。建设单位应组织设计单位、监理单位、施工单位等进行工程质量竣工验收并记录,验收记录上各单位必须签字并加盖公章。

（2）凡列入报送城建档案馆的工程档案,应在单位工程验收前由城建档案馆对工程档案资料进行预验收,并由城建档案管理部门出具《建设工程竣工档案预验收意见》。

（3）《单位（子单位）工程质量竣工验收记录》应由施工单位填写,验收结论由监理单位填写,综合验收结论应由参加验收各方共同商定,并由建设单位填写,主要对工程质量是否符合设计和规范要求及总体质量水平做出评价。

(4)进行单位(子单位)工程质量竣工验收时,施工单位应同时填报《单位(子单位)工程质量控制资料核查记录》、《单位(子单位)工程安全和功能检查资料核查及主要功能抽查记录》、《单位(子单位)工程观感质量检查记录》,作为《单位(子单位)工程质量竣工验收记录》的附表。

4. 室内环境检测报告

(1)民用建筑工程及室内装修工程应按照现行国家规范要求,在工程完工至少7天以后,工程交付使用前对室内环境进行质量验收。

(2)室内环境检测应由建设单位委托经有关部门认可的检测机构进行,并出具室内环境污染物浓度检测报告。

5. 施工总结

施工总结是反映建筑工程施工的阶段性、综合性或专题性文字材料。应由项目经理负责,可包括以下方面:

(1)管理方面:根据工程特点与难点,进行项目质量、现场、合同、成本和综合控制等方面的管理总结。

(2)技术方面:工程采用的新技术、新产品、新工艺、新材料总结。

(3)经验方面:施工过程中各种经验与教训总结。

6. 工程竣工报告

单位工程完工后,由施工单位编写工程竣工报告,内容包括:

(1)工程概况及实际完成情况。

(2)企业自评的工程实体质量情况。

(3)企业自评施工资料完成情况。

(4)主要建筑设备、系统调试情况。

(5)安全和功能检测、主要功能抽查情况。

第二节　工程管理资料的主要内容

一、施工管理资料内容

施工管理资料是在施工过程中形成的反映工程组织、协调和监督等情况的资料统称。

1. 施工现场质量管理检查记录

建筑工程项目经理部应建立质量责任制度及现场管理制度;健全质量管理体系;具备施工技术标准;审查资质证书、施工图、地质勘察资料和施工技术文件等。施工单位应按规定填写《施工现场质量管理检查记录》,报项目总监理工程师(或建设单位项目负责人)检查,并做出检查结论。

2.企业资质证书及相关专业人员岗位证书

在正式施工前应审查分包单位资质及专业工种操作人员的岗位证书,填写《分包单位资质报审表》,报监理单位审核。

3.有见证取样和送检管理资料

(1)施工试验计划。

1)单位工程施工前,施工单位应编制施工试验计划,报送监理单位。

2)施工试验计划的编制应科学、合理,保证取样的连续性和均匀性。计划的实施和落实应由项目技术负责人负责。

(2)见证记录。

1)施工过程中,应由施工单位取样人员在现场进行原材料取样和试件制作,并在《见证记录》上签字。见证记录应分类收集、汇总整理。

2)有见证取样和送检的各项目,凡未按规定送检或送检次数达不到要求的,其工程质量应由有相应资质等级的检测单位进行检测确定。

3)有见证试验汇总表。

有见证试验完成,各试验项目的试验报告齐全后,应填写《有见证试验汇总表》。

4.施工日志

施工日志应以单位工程为记载对象,从工程开工起至工程竣工止,按专业指定专人负责逐日记载,并保证内容真实、连续和完整。

二、施工技术资料内容

施工技术资料是在施工过程中形成的,用以指导正确、规范、科学施工的文件,以及反映工程变更情况的正式文件。

1.工程技术文件报审表

(1)根据合同约定或监理单位要求,施工单位应在正式施工前将需要监理单位审批的施工组织设计、施工方案等技术文件,填写《工程技术文件报审表》报监理单位审批。

(2)工程技术文件报审应有时限规定,施工和监理单位均应按照施工合同或约定的时限要求完成各自的报送和审批工作。

(3)当涉及主体和承重结构改动或增加荷载时,必须将有关设计文件报原结构设计单位或具备相应资质的设计单位核查确认,并取得认可文件后方可正式施工。

2.施工组织设计、施工方案

(1)工程施工组织设计应在正式施工前编制完成,并经施工企业单位的技术负责人审批。

(2)规模较大、工艺复杂的工程、群体工程或分期出图工程,可分阶段编制、报批施工组织设计。

(3)工程主要分部(分项)工程、工程重点部位、技术复杂或采用新技术的关键工序应编制专项施工方案。冬期、雨期施工应编制季节性施工方案。

(4)施工组织设计及施工方案编制内容应齐全,施工单位应首先进行内部审核,并填写《工程技术文件报审表》报监理单位批复后实施。发生较大的施工措施和工艺变更时,应有变更审批手续,并进行交底。

3.技术交底记录

(1)技术交底记录应包括施工组织设计交底、专项施工方案技术交底、分项工程施工技术交底、"四新"(新材料、新产品、新技术、新工艺)技术交底和设计变更技术交底。各项交底应有文字记录,交底双方签认应齐全。

(2)重点和大型工程施工组织设计交底应由施工企业的技术负责人把主要设计要求、施工措施以及重要事项对项目主要管理人员进行交底。其他工程施工组织设计交底应由项目技术负责人进行交底。

(3)专项施工方案技术交底应由项目技术部门负责,根据专项施工方案对专业工长进行交底。

(4)分项工程施工技术交底应由专业工长对专业施工班组(或专业分包)进行交底。

(5)"四新"技术交底应由项目技术部门组织有关专业人员编制。

(6)设计变更技术交底应由项目技术部门根据变更要求,并结合具体施工步骤、措施及注意事项等,对专业工长进行交底。

4.设计变更文件

(1)图纸会审记录。

1)监理、施工单位应将各自提出的图纸问题及意见,按专业整理、汇总后报建设单位,由建设单位提交设计单位做交底准备。

2)图纸会审应由建设单位组织设计、监理和施工单位技术负责人及有关人员参加。设计单位对各专业问题进行交底,施工单位负责将设计交底内容按专业汇总、整理,形成图纸会审记录。

3)图纸会审记录应由建设、设计、监理和施工单位的项目相关负责人签认、形成正式图纸会审记录。不得擅自在会审记录上涂改或变更其内容。

(2)设计变更通知单。

设计单位应及时下达设计变更通知单,内容翔实,必要时应附图,并逐条注明应修改图纸的图号。设计变更通知单应由设计专业负责人以及建设(监理)和施工单位相关负责人签认。

（3）工程洽商记录。

1）工程洽商记录应分专业办理，内容翔实，必要时应附图，逐条注明应修改图纸的图号。工程洽商记录应由设计专业负责人及建设、监理和施工单位的相关负责人签认。

2）设计单位如委托建设（监理）单位办理签认，应办理委托手续。

三、施工测量记录内容

施工测量记录是在施工过程中形成的，确保建筑工程定位、尺寸、标高、位置和沉降量等满足设计要求和规范规定的资料的统称。

1. 施工测量放线报验表

施工单位应在完成施工测量方案、红线桩校核成果、水准点引测成果及施工过程中各种测量记录后，填写《施工测量放线报验表》报监理单位审核。

2. 工程定位测量记录

（1）测绘部门根据建设工程规划许可证（附件）批准的建筑工程位置及标高依据，测定出建筑的红线桩。

（2）施工测量单位应依据测绘部门提供的放线成果、红线桩及场地控制网（或建筑物控制网），测定建筑物位置、主控轴线及尺寸、建筑物±0.000绝对高程，并填写《工程定位测量记录》报监理单位审核。

（3）工程定位测量完成后，应由建设单位报请具有相应资质的测绘部门验线。

3. 基槽验线记录

施工测量单位应根据主控轴线和基底平面图，检验建筑物基底轮廓线、集水坑、电梯井坑、垫层标高（高程）、基槽断面尺寸和坡度等，填写《基槽验线记录》报监理单位审核。

4. 楼层平面放线记录

楼层平面放线内容包括轴线竖向投测控制线、各层墙柱轴线、柱边线、门窗洞口位置线、垂直度偏差等，施工单位应在完成楼层平面放线后，填写《楼层平面放线记录》报监理单位审核。

5. 楼层标高抄测记录

楼层标高抄测内容包括楼层+0.5m（或+1.0m）水平控制线、皮数杆等。施工单位应在完成楼层标高抄测后，填写《楼层标高抄测记录》报监理单位审核。

6. 建筑物垂直度、标高测量记录

（1）施工单位应在结构工程完成和工程竣工时，对建筑物垂直度和全高进行实测并记录，填写《建筑物垂直度、标高测量记录》报监理单位审核。

（2）超过允许偏差且影响结构性能的部位，应由施工单位提出技术处理方案，并经建设(监理)单位认可后进行处理。

7.沉降观测记录

(1)根据设计要求和规范规定,凡须进行沉降观测的工程,应由建设单位委托有资质的测量单位进行施工过程中及竣工后的沉降观测工作。

(2)测量单位应按设计要求和规范规定,或监理单位批准的观测方案,设置沉降观测点,绘制沉降观测点布置图,定期进行沉降观测记录,并应附沉降观测点的沉降量与时间、荷载关系曲线图和沉降观测技术报告。

四、施工物资资料内容

1.施工物资资料的基本要求

施工物资资料是反映工程所用物资质量和性能指标等的各种证明文件和相关配套文件(如使用说明书、安装维修文件等的统称)。

(1)工程物资主要包括建筑材料、成品、半成品、构配件、器具、设备等,建筑工程所使用的工程物资均应有出厂质量证明文件(包括产品合格证、质量合格证、检验报告、试验报告、产品生产许可证和质量保证书等)。质量证明文件应反映工程物资的品种、规格、数量、性能指标等,并与实际进场物资相符。

(2)质量证明文件的复印件应与原件内容一致,加盖原件存放单位公章,注明原件存放处,并有经办人签字和时间。

(3)建筑工程采用的主要材料、半成品、成品、构配件、器具、设备应进行现场验收,有进场检验记录;涉及安全、功能的有关物资应按工程施工质量验收规范及相关规定进行复试或有见证取样送检,有相应试(检)验报告。

(4)涉及结构安全和使用功能的材料需要代换且改变了设计要求时,应有设计单位签署的认可文件。

(5)涉及安全、卫生、环保的物资应有有相应资质等级检测单位的检测报告,如压力容器、消防设备、生活供水设备、卫生洁具等。

(6)凡使用的新材料、新产品,应由具备鉴定资格的单位或部门出具鉴定证书,同时具有产品质量标准和试验要求,使用前应按其质量标准和试验要求进行试验或检验。新材料、新产品还应提供安装、维修、使用和工艺标准等相关技术文件。

(7)进口材料和设备等应有商检证明(国家认证委员会公布的强制性认证[CCC]产品除外)、中文版的质量证明文件、性能检测报告以及中文版的安装、维修、使用、试验要求等技术文件。

(8)建筑电气产品中被列入《第一批实施强制性产品认证的产品目录》(2001年第33号公告)的,必须经过"中国国家认证认可监督管理委员会"认证,认证标志为"中国强制认证(CCC)",并在认证有效期内,符合认证要求方可使用。

2. 施工物资资料分级管理

工程物资资料应实行分级管理。供应单位或加工单位负责收集、整理和保存所供物资原材料的质量证明文件，施工单位则需收集、整理和保存供应单位或加工单位提供的质量证明文件和进场后的试（检）验报告。各单位应对各自范围内工程资料的汇集、整理结果负责，并保证工程资料的可追溯性。

（1）钢筋资料的分级管理。

钢筋采用场外委托加工形式时，加工单位应保存钢筋的原材出厂质量证明、复试报告、接头连接试验报告等资料，并保证资料的可追溯性；加工单位必须向施工单位提供《半成品钢筋出厂合格证》，半成品钢筋进场后施工单位还应进行外观质量检查，如对质量产生怀疑或有其他约定时，可进行力学性能和工艺性能的抽样复试。

（2）混凝土资料的分级管理。

1）预拌混凝土供应单位必须向施工单位提供以下资料：配合比通知单；预拌混凝土运输单；预拌混凝土出厂合格证（32 天内提供）；混凝土氯化物和碱总量计算书。

2）预拌混凝土供应单位除向施工单位提供上述资料外，还应保证以下资料的可追溯性。试配记录、水泥出厂合格证和试（检）验报告、砂和碎（卵）石试验报告、轻骨料试（检）验报告、外力日剂和掺合料产品合格证和试（检）验报告、开盘鉴定、混凝土抗压强度报告（出厂检验混凝土强度值应填入预拌混凝土出厂合格证）、抗渗试验报告（试验结果应填入预拌混凝土出厂合格证）、混凝土坍落度测试记录（搅拌站测试记录）和原材料有害物含量检测报告。

3）施工单位应形成以下资料：混凝土浇灌申请书；混凝土抗压强度报告（现场检验）；抗渗试验报告（现场检验）；混凝土试块强度统计、评定记录（现场）。

4）采用现场搅拌混凝土方式的，施工单位应收集、整理上述资料中除预拌混凝土出厂合格证、预拌混凝土运输单之外的所有资料。

（3）预制构件资料的分级管理。

施工单位使用预制构件时，预制构件加工单位应保存各种原材料（如钢筋、钢材、钢丝、预应力筋、木材、混凝土组成材料）的质量合格证明、复试报告等资料以及混凝土、钢构件、木构件的性能试验报告和有害物含量检测报告等资料，并应保证各种资料的可追溯性；施工单位必须保存加工单位提供的《预制混凝土构件出厂合格证》《钢构件出厂合格证》、其他构件合格证和进场后的试（检）验报告。

3. 工程物资进场报验表

（1）工程物资进场后，施工单位应进行检查（外观、数量及质量证明件等），自检合格后填写《工程物资进场报验表》，报请监理单位验收。

（2）施工单位和监理单位应约定涉及结构安全、使用功能、建筑外观、环保要求的主要物资的进场报验范围和要求。

（3）物资进场报验须附资料应根据具体情况（合同、规范、施工方案等要求）由施工单位和物资供应单位预先协商确定。

（4）工程物资进场报验应有时限要求，施工单位和监理单位均须按照施工合同的约定完成各自的报送和审批工作。

4.材料、构配件进场检验记录

（1）材料、构配件进场后，应由建设、监理单位汇同施工单位对进场物资进行检查验收，填写《材料、构配件进场检验记录》。主要检验内容包括：

1）物资出厂质量证明文件及检测报告是否齐全。

2）实际进场物资数量、规格和型号等是否满足设计和施工计划要求。

3）物资外观质量是否满足设计要求或规范规定。

4）按规定须抽检的材料、构配件是否及时抽检等。

（2）按规定应进场复试的工程物资，必须在进场检查验收合格后取样复试。

5.主要物资

（1）钢筋。

材质证明上必须有原件存放处、经办人、进场日期、进场数量、注明所使用的炉批号，并要有钢筋料牌复印件，且与现场复试报告相吻合。每批钢材不得超过60t。混合批钢材，炉批号不受限制，混合批含碳量两炉之差不得超过 0.02%，含锰量之差不得超过 0.15%，这两项最高值不得超过规范要求（含碳量、含锰量如超过以上限值要多一组复试）。对一、二级抗震设防的框架结构检验所得的强度实测值应符合：钢筋的抗拉强度实测值与屈服强度实测值的比值不应小于 1.25，钢筋的屈服强度实测值与强度标准值的比值不应大于 1.3。

钢筋原材资料日常收集时应认真检查其炉批号与试验报告是否交圈；微量元素是否超标；强屈比、屈标比是否满足抗震要求；资料是否清晰；签字是否齐全等，并及时填写分目表，对其中的缺项漏项及时追补。

下列情况之一者，还必须做化学成分检验：

1）进口钢筋。

2）在加工过程中，发生脆断、焊接性能不良和力学性能显著不正常的。

3）有特殊要求的，还应进行相应专项试验。

4）工厂和施工现场集中加工的钢筋，应有由加工单位出具的出厂证明、钢筋出厂合格证和钢筋试验报告。

5）不同等级、不同国家生产的钢筋进行焊接时，应有可焊性检测报告。

如工程所用的是半成品钢筋，那么有关资料应依次随每次现场进料由项目物资部钉成小本汇总。资料包括钢筋的部位、规格、产地、材质编号、原材复试编号、焊接试验编号、抗震等级、主要微量元素的数值，附注栏中注明是否为有见证试验。

现场钢筋焊接试验报告及上岗证(如焊工合格证)应放在一起,归到施工试验记录中。钢筋焊接资料应标明其部位、规格、日期、断裂部位及特征、闪光对焊的冷弯试验、焊工合格证编号、合格证级别、合格证有效期;附注栏中注明是否为有见证试验。这样就使焊接报告的主要试验指标与合格证的核对工作更加明确。钢筋焊接试验报告和焊工合格证日常收集时应随时填写分目表,对其中的缺项漏项及时追补。

冷挤压、直螺纹(机械连接)均要有厂家提供的型式检验报告。进场后要做工艺试验,套筒要有合格证等。

(2)预拌混凝土。

混凝土搅拌单位必须向施工单位提供质量合格的混凝土并随车提供预拌混凝土运输单,于45天之内提供预拌混凝土出厂合格证。

(3)防水材料。

防水材料主要包括防水涂料、防水卷材、粘结剂、止水带、膨胀胶条、密封膏、密封胶、水泥基渗透结晶性防水材料等。防水材料必须有出厂质量合格证、有相应资质等级检测部门出具的检测报告、产品性能和使用说明书。新型防水材料,应有相关部门、单位的鉴定文件,并有专门的施工工艺操作规程和有代表性的抽样试验记录。按照《地下防水工程质量验收规范》(GB 50208—2011)和《屋面工程质量验收规范》(GB 50207—2012)的要求做防水材料的外观质量检验和物理性能检验。防水卷材出厂质量证明书内容包括品种、标号等各项技术指标,并应有抽样检验报告,必试项目内容为拉伸强度、不透水性、耐热度、断裂延伸率、低温柔性等。各种接缝密封,粘结材料,应具有质量证明文件,使用前应按规定作外观检查(见表8-7)和抽样复验,具有试验报告。使用沥青玛琋脂作为粘结材料,应有配合比通知单和试验报告。

表 8-7 防水卷材外观检查记录

防水卷材外观检查记录		编号	T5—1
			×—××(检查卷数)
工程名称	××××	检查日期	年 月 日
卷材类型	SBS沥青防水卷材(3mm)	进场批量	500 卷
生产厂家		进场时间	年 月 日
检查项目	检查结果		
孔洞、缺边、裂口			
胎体露白、未浸透			

续表

撒布材料颗粒、颜色	
每卷卷材的接头	

随机抽取第×卷

点数＼规格	厚度(mm)	宽度(mm)	每卷长度(m)	边缘不整齐(mm)
1				
2				
3				
4				
技术负责人			检验人	

防水资料收集与编目：防水材料进场后由项目的物资部和试验员组织复试，待复试合格资料齐全后按顺序装订成册，归至原材料、成品、半成品卷中。目录中注明卷材种类、进场卷数、试验编号、操作人、证件、证件有效期；附注栏中注明是否为有见证试验，日常收集时应随时填写分目表，对其中的缺项漏项在目录上作好临时标记，及时追补并消项，从而保证防水资料的完整性。

（4）水泥。

水泥必须有质量证明文件。水泥生产单位应在水泥出厂7天内提供28天强度以外的各项试验结果，28天强度结果应在水泥发出日起32天内补报。

1）用于承重结构的水泥；使用部位有强度等级要求的水泥；水泥出厂超过三个月（快硬硅酸盐水泥为一个月）和进口水泥在使用前必须进行复试，并有试验报告。混凝土和砌筑砂浆用水泥应实行有见证取样和送检。

2）用于钢筋混凝土结构、预应力混凝土结构中的水泥，检测报告应有有害物含量检测内容。

（5）钢结构用钢材、连接件及涂料。

1）钢结构工程物资主要包括钢材、钢构件、焊接材料、连接用紧固件及配件、防火防腐涂料、焊接（螺栓）球、封板、锥头、套筒和金属板等。

2）主要物资应有质量证明文件，包括出厂合格证、检测报告和中文标志等。

3）按规定应复试的钢材必须有复试报告，并按规定实行有见证取样和送检。

4）重要钢结构采用的焊接材料应有复试报告，并按规定实行有见证取样和送检。

5）高强度大六角头螺栓连接副和扭剪型高强度螺栓连接副应有扭矩系数和紧固轴力（预拉力）检验报告，并按规定做进场复试，实行有见证取样和送检。

6)防火涂料应有有相应资质等级检测机构出具的检测报告。

(6)焊条、焊剂和焊药。

焊条、焊剂和焊药有出厂质量证明书,并应符合设计要求。按规定须进行烘焙的还应有烘焙记录。

(7)砖和砌块。

砖与砌块必须有质量证明文件。用于承重结构或出厂试验项目不齐全的砖与砌块应做取样复试,有复试报告。承重墙用砖和砌块应实行有见证取样和送检。

(8)砂、石。

砂、石使用前应按规定取样进行必试项目试验:

1)砂的试验项目有:颗粒级配、含泥量、泥块含量等;

2)石的试验项目有:颗粒级配、含泥量、泥块含量、针片状颗粒含量、压碎指标值等。

按规定应预防碱骨料反应的工程或结构部位所使用的砂、石,供应单位应提供砂、石的碱活性检验报告。

(9)轻骨料。

1)轻骨料应按品种、密度等级分批取样,使用前应进行试验。

2)轻骨料的必试项目有:粗细骨料筛分析试验、堆集密度试验;粗骨料筒压强度试验、吸水率试验。

(10)外加剂。

外加剂主要包括减水剂、早强剂、缓凝剂、泵送剂、防水剂、防冻剂、膨胀剂、引气剂和速凝剂等。

外加剂必须有质量证明书或合格证、有相应资质等级检测部门出具的检测报告、产品性能和使用说明书等。内容包括厂名、品种、包装、质量(重量)、出厂日期、有关性能和使用说明。使用前,应进行性能试验并出具掺量配合比试配单。

外加剂应按规定取样复试,具有复试报告。承重结构混凝土使用的外加剂应实行有见证取样和送检。

钢筋混凝土结构所使用的外加剂应有有害物含量检测报告。当含有氯化物时,应做混凝土氯化物总含量检测,其总含量应符合国家现行标准要求。

用于结构工程的外加剂应符合地方准用规定;防冻剂还应进行钢筋的锈蚀试验和抗压强度比试验。

(11)掺合料。

掺合料主要包括粉煤灰、粒化高炉矿渣粉、沸石粉、硅灰和复合掺合料等。

掺合料必须有出厂质量证明文件。用于结构工程的掺合料应按规定取样复试,有复试报告。使用粉煤灰、蛭石粉、沸石粉等掺合料应有质量证明书和试验报告。

（12）预应力工程物资。

预应力工程物资主要包括预应力筋、锚（夹）具和连接器、水泥和预应力筋用螺旋管等。主要物资应有质量证明文件，包括出厂合格证、检测报告等。预应力筋、锚（夹）具和连接器等应有进场复试报告。涂包层和套管、孔道灌浆用水泥及外加剂应按照规定取样复试，有复试报告。预应力混凝土结构所使用的外加剂的检测报告应有氯化物含量检测内容，严禁使用含氯化物的外加剂。

五、施工记录内容

1. 隐蔽工程检查记录

隐蔽工程检查记录为通用施工记录，适用于各专业。按规范规定须进行隐检的项目，施工单位应填报《隐蔽工程检查记录》。

（1）地基验槽：内容包括土质情况、高程、地基处理。详细内容为说明土质与勘探报告是否一致，是何土层，写明地基持力层的绝对标高，地基处理应注明轴线位置、直径范围、深度。例如：土质是卵石、砂石、还是黏土，能否满足设计持力层要求；高程：写地基持力层的绝对标高。地基处理：写具体，假如有一枯井，在什么轴线部位、多深、直径范围等；地基验槽处理：应填写地基处理记录内容，包含地基处理方式、处理前的状态，处理过程及结果，并应进行干土质量密度或贯入度试验。

（2）基础和主体结构钢筋工程：内容包括钢筋的品种、规格、数量、位置、锚固和接头位置、搭接长度、保护层厚度和除锈除污情况、钢筋代用变更及胡子筋处理等。钢筋连接及焊接应填写在特殊工艺内，以数字形式注明连接位置、相互错开的比率和长度等。

（3）预应力结构：内容包括预应力筋的下料长度、切断方法，锚具、夹具、连接点的组装，预留孔道尺寸、位置，端部的预埋钢板，预应力筋曲线的控制方式等。

（4）施工现场结构构件、钢筋焊（连）接：内容包括焊（连）接形式、焊（连）接种类、接头位置、数量及焊条、焊剂、焊口形式、焊缝长度、厚度及表面清渣和连接质量等，大楼板的连接焊接，阳台尾筋和楼梯、阳台楼板等焊接。可能危及人身安全与结构连接的装饰件、连接节点。

（5）屋面、厕浴间防水层及各层做法、构造节点、地下室施工缝、变形缝、止水带、过墙管（套管）做法等。

防水工程的找平、找坡、保温、防水附加层及防水各层均需要分别单独作隐蔽记录。而且填写内容要详细具体。例如防水基层，填写平整顺直，不起砂，不裂缝，干燥程度为含水率不大于 9％。又如防水层：①有冷底子油（品名）刷均匀；②附加层的宽度；③卷材长边搭接 100mm，短边搭接 150mm；④如果有两层还应错开三分之一等。

建筑屋面隐检：检查基层、找平层、保温层、防水层、隔离层材料的品种、规格、厚度、铺贴方式、搭接宽度、接缝处理、粘结情况；附加层、天沟、檐沟、泛水和变形缝细部做法、隔离层设置、密封处理部位等。

(6)外墙保温构造节点做法。

(7)幕墙工程：预埋件安装；构件与主体结构的连接节点的安装；幕墙四周、幕墙表面与主体结构之间间隙节点的安装；幕墙伸缩缝、沉降缝、防震缝及墙面转角节点的安装；幕墙防雷接地节点的安装；幕墙防火构造等。

(8)直埋于地下或结构中，暗敷设于沟槽管井、设备层及不能进人的吊顶内，以及有保温、隔热(冷)要求的管道和设备。隐蔽工程检查内容有：管道及附件安装的位置、高程、坡度；各种管道间的水平、垂直净距；管道安排和套管尺寸；管道与相邻电缆间距；接头做法及质量；管径和变径位置；附件使用、支架固定、基底处理；防腐做法；保温的质量以及试水方式、结果等。

(9)埋在结构内的各种电线导管；利用结构钢筋做的避雷引下线；接地极埋设与接地带连接处的焊接；均压环、金属门窗与接地引下处的焊接或铝合金窗的连接；不能进人吊顶内的电线导管与线槽、桥架等的敷设；直埋电缆。隐蔽工程检查内容包括：品种、规格、位置、高程、弯度、连接、跨接地线、防腐、需焊接部位的焊接质量、管盒固定、管口处理、敷设情况、保护层及与其他管线的位置关系等。

(10)敷设于暗井道和被其他工程(如设备外砌砖墙、管道及部件外保温隔热等)所掩盖的项目、空气洁净系统、制冷管道系统及部件等。隐蔽工程检查内容包括：接头(缝)有无开脱、风管及配件严密程度，附件设置是否正确；被掩盖项目的坡度情况；支、托、吊架的位置、固定情况；设备的位置、方向、节点处理、保温及防结露处理、防渗漏功能、互相连接情况、防腐处理的情况及效果等。

(11)施工缝(地下部分施工缝按隐检)：要求写明留置方法、位置和接缝处理。

2.施工检查记录

施工检查记录是对施工重要工序进行的质量控制检查记录，为通用施工记录，适用于各专业，检查项目及内容如下：

(1)模板：内容包括几何尺寸、轴线、高程、预埋件及预留孔位置、模板牢固性、清扫口留置、模内清理、脱模剂涂刷、止水要求等。节点做法、放样检查。模板工程预检内容要变成具体数字化，例如要求起拱高度等。

(2)预制构件吊装：内容包括构件型号、外观检查、楼板堵孔、清理、锚固、构件支点的搁置长度、高程、垂直偏差等。

(3)设备基础：包括设备基础位置、高程、几何尺寸、预留孔、预埋件等。

(4)混凝土工程结构施工缝留置方法、位置和接槎的处理等。

(5)管道、设备：内容包括位置、高程、坡度、材质、防腐、支架形式、规格及安装方法，孔洞位置，预埋件规格、形式和尺寸、位置。

(6)机电明配管线(包括能进人吊顶内管线)：内容包括品种、规格、位置、高程、固定、防腐、保温、外观处理等。

(7)变配电装置:内容包括位置、高低压电源进出口方向、电缆位置、高程等。

(8)机电表面器具(包括开关、插座、灯具、风口、卫生器具等):内容包括位置、高程等。

(9)工程测量定位:建筑物位置线,现场标准水准点,坐标点。要画平面详图,工程位置有两个坐标点就算定位了,坐标点要 X 坐标和 Y 坐标的具体数据(根据勘察设计给的坐标点导测过来的)。如果表格内详图画不下,用其他纸画也可以,但必须有编号,或在平面图上签字,有时间才有效。

(10)楼层放线记录:包括各楼层墙柱轴线、边线、门窗洞口位置线等。

(11)楼层 50 线:楼层 0.5m(或 1m)水平控制线。

(12)钢筋:包括定位卡具、梯子筋、马凳、保护层垫块、顶模棍尺寸。

3.交接检查记录

不同施工单位之间工程交接,应进行交接检查,填写《交接检查记录》。移交单位、接收单位和见证单位共同对移交工程进行验收,并对质量情况、遗留问题、工序要求、注意事项、成品保护等进行记录。

4.地基验槽检查记录

建筑物应进行施工验槽,检查内容包括基坑位置、平面尺寸、持力层核查、基底绝对高程和相对标高、基坑土质及地下水位等,有桩支护或桩基的工程还应进行桩的检查。地基验槽检查记录应由建设、勘察、设计、监理、施工单位共同验收签认。地基需处理时,应由勘察、设计单位提出处理意见。

5.地基处理记录

施工单位应依据勘察、设计单位提出的处理意见进行地基处理,完工后填写《地基处理记录》报请勘察、设计、监理单位复查。

6.地基钎探记录

钎探记录用于检验浅层土(如基槽)的均匀性,确定地基的容许承载力及检验填土的质量。钎探前应绘制钎探点平面布置图,确定钎探点布置及顺序编号。相关人员按照钎探图及有关规定进行钎探并记录。

7.混凝土浇灌申请书

正式浇筑混凝土前,施工单位应检查各项准备工作(如钢筋工程、模板工程检查;水电预埋检查;材料、设备及其他准备等),自检合格填写《混凝土浇灌申请书》报请监理单位确定后方可浇筑混凝土。

8.预拌混凝土运输单

预拌混凝土供应单位应随车向施工单位提供预拌混凝土运输单,内容包括工程名称、使用部位、供应方量、配合比、坍落度、出站时间、到场时间和施工单位测定的现场实测坍落度等。

9. 混凝土开盘鉴定

(1)采用预拌混凝土的,应对首次使用的混凝土配合比在混凝土出厂前,由混凝土供应单位自行组织相关人员进行开盘鉴定。

(2)采用现场搅拌混凝土的,应由施工单位组织监理单位、搅拌机组、混凝土试配单位进行开盘鉴定工作,共同认定试验室签发的混凝土配合比确定的组成材料是否与现场施工所用材料相符,以及混凝土拌和物性能是否满足设计要求和施工需要。

10. 混凝土拆模申请单

在拆除现浇混凝土结构板、梁、悬臂构件等底模和柱墙侧模前,应填写混凝土拆模申请单,并附同条件混凝土强度报告,报项目技术负责人审批,通过后方可拆模。

11. 混凝土搅拌、养护测温记录

冬期混凝土施工时,应进行搅拌和养护测温记录。混凝土冬施搅拌测温记录应包括大气温度、原材料温度、出罐温度、入模温度等。混凝土冬施养护测温应先绘制测温点布置图,包括测温点的部位、深度等。测温记录应包括大气温度、各测温孔的实测温度、同一时间测得的各测温孔的平均温度和间隔时间等。

12. 大体积混凝土养护测温记录

大体积混凝土施工应对入模时大气温度、各测温孔温度、内外温差和裂缝进行检查和记录。大体积混凝土养护测温应附测温点布置图,包括测温点的布置、深度等。

13. 构件吊装记录

预制混凝土构件、大型钢构件、木构件吊装应有《构件吊装记录》,吊装记录内容包括构件名称、安装位置、搁置与搭接长度、接头处理、固定方法、标高等。

14. 焊接材料烘焙记录

按照规范和工艺文件等规定须烘焙的焊接材料应进行烘焙,并填写烘焙记录。烘焙记录内容包括烘焙方法、烘干温度、要求烘干时间、实际烘焙时间和保温要求等。

15. 地下工程防水效果检查记录

地下工程验收时,应对地下工程有无渗漏现象进行检查,填写《地下工程防水效果检查记录》,检查内容应包括裂缝、渗漏部位、大小、渗漏情况、处理意见等。发现渗漏现象应制作《背水内表面结构工程展开图》。

16. 防水工程试水检查记录

凡有防水要求的房间应有防水层及装修后的蓄水检查记录。检查内容包括

蓄水方式、蓄水时间、蓄水深度、水落口及边缘的封堵情况和有无渗漏现象等。屋面工程完工后,应对细部构造(屋面天沟、檐沟、檐口、泛水、水落口、变形缝、伸出屋面管道等)接缝处和保护层进行雨期观察或淋水、蓄水检查。淋水试验持续时间不得少于2小时;做蓄水检查的屋面,蓄水时间不得少于24小时。

17.通风(烟)道、垃圾道检查记录

建筑通风道(烟道)应全数做通(抽)风和漏风、串风试验,并做检查记录。垃圾道应全数检查畅通情况,并做检查记录。

18.支护与桩(地)基工程施工记录

桩基包括各种预制桩和现制桩,如钢筋混凝土预制桩、板桩、钢管桩、钢筋混凝土灌注桩、CFG素混凝土桩(泥浆护壁成孔、干作业成孔、套管成孔、爆破成孔等)。

(1)基坑支护变形监测记录:

在基坑开挖和支护结构使用期间,应以设计指标及要求为依据进行过程监测,如设计无要求,应按规范规定对支护结构进行监测,并做变形监测记录。

(2)桩施工记录:

桩位测量放线记录,并应有放线依据;桩位平面图,图上注明方向、轴线、柱编号、位置、标高、深度,如在施工桩过程中出现了问题的桩要在记录中注明情况,标出具体位置,用箭头指出施工桩顺序,要有施工负责人签字,制图人、记录人签字。

试桩和试验记录:桩基打桩前应做试桩的动载、静载试验,试验时应有建设(监理)、设计、监督单位参加,做好试桩记录及桩的深度记录。预制桩、板桩、钢管桩还应记录打入各上层的锤击数、贯入度等。预制桩构件出厂证明、桩的节点处理记录。

补桩记录:打桩如出现断桩、偏位,应进行补桩的,要有补桩记录和补桩平面示意图。

桩的隐蔽检查验收记录:其中灌注桩钢筋笼隐蔽记录应写清楚桩编号、钢筋规格、灌注桩基底深度、土质情况等。

灌注桩、CFG桩试验资料:桩所使用原材料质量证明书及复试报告;混凝土配合比、混凝土试块抗压强度报告(直径800mm以上大直径桩应每桩有一组报告)。

桩位竣工图:桩位竣工图要标注清楚桩施工完的准确位置,桩的试验位置、桩的编号、深度桩与各轴线的变更情况及处理方法等。

(3)桩施工记录应由有相应资质的专业施工单位负责提供。

19.预应力工程施工记录

(1)预应力筋张拉记录。

预应力筋张拉记录(一)包括预应力施工部位、预应力筋规格、平面示意图、张拉程序、应力记录、伸长量等。

预应力筋张拉记录(二)对每根预应力筋的张拉实测值进行记录。

后张法预应力张拉施工应实行见证管理,按规定做见证张拉记录。

(2)有粘结预应力结构灌浆记录。

后张法有粘结预应力筋张拉后应灌浆,并做灌浆记录,记录内容包括灌浆孔状况、水泥浆配比状况、灌浆压力、灌浆量,并有灌浆点简图和编号等。

(3)预应力张拉原始施工记录应归档保存。

(4)预应力工程施工记录应由有相应资质的专业施工单位负责提供。

20. 钢结构工程施工记录

(1)构件吊装记录。

钢结构吊装应有《构件吊装记录》,吊装记录内容包括构件名称、安装位置、搁置与搭接长度、接头处理、固定方法、标高等。

(2)烘焙记录。

焊接材料在使用前,应按规定进行烘焙,有烘焙记录。

(3)钢结构安装施工记录。

钢结构主要受力构件安装应检查垂直度、侧向弯曲等安装偏差,并做施工记录。

钢结构主体结构在形成空间刚度单元并连接固定后,应检查整体垂直度和整体平面弯曲度的安装偏差,并做施工记录。

(4)钢网架结构总拼完成后及屋面工程完成后,应检查挠度值和其他安装偏差,并做施工记录。

(5)钢结构安装施工记录应由有相应资质的专业施工单位负责提供。

21. 木结构工程施工记录

应检查木桁架、梁和柱等构件的制作、安装、屋架安装允许偏差和屋盖横向支撑的完整性等,并做施工记录。

木结构工程施工记录应由有相应资质的专业施工单位负责提供。

22. 幕墙工程施工记录

(1)幕墙注胶检查记录。

幕墙注胶应做施工检查记录,检查内容包括宽度、厚度、连续性、均匀性、密实度和饱满度等。

(2)幕墙淋水检查记录。

幕墙工程施工完成后,应在易渗漏部位进行淋水检查,并做淋水检查记录,填写《防水工程试水检查记录》。

幕墙工程施工记录应由有相应资质的专业施工单位负责提供。

23. 电梯工程施工记录

(1)电梯机房、井道的土建施工应满足《电梯主参数及轿厢、井道、机房的形式与尺寸》(GB/T 7025)的相关规定;自动扶梯、自动人行道的土建施工应满足机房尺寸、提升高度、倾斜角、名义宽度、支承及畅通区尺寸的要求,并应符合《自动扶梯和自动人行道的制造与安装安全规范》(GB 16899—2011)的有关规定。

(2)施工记录应符合国家规范、标准的有关规定,并满足电梯生产厂家的要求。电梯工程中的安装样板放线、导轨安装、层门安装、驱动主机安装、轿厢组装、悬挂装置安装、对重(平衡重)及补偿装置安装、限速器、缓冲器安装、随行电缆安装等施工记录,应按照相应的国家规范、标准、行业标准及企业标准的有关规定填写相应的表格。

(3)液压电梯安装工程应参照《液压电梯》(JG 5071—1996)和企业标准的相关要求填写。

六、施工试验记录内容

施工试验记录是根据设计要求和规范规定进行试验,记录原始数据和计算结果,并得出试验结论的资料统称。

1. 施工试验记录(通用)

(1)按照设计要求和规范规定应做施工试验,且规程无相应施工试验表格的,应填写《施工试验记录(通用)》。

(2)采用新技术、新工艺及特殊工艺时,对施工试验方法和试验数据进行记录,应填写《施工试验记录(通用)》。

2. 回填土

(1)土方工程应测定土的最大干密度和最优含水量,确定最小干密度控制值,由试验单位出具《土工击实试验报告》。

(2)应按规范要求绘制回填土取点平面示意图,按时间段整理签发,标高连续、取样点连续,应有分层、分段、分步的干密度数据及取样平面布置图和剖面图,做《回填土试验报告》。

3. 钢筋连接

电渣压力焊接在施工开始前及施工过程中,进行焊接性能试验,并有焊条、焊剂和焊药的出厂合格证,焊药要做烘焙记录。钢筋滚压直螺纹连接应进行工艺检验,并要有厂家提供的型式检验报告和套筒的合格证等。施工过程中进行焊(连)接接头试验,应附有操作工人的上岗证,结构受力钢筋接头按规定实行有见证取样和送检的管理。

(1)用于焊接、机械连接钢筋的力学性能和工艺性能应符合现行国家标准。

(2)正式焊(连)接工程开始前及施工过程中,应对每批进场钢筋,在现场条件下进行工艺检验。工艺检验合格后方可进行焊接或机械连接的施工。

（3）钢筋焊接接头或焊接制品、机械连接接头应按焊（连）接类型和验收批的划分进行质量验收并现场取样复试，钢筋连接验收批的划分及取样数量和必试项目符合规范规定。

（4）承重结构工程中的钢筋连接接头应按规定实行有见证取样和送检的管理。

（5）采用机械连接接头形式施工时，技术提供单位应提交由有相应资质等级的检测机构出具的型式检验报告。

（6）焊（连）接工人必须具有有效的岗位证书。

4. 砌筑砂浆

应有配合比申请单和试验室签发的配合比通知单。应有按规定留置的龄期为28天标养试块的抗压强度试验报告。承重结构的砌筑砂浆试块应按规定实行有见证取样和送检。砂浆试块的留置数量及必试项目按规范进行。应有单位工程《砌筑砂浆试块抗压强度统计、评定记录》按同一类型、同一强度等级砂浆为一验收批统计，评定方法及合格标准：①同一验收批砂浆试块抗压强度平均值必须大于或等于设计强度等级所对应的立方体抗压强度；②同一验收批砂浆试块抗压强度的最小一组平均值必须大于或等于设计强度等级所对应的立方体抗压强度的0.75倍。

5. 混凝土

（1）现场搅拌混凝土应有配合比申请单和配合比通知单。预拌混凝土应有试验室签发的配合比通知单。

（2）应有按规定留置龄期为28天标养试块和相应数量同条件养护试块的抗压强度试验报告。冬施还应有受冻临界强度试块和转常温试块的抗压强度试验报告。

混凝土抗压强度试块留置原则：①每拌制100盘且不超过100m³的同配合比的混凝土，取样不得少于一次；②每工作班拌制的同一配合比的混凝土不足100盘时，取样不得少于一次；③当一次连续浇筑超过1000m³时，同一配合比混凝土每200m³混凝土取样不得少于一次；④每一楼层，同一配合比的混凝土，取样不得少于一次；⑤冬期施工还应留置转常温试块和临界强度试块；⑥对预拌混凝土，当连续供应相同配合比的混凝土量大于1000m³时，其交货检验的试样，每200m³混凝土取样不得少于一次；⑦建筑地面的混凝土，以同一配合比，同一强度等级，每一层或每1000m²为一检验批，不足1000m²也按一批计，每批应至少留置一组试块。

取样方法及数量：①用于检查结构构件混凝土质量的试件，应在混凝土浇筑地点随机取样制作，每组试件所用的拌和物应从同一盘搅拌混凝土或同一车运送的混凝土中取出,对于预拌混凝土还应在卸料过程中卸料量的 1/4～3/4 之间取样,每个试样量应满足混凝土质量检验项目所需用量的 1.5 倍,但不少于 0.2m³。

②每次取样应至少留置一组标准养护试件,同条件养护试件的留置组数应根据实际需要确定。

(3)抗渗混凝土、特种混凝土除应具备上述资料外还应有专项试验报告。

试块留置要求如下:

1)同一混凝土强度等级、抗渗等级、同一配合比,生产工艺基本相同,每单位工程不得少于两组抗渗试块(每组 6 个试块);

2)连续浇筑混凝土每 500m³ 应留置一组抗渗试件(一组为 6 个抗渗试件),且每项工程不得少于 2 组。采用预拌混凝土的抗渗试块留置组数应视结构的规模和要求而定。

3)留置抗渗试件的同时需留置抗压强度试件并应取自同一盘混凝土拌和物中。取样方法同上述 b。

4)试块应在浇筑地点制作。

(4)应有单位工程《混凝土试块抗压强度统计、评定记录》。

(5)抗压强度试块、抗渗性能试块的留置数量及必试项目按规范进行。

(6)承重结构的混凝土抗压强度试块,应按规定实行有见证取样和送检。

(7)结构由有不合格批混凝土组成的,或未按规定留置试块的,应有结构处理的相关资料;需要检测的,应有有相应资质检测机构检测报告,并有设计单位出具的认可文件。

(8)潮湿环境、直接与水接触的混凝土工程和外部有供碱环境并处于潮湿环境的混凝土工程,应预防混凝土碱骨料反应,并按有关规定执行,有相关检测报告。

6. 建筑装饰装修工程施工试验记录

地面回填应有《土工击实试验报告》和《回填土试验报告》。装饰装修工程使用的砂浆和混凝土应有配合比通知单和强度试验报告;有抗渗要求的还应有《抗渗试验报告》。外墙饰面砖粘贴前和施工过程中,应在相同基层上做样板件,对样板件的饰面砖粘结强度进行检验,有《饰面砖粘结强度检验报告》,检验方法和结果判定应符合相关标准规定。后置埋件应有现场拉拔试验报告。

7. 支护工程施工试验记录

锚杆应按设计要求进行现场抽样试验,有锁定力(抗拔力)试验报告。支护工程使用的混凝土,应有混凝土配合比通知单和混凝土强度试验报告;有抗渗要求的还应有抗渗试验报告。支护工程使用的砂浆,应有砂浆配合比通知单和砂浆强度试验报告。

8. 桩基(地基)工程施工试验记录

地基应按设计要求进行承载力检验,有承载力检验报告。桩基应按照设计要求和相关规范、标准规定进行承载力和桩体质量检测,由有相应资质等级检测单位出具检测报告。桩基(地基)工程使用的混凝土,应有混凝土配合比通知单和混凝土强度试验报告;有抗渗要求的还应有抗渗试验报告。

9. 预应力工程施工试验记录

预应力工程用混凝土应按规范要求留置标养、同条件试块,有相应抗压强度试验报告。后张法有粘结预应力工程灌浆用水泥浆应有性能试验报告。

10. 钢结构工程施工试验记录

高强度螺栓连接应有摩擦面抗滑移系数检验报告及复试报告,并实行有见证取样和送检。施工首次使用的钢材、焊接材料、焊接方法、焊后热处理等应进行焊接工艺评定,有焊接工艺评定报告。设计要求的一、二级焊缝应做缺陷检验,由有相应资质等级检测单位出具超声波探伤报告、射线探伤检验报告或磁粉探伤报告。建筑安全等级为一级、跨度 40m 及以上的公共建筑钢网架结构,且设计有要求的,应对其焊接(螺栓)球节点进行节点承载力试验,并实行有见证取样和送检。钢结构工程所使用的防腐、防火涂料应做涂层厚度检测,其中防火涂层应有有相应资质的检测单位出具的检测报告。焊(连)接工人必须持有效的岗位证书。

11. 木结构工程施工试验记录

胶合木工程的层板胶缝应有脱胶试验报告、胶缝抗剪试验报告和层板接长弯曲强度试验报告。轻型木结构工程的木基结构板材应有力学性能试验报告。木构件防护剂应有保持量和透入度试验报告。

12. 幕墙工程施工试验记录

幕墙用双组分硅酮结构胶应有混匀性及拉断试验报告。后置埋件应有现场拉拔试验报告。

13. 设备单机试运转记录

给水系统设备、热水系统设备、机械排水系统设备、消防系统设备、采暖系统设备、水处理系统设备,以及通风与空调系统的各类水泵、风机、冷水机组、冷却塔、空调机组、新风机组等设备在安装完毕后,应进行单机试运转,并做记录。

14. 系统试运转调试记录

采暖系统、水处理系统、通风系统、制冷系统、净化空调系统等应进行系统试运转及调试,并做记录。

15. 灌(满)水试验记录

非承压管道系统和设备,包括开式水箱、卫生洁具、安装在室内的雨水管道等,在系统和设备安装完毕后,以及暗装、埋地、有绝热层的室内外排水管道进行隐蔽前,应进行灌(满)水试验,并做记录。

16. 强度严密性试验记录

室内外输送各种介质的承压管道、设备在安装完毕后,进行隐蔽之前,应进行强度严密性试验,并做记录。

17. 通水试验记录

室内外给水(冷、热)、中水及游泳池水系统、卫生洁具、地漏及地面清扫口、室内外排水系统,应分系统(区、段)进行通水试验,并做记录。

18. 吹(冲)洗(脱脂)试验记录

室内外给水(冷、热)、中水及游泳池水系统,采暖、空调、消防管道及设计有要求的管道,应在使用前做冲洗试验;介质为气体的管道系统,应按有关设计要求及规范规定做吹洗试验。设计有要求时还应做脱脂处理。

19. 通球试验记录

室内排水水平干管、主立管应按有关规定进行通球试验,并做记录。

20. 补偿器安装记录

各类补偿器安装时应按要求进行补偿器安装记录。

21. 消火栓试射记录

室内消火栓系统在安装完成后,应按设计要求及规范规定进行消火栓试射试验,并做记录。

22. 安全附件安装检查记录

锅炉的高、低水位报警器,超温、超压报警器及联锁保护装置,必须按设计要求安装齐全,并进行启动、联动试验,并做记录。

23. 锅炉封闭及烘炉(烘干)记录

锅炉安装完成后,在试运行前,应进行烘炉试验,并做记录。

24. 锅炉煮炉试验记录

锅炉安装完成后,在试运行前,应进行煮炉试验,并做记录。

25. 锅炉试运行记录

锅炉在烘炉、煮炉合格后,应进行 48 小时的带负荷连续试运行,同时应进行安全阀的热状态定压检验和调整,并做记录。

26. 安全阀调试记录

锅炉安全阀在投入运行前,应由有资质的试验单位按设计要求进行调试,并出具安全阀调试记录。表格由试验单位提供。

27.电气接地电阻测试记录

接地电阻测试主要包括设备、系统的防雷接地、保护接地、工作接地、防静电接地以及设计有要求的接地电阻测试,并应附《电气防雷接地装置隐检与平面示意图》说明。电气接地电阻的检测仪器应在检定有效期内。

28.电气绝缘电阻测试记录

绝缘电阻测试主要包括电气设备和动力、照明线路及其他必须摇测绝缘电阻的测试,配管及管内穿线分项质量验收前和单位工程质量竣工验收前,应分别按系统回路进行测试,不得遗漏。电气绝缘电阻的检测仪器应在检定有效期内。

29.电气器具通电安全检查记录

电气器具安装完成后,按层、按部位(户)进行通电检查,并进行记录。内容包括接线情况、电气器具开关情况等。电气器具应全数进行通电安全检查,合格后在记录表中打勾(√)。

30.电气设备空载试运行记录

成套配电(控制)柜、台、箱、盘的运行电压、电流应正常,各种仪表指示应正常。

电动机应试通电,检查转向和机械转动有无异常情况;可空载试运行的电动机,时间一般为2小时,记录空载电流,且检查机身和轴承的温升。

交流电动机空载试运行的可启动次数及间隔时间应符合产品技术条件的要求;无要求时,连续启动2次的时间间隔不应少于5分钟,再次启动应在电动机冷却至常温下。空载状态运行,应记录电流、电压、温度、运行时间等有关数据,且应符合建筑设备或工艺装置的空载状态运行的要求。

电动执行机构的动作方向及指示应与工艺装置的设计要求保持一致。

31.建筑物照明通电试运行记录

公用建筑照明系统通电连续试运行时间为24小时,民用住宅照明系统通电连续试运行时间为8小时。所有照明灯具均应开启,且每2小时记录运行状态1次,连续试运行时间内无故障。

32.大型照明灯具承载试验记录

大型灯具(设计要求做承载试验的)在预埋螺栓、吊钩、吊杆或吊顶上嵌入式安装专用骨架等物件上安装时,应全数按2倍于灯具的重量做承载试验。

33.高压部分试验记录

应由有相应资格的单位进行试验并记录,表格自行设计。

34.漏电开关模拟试验记录

动力和照明工程的漏电保护装置应全数做模拟动作试验,并符合设计要求的额定值。

35. 电度表检定记录

电度表在安装前应送有相应检定资格的单位全数检定,应有记录,表格由检定单位提供。

36. 大容量电气线路节点测温记录

大容量(630A 及以上)导线、母线连接处或开关,在设计计算负荷运行情况下,应做温度抽测记录,温升值稳定且不大于设计值。

37. 避雷带支架拉力测试记录

避雷带的每个支持件应做垂直拉力试验,支持件的承受垂直拉力应大于 49N(5kg)。

38. 风管漏光检测记录

风管系统安装完成后,应按设计要求及规范规定进行风管漏光测试,并做记录。

39. 风管漏风检测记录

风管系统安装完成后,应按设计要求及规范规定进行风管漏风测试,并做记录。

40. 现场组装除尘器、空调机漏风检测记录

现场组装的除尘器壳体、组合式空气调节机组应做漏风量的检测,并做记录。

41. 各房间室内风量、温度测量记录

通风与空调工程无生产负荷联合试运转时,应分系统的,将同一系统内的各房间内风量、室内房间温度进行测量调整,并做记录。

42. 管网风量平衡记录

通风与空调工程进行无生产负荷联合试运转时,应分系统的,将同一系统内的各测点的风压、风速、风量进行测试和调整,并做记录。

43. 空调系统试运转调试记录

通风与空调工程进行无生产负荷联合试运转及调试时,应对空调系统总风量进行测量调整,并做记录。

44. 空调水系统试运转调试记录

通风与空调工程进行无生产负荷联合试运转及调试时,应对空调冷(热)水、冷却水总流量、供回水温度进行测量、调整,并做记录。

45. 制冷系统气密性试验

应对制冷系统的工作性能进行试验,并做记录。

46. 净化空调系统测试记录

净化空调系统无生产负荷试运转时,应对系统中的高效过滤器进行泄漏测试,并对室内洁净度进行测定,并做记录。

47. 防排烟系统联合试运行记录

在防排烟系统联合试运行和调试过程中,应对测试楼层及其上下两层的排烟系统中的排烟风口、正压送风系统的送风口进行联动调试,并对各风口的风速、风量进行测量调整,对正压送风口的风压进行测量调整,并做记录。

48. 智能建筑工程测试记录

智能建筑工程中通信网络系统、办公自动化系统、建筑设备监控系统、火灾报警及消防联动系统、安全防范系统、综合布线系统、智能化集成系统、电源与接地、环境、住宅(小区)智能化系统等各子分部工程的施工试验记录,按现行相关国家、行业规范及标准执行;其表格由专业施工单位自行设计。

49. 建筑节能、保温测试记录

建筑工程应按照现行建筑节能标准,对建筑物所使用的材料、构配件、设备、采暖、通风空调、照明等涉及节能、保温的项目进行检测,并做记录。

节能、保温测试应委托有相应资质的检测单位检测,并出具检测报告。

50. 电梯测试记录

(1)电梯具备运行条件时,应对电梯轿厢的运行平层准确度进行测量,并填写《轿厢平层准确度测量记录》。

(2)电梯层门安装完成后,应对每一扇层门的安全装置进行检查确认,并填写《电梯层门安全装置检验记录》。

(3)电梯安装完毕,应进行电梯《电气接地电阻测试记录》和电梯《电气绝缘电阻测试记录》;调试运行时,由安装单位对电梯的电气安全装置进行检查确认,并填写《电梯电气安全装置检验记录》。

(4)电梯调试结束后,在交付使用前,由安装单位对电梯的整机运行性能进行检查试验,并填写《电梯整机功能检验记录》。

(5)电梯调试结束后,在交付使用前,由安装单位对电梯的主要功能进行检查确认,并填写《电梯主要功能检验记录》。

(6)电梯调试时,由安装单位对电梯的运行负荷和试验曲线、平衡系数进行检查试验,并填写《电梯负荷运行试验记录》、《电梯负荷运行试验曲线图》。

(7)电梯具备运行条件时,应对电梯轿厢内、机房、轿厢门、层站门的运行噪声进行测试,并填写《电梯噪声测试记录》。

(8)自动扶梯、自动人行道安装完毕后,安装单位应对其安全装置、运行速度、噪声、制动器等功能进行测试,并填《自动扶梯、自动人行道安全装置检验记录》、

《自动扶梯、自动人行道、整机性能、运行试验记录》。

七、施工验收资料内容

施工质量验收记录是参与工程建设的有关单位根据相关标准、规范对工程质量是否达到合格做出的确认文件的统称。

1. 结构实体检验

涉及混凝土结构安全的重要部位应进行结构实体检验,并实行有见证取样和送检,结构实体检验的内容包括同条件混凝土强度、钢筋保护层厚度,以及工程合同约定的项目,必要时可检验其他项目。结构实体检验报告应由有相应资质等级的试验(检测)单位提供。

2. 质量验收记录

(1)检验批施工完成,施工单位自检合格后,应由项目专业质量检查员填报《_____检验批质量验收记录表》。

(2)检验批质量验收应由监理工程师(建设单位项目专业技术负责人)组织项目专业质量检查员等进行验收并签认。

(3)分项工程质量验收记录。

分项工程完成(即分项工程所包含的检验批均已完工),施工单位自检合格后,应填报《分项工程质量验收记录表》和《_____分项/分部工程施工报验表》。分项工程质量验收应由监理工程师(建设单位项目专业技术负责人)组织项目专业技术负责人等进行验收并签认。

(4)分部(子分部)工程质量验收记录。

分部(子分部)工程完成,施工单位自检合格后,应填报《_____分部(子分部)工程质量验收记录表》和《_____分项/分部工程施工报验表》。分部(子分部)工程应由总监理工程师(建设单位项目负责人)组织有关设计单位及施工单位项目负责人和技术、质量负责人等共同验收并签认。地基与基础、主体结构分部工程完工,施工项目部应先行组织自检,合格后填写《_____分部(子分部)工程质量验收记录表》,报请施工企业的技术、质量部门验收并签认后,由建设、监理、勘察、设计和施工单位进行分部工程验收,并报送建设工程质量监督机构。

(5)单位(子单位)工程质量竣工验收记录表。

单位(子单位)工程由建设单位(项目)负责人组织施工(含分包单位)、设计单位、监理等单位(项目)负责人进行验收。单位(子单位)工程验收表由参加验收单位盖公章,并由负责人签字。

第三节　工程管理资料填写要求

一、施工现场质量管理检查记录表的填写

一般一个标段或一个单位(子单位)工程检查一次,在开工前检查,由施工单位现场负责人填写,由监理单位的总监理工程师(建设单位项目负责人)验收。下面分三个部分来说明填表要求和填写方法。

1.表头部分

(1)填写参与工程建设各方责任主体的概况。由施工单位的现场负责人填写。

(2)工程名称栏应填写工程名称的全称,与合同或招投标文件中的工程名称一致。

(3)施工许可证(开工证),填写当地建设行政主管部门批准核发的施工许可证(开工证)的编号。

(4)建设单位栏填写合同文件中的甲方单位名称,单位名称也应写全称,与合同签章上的单位名称相同。建设单位项目负责人栏,应填合同书上签字人或签字人以文字形式委托的代表工程的项目负责人。工程完工后竣工验收备案表中的单位项目负责人应与此一致。

(5)设计单位栏填写设计合同中签章单位的名称。其全称应与印章上的名称一致。设计单位的项目负责人栏,应是设计合同书签字人或签字人以文字形式委托的项目负责人,工程完工后竣工验收备案表中的单位项目负责人也应与此一致。

(6)监理单位栏填写单位全称,应与合同或协议书中的名称一致。总监理工程师栏应是合同或协议书中明确的项目监理负责人,也可以是监理单位以文件形式明确的项目监理负责人,必须有监理工程师任职资格证书,专业要对口。

(7)施工单位栏填写施工合同中签章单位的全称,应与签章上的名称一致。项目经理栏、项目技术负责人栏与合同中明确的项目经理、项目技术负责人一致。

(8)表头部分可统一填写,不需具体人员签名,只是明确了负责人的地位。

2.检查项目部分

(1)填写各项检查项目文件的名称或编号,并将文件(复印件或原件)附在表的后面供检查,检查后应将文件归还。

(2)现场质量管理制度。主要是图纸会审、设计交底、技术交底、施工组织要求处罚办法,以及质量例会制度及质量问题处理制度等。

(3)质量责任制栏。质量负责人的分工,各项质量责任的落实规定,定期检查

及有关人员奖罚制度等。

(4)专业工种操作上岗证书栏。测量工,起重,塔式起重机等垂直运输司机,钢筋工,混凝土工,机械工,焊接工,瓦工,防水工等建筑结构工种。电工、管道工等安装工种的上岗证,以当地建设行政主管部门的规定为准。

(5)分包方资质与对分包单位的管理制度栏。专业承包单位的资质应在其承包业务的范围内承建工程,超出范围的应办理特许证书,否则不能承包工程。在有分包的情况下,总承包单位应有管理分包单位的制度,主要是质量、技术的管理制度等。

(6)施工图审查情况栏。重点是看建设行政主管部门出具的施工图审查批准书及审查机构出具的审查报告。如果图纸是分批交出的话,施工图审查可分段进行。

(7)地质勘察资料栏。有勘察资质的单位出具的正式地质勘察报告,地下部分施工方案制定和施工组织总平面图编制时参考等。

(8)施工组织设计、施工方案及审批栏。检查编写内容、有针对性的具体措施,编制程序,内容,有编制单位、审核单位、批准单位,并有贯彻执行的措施。

(9)施工技术标准栏。是操作的依据和保证工程质量的基础,承建企业应编制不低于国家质量验收规范的操作规程等企业标准。要有批准程序,由企业的总工程师、技术委员会负责人审查批准,有批准日期、执行日期、企业标准编号及标准名称。企业应建立技术标准档案。施工现场应有完备的施工技术标准。施工技术标准可作培训工人、技术交底和施工操作的主要依据,也是质量检查验收的标准。

(10)工程质量检验制度栏。包括三个方面的检验:一是原材料、设备进场检验制度;二是施工过程的试验报告;三是竣工后的抽查检测,应专门制订抽测项目、抽测时间、抽测单位等计划,使监理、建设单位等都做到心中有数。可以单独搞一个计划,也可在施工组织设计中作为一项内容。

(11)搅拌站及计量设置栏。主要是说明设置在工地搅拌站的计量设施的精确度、管理制度等内容。预拌混凝土或安装专业就没有这项内容。

(12)现场材料、设备存放与管理栏。这是为保持材料、设备质量必须有的措施。要根据材料、设备性能制定管理制度,建立相应的库房等。

3.检查项目填写内容

(1)直接填写有关资料的名称,资料较多时,也可将有关资料进行编号,填写编号,注明份数。

(2)填表时间应在开工之前,监理单位的总监理工程师(建设单位项目负责人)应对施工现场进行检查,这是保证开工后施工顺利和保证工程质量的基础,目的是做好施工前的准备。

(3)填写由施工单位负责人填写,填写之后,将有关文件的原件或复印件附在后边,请总监理工程师(建设单位项目负责人)验收核查,验收核查后,返还施工单位,并签字认可。

通常情况下一个工程的一个标段或一个单位工程只查一次,如分段施工、人员更换,或管理工作不到位时,可再次检查。

如总监理工程师或建设单位项目负责人检查验收不合格,施工单位必须限期改正;否则不许开工。

二、检验批质量验收记录表的填写

1. 表的名称及编号

(1)检验批由监理工程师或建设单位项目技术负责人组织项目专业质量检查员等进行验收,表的名称应在制订专用表格时就印好,前边印上分项工程的名称。表的名称下边注上"质量验收规范的编号"。

(2)检验批表的编号按全部施工质量验收规范系列的分部工程、子分部工程统一为9位数的数码编号,写在表的右上角,前6位数字均印在表上,后留三个□,检查验收时填写检验批的顺序号。其编号规则为:

前边两个数字是分部工程的代码,01~09。地基与基础为01,主体结构为02,建筑装饰装修为03,建筑屋面为04,建筑给水排水及采暖为05,建筑电气为06,智能建筑为07,通风与空调为08,电梯为09。

第3、4位数字是子分部工程的代码。

第5、6位数字是分项工程的代码。

第7、8、9位数字是各分项工程检验批验收的顺序号。由于在大体量高层或超高层建筑中,同一个分项工程的检验批的数量会多,故留了3位数的空位置。

如地基与基础分部工程,无支护土方子分部工程,土方开挖分项工程,其检验批表的编号为010101□□□,第一个检验批编号为:010101001。

还需说明的是,有些子分部工程中有些项目可能在两个分部工程中出现,这就要在同一个表上编2个分部工程及相应子分部工程的编号;如砖砌体分项工程在地基与基础和主体结构中都有,砖砌体分项工程检验批的表编号为:

010701□□□

020301□□□

有些分项工程可能在几个子分部工程中出现,这就应在同一个检验批表上编几个子分部工程及子分部工程的编号。如建筑电气的接地装置安装,在室外电气、变配电室、备用和不间断电源安装及防雷接地安装等子分部工程中都有,建筑电气接地装置安装检验批的编号为:

060109□□□

060206□□□

060608□□□

060701□□□

4 行编号中的第 5、6 位数字分别是第一行 09，是室外电气子分部工程的第 9 个分项工程，第二行的 06 是变配电室子分部工程的第 6 个分项工程，其余类推。

另外，有些规范的分项工程，在验收时也将其划分为几个不同的检验批来验收。如混凝土结构子分部工程的混凝土分项工程，分为原材料、配合比设计、混凝土施工 3 个检验批来验收。又如建筑装饰装修分部工程建筑地面子分部工程中的基层分项工程，其中有几种不同的检验批。故在其表名下加标罗马数字（Ⅰ）、（Ⅱ）、（Ⅲ）…。

2. 表头部分的填写

（1）检验批表编号的填写，在 3 个方框内填写检验批序号。如为第 11 个检验批则填为 011。

（2）单位（子单位）工程名称，按合同文件上的单位工程名称填写，子单位工程标出该部分的位置。分部（子分部）工程名称，按验收规范划定的分部（子分部）名称填写。验收部位是指一个分项工程中验收的那个检验批的抽样范围，要标注清楚，如二层①～⑥轴线砖砌体。

（3）施工单位、分包单位名称填写单位的全称，与合同上公章名称相一致。项目经理填写合同中指定的项目负责人。在装饰、安装分部工程施工中，有分包单位时，也应填写分包单位全称，分包单位的项目经理也应是合同指定的项目负责人。这些人员均由填表人填写，不要本人签字，只是标明他是项目负责人。

（4）施工执行标准名称及编号，这是验收规范编制的一个基本思路，由于验收规范只列出验收的质量指标，其工艺等只提出一个原则要求，具体的操作工艺就靠企业标准了。只有按照不低于国家质量验收规范的企业标准来操作，才能保证国家验收规范的实施。如果没有具体的操作工艺，保证工程质量就是一句空话。企业必须制订企业标准（操作工艺、工艺标准、工法等），来培训工人，进行技术交底，来规范工人班组的操作。为了能成为企业标准体系的重要组成部分，企业标准应有编制人、批准人、批准时间、执行时间、标准名称及编号。填写表时只要将标准名称及编号填写上，就能在企业的标准系列中查到其详细情况，并在施工现场要配备这项标准，工人要执行这项标准。

3. 主控项目、一般项目的质量验收规范的规定

质量验收规范的规定填写具体的质量要求，在制表时就已填写好验收规范中主控项目、一般项目的全部内容。但由于表格的地方小，多数指标不能将全部内容填写下，只将质量指标归纳、简化描述或题目及条文号填写上，作为检查内容提示，也便于查对验收规范的原文；对计数检验的项目，将数据直接写出来。这些项目的主要要求用注的形式放在表的背面。如果是将验收规范的主控、一般项目的内容全摘录在表的背面，这样方便查对验收条文的内容。根据以往的经验，这样做会引起只看表格,不看验收规范的后果。规范上还有基本规定、一般规定等内容,它们虽然不是主控项目和一般项目的条文,但这些内容也是验收主控项目和一般项目的依据。所以验收规范的质量指标不宜全抄过来,故只将其主要要求及如何判定注明。这些在制表时就印上去了。

4. 主控项目、一般项目施工单位检查评定记录

填写方法分以下几种情况,判定验收、不验收均按施工质量验收规定进行判定。

(1)对定量项目直接填写检查的数据。

(2)对定性项目,当符合规范规定时,采用打"√"的方法标注;当不符合规范规定时,采用打"×"的方法标注。

(3)混凝土、砂浆强度等级的检验批,按规定制取试件后,可填写试件编号,待试件试验报告出来后,对检验批进行判定,并在分项工程验收时进一步进行强度评定验收。

(4)对既有定性又有定量的项目,各个子项目质量均符合规范规定时,采用打"√"来标注;否则采用打"×"来标注。无此项内容的打"/"来标注。

(5)对一般项目合格点有要求的项目,应是其中带有数据的定量项目、定性项目必须基本达到。定量项目中每个项目都必须有80%以上(混凝土保护层为90%以上)检测点的实测数值达到规范规定。其余20%检测点按各专业施工质量验收规范规定,不能大于150%(钢结构为120%);就是说有数据的项目,除必须达到规定的数值外,其余可放宽的,最大放宽到150%。

(6)"施工单位检查评定记录"栏的填写,有数据的项目,将实际测量的数值填入格内,超过企业标准的数字,而没有超过国家验收规范的用"○"将其圈住;对超过国家验收规范的用"△"圈住。

5. 监理(建设)单位验收记录

通常监理人员应进行平行、旁站或巡回的方法进行监理,在施工过程中,对施工质量进行察看和测量,并参加施工单位的重要项目的检测。对新开工程或首件产品进行全面检查,以了解质量水平和控制措施的有效性及执行情况,在整个过程中,随时可以测量等。在检验批验收时,对主控项目、一般项目应逐项进行验收,对符合验收规范规定的项目,填写"合格"或"符合要求",对不符合验收规范规定的项目,暂不填写,待处理后再验收,但应做标记。

6. 施工单位检查评定结果

施工单位自行检查评定合格后,应注明"主控项目全部合格,一般项目满足规范规定要求"。

专业工长(施工员)和施工班、组长栏目由本人签字,以示承担责任。专业质量检查员代表企业逐项检查评定合格,将表填写并写清楚结果,签字后,交监理工程师或建设单位项目专业技术负责人验收。

7. 监理(建设)单位验收结论

主控项目、一般项目验收合格,混凝土、砂浆试件强度待试验报告出来后判定,其余项目已全部验收合格,注明"同意验收"。专业监理工程师(建设单位的专业技术负责人)签字。

三、分项工程质量验收记录表的填写

(1)分项工程验收由监理工程师组织项目专业技术负责人等进行验收。分项工程是在检验批验收合格的基础上进行,通常起一个归纳整理的作用,是一个统计表,没有实质性验收内容。只要注意三点就可以了:一是检查检验批是否将整个工程覆盖了,有没有漏掉的部位;二是检查有混凝土、砂浆强度要求的检验批,到龄期后能否达到规范规定;三是将检验批的资料统一,依次进行登记整理,方便管理。

(2)表的填写:表名填上所验收分项工程的名称,表头及检验批部位、区段,施工单位检查评定结果,由施工单位项目专业质量检查员填写,由施工单位的项目专业技术负责人检查后给出评价并签字,交监理单位或建设单位验收。

(3)监理单位的专业监理工程师(或建设单位的专业负责人),应逐项审查,同意项填写"合格"或"符合要求",不同意项暂不填写,待处理后再验收,但应做标记。注明验收和不验收的意见,如同意验收并签字确认,不同意验收请指出存在问题,明确处理意见和完成时间。

四、分部(子分部)工程验收记录表的填写

分部(子分部)工程的验收是质量控制的一个重点。由于单位工程体量的增大,复杂程度的增加,专业施工单位的增多,为了分清责任,及时整修等,分部(子分部)工程的验收就显得较重要,以往一些到单位工程才验收的内容,移到分部(子分部)工程来验收,除了分项工程的核查外,还有质量控制资料核查;安全、功能项目的检测;观感质量的验收等。

分部(子分部)工程应由施工单位将自行检查评定合格的表填写好后,由项目经理交监理单位或建设单位验收。由总监理工程师组织项目经理及有关勘察(地基与基础部分)、设计(地基与基础及主体结构等)单位项目负责人进行验收,并按表的要求进行记录。

1. 表名及表头部分

(1)表名:分部(子分部)工程的名称填写要具体,写在分部(子分部)工程的前边,并分别划掉分部或子分部。

(2)表头部分的工程名称填写工程全称,与检验批、分项工程、单位工程验收

表的工程名称一致。

（3）结构类型填写按设计文件提供的结构类型。层数应分别注明地下和地上的层数。

（4）施工单位填写单位全称。与检验批、分项工程、单位工程验收表填写的名称一致。

（5）技术部门负责人及质量部门负责人多数情况下填写项目的技术及质量负责人，只有地基与基础、主体结构及重要安装分部（子分部）工程，应填写施工单位的技术部门及质量部门负责人签字。

（6）分包单位的填写，有分包单位时才填，没有时就不填写，主体结构不应进行分包。分包单位名称要写全称，与合同或图章上的名称一致。分包单位负责人及分包单位技术负责人，填写项目的项目负责人及项目技术负责人。

2. 验收内容

按分项工程施工先后的顺序，将分项工程名称填写上，在第二格栏内分别填写各分项工程实际的检验批数量，即分项工程验收表上的检验批数量，并将各分项工程验收表按顺序附在表后。

（1）施工单位检查评定栏，填写施工单位自行检查评定的结果。核查各分项工程是否都通过验收，有关有龄期试件的合格评定是否达到要求；有全高垂直度或总标高的检验项目的应进行检查验收。自检符合要求的可打"√"标注，否则打"×"标注。有"×"的项目不能报监理单位或建设单位验收，应进行返修达到合格后再提交验收。监理单位或建设单位由总监理工程师或建设单位项目专业技术负责人组织审查，在符合要求后，在验收意见栏内签注"同意验收"意见。

（2）质量控制资料。应按单位（子单位）工程质量控制资料核查记录中的相关内容来确定所验收的分部（子分部）工程的质量控制资料项目，按资料核查的要求，逐项进行核查。能基本反映工程质量情况，达到保证结构安全和使用功能的要求，即可通过验收。全部项目都通过，即可在施工单位检查评定栏内打"√"标注检查合格。并送监理单位或建设单位验收，监理单位总监理工程师或建设单位项目技术负责人组织审查，在符合要求后，在验收意见栏内签注"同意验收"意见。

有些工程可按子分部工程进行资料验收，有些工程可按分部工程进行资料验收，由于工程不同，不强求统一。

（3）安全和功能检验（检测）报告。这个项目是指竣工抽样检测的项目，能在分部（子分部）工程中检测的，尽量放在分部（子分部）工程中检测。检测内容按单位（子单位）工程安全和功能检验资料核查及主要功能抽查记录中相关内容确定核查和抽查项目。在核查时则要注意，在开工之前确定的项目是否都进行了检测；逐一检查每个检测报告，核查每个检测项目的检测方法、程序是否符合有关标准规定；检测结果是否达到规范的要求；检测报告的审批程序签字是否完整。在每个报告上标注审查同意；每个检测项目通过审查，即可在施工单位检查评定栏内打"√"标注检查合格。由项目经理送监理单位或建设单位验收,监理单位总监理工程师或建设单位项目专业负责人组织审查,在符合要求后,在验收意见栏内签注"同意验收"意见。

(4)观感质量验收。实际不单单是外观质量,还有能启动或运转的要启动或试运转,能打开看的打开看。有代表性的房间、部位都应走到,并由施工单位项目经理组织进行现场检查,经检查合格后,将施工单位填写的内容填写好后,由项目经理签字后交监理单位或建设单位验收。由总监理工程师或建设单位项目专业负责人组织验收,在听取参加检查人员意见的基础上,以总监理工程师或建设单位项目专业负责人为主导共同确定质量评价,好、一般、差。由施工单位的项目经理和总监理工程师或建设单位项目专业负责人共同签认。如评价观感质量差的项目,能修理的尽量修理,如果确难修理时,只要不影响结构安全和使用功能的,可采用协商解决的方法进行验收,并在验收表上注明,然后将验收评价结论填写在分部(子分部)工程观感质量验收意见栏内。

3. 验收单位签字认可

按表列参与工程建设责任单位的有关人员应亲自签名,以示负责,以便追查质量责任。

(1)勘察单位可只签认地基基础分部(子分部)工程,由项目负责人亲自签认;设计单位可只签认地基基础、主体结构及重要安装分部(子分部)工程,由项目负责人亲自签认。

(2)施工单位的总承包单位必须签认,由项目经理亲自签认;有分包单位的分包单位也必须签认其分包的分部(子分部)工程,由分包项目经理亲自签认。

(3)监理单位作为验收方,由总监理工程师亲自签认验收。如果按规定不委托监理单位的工程,可由建设单位项目专业负责人亲自签认验收。

五、单位(子单位)工程质量竣工验收记录表的填写

单位(子单位)工程质量验收由五部分内容组成,每一项内容都有自己的专门验收记录表,而单位(子单位)工程质量竣工验收记录表是一个综合性的表,是各项目验收合格后填写的。

1. 表名及表头的填写

将单位工程或子单位工程的名称(项目批准的工程名称)填写在表名的前边,并将子单位或单位工程的名称划掉。

表头部分,按分部(子分部)表的表头要求填写。

2. 验收内容之一是"分部工程",对所含分部工程逐项检查

(1)首先由施工单位的项目经理组织有关人员逐个分部(子分部)进行检查评定。所含分部(子分部)工程检查合格后,由项目经理提交验收。

(2)经验收组成员验收后,由施工单位填写"验收记录"栏。注明共验收几个分部,经验收符合标准及设计要求的几个分部。

(3)审查验收的分部工程全部符合要求,由监理单位在验收结论栏内,写上"同意验收"的结论。

3.验收内容之二是"质量控制资料核查"

(1)这项内容有专门的验收表格,也是先由施工单位检查合格,再提交监理单位验收。其全部内容在分部(子分部)工程中已经审查。

(2)通常单位(子单位)工程质量控制资料核查,也是按分部(子分部)工程逐项检查和审查,一个分部工程只有一个子分部工程时,子分部工程就是分部工程,多个子分部工程时,可一个一个地检查和审查,也可按分部工程检查和审查。

(3)每个子分部、分部工程检查审查后,也不必再整理分部工程的质量控制资料,只将其依次装订起来,前边的封面写上分部工程的名称,并将所含子分部工程的名称依次填写在下边就行了。然后将各子分部工程审查的资料逐项进行统计,填入验收记录栏内,通常共有多少项资料,经审查也都应符合要求。如果出现有核定的项目时,应查明情况,只要是协商验收的内容,填在验收结论栏内,通常严禁验收的事件,不会留在单位工程来处理。

(4)这项也是先施工单位自行检查评定合格后,提交验收,由总监理工程师或建设单位项目负责人组织审查符合要求后,在验收记录栏内填写项数。在验收结论栏内写上"同意验收"的意见。同时要在单位(子单位)工程质量竣工验收记录表中的序号2栏内的验收结论栏内填"同意验收"。

4.验收内容之三是安全和主要使用功能核查及抽查结果

(1)这个项目包括两个方面的内容:

一是在分部(子分部)进行了安全和功能检测的项目,要核查其检测报告结论是否符合设计要求;

二是在单位工程进行的安全和功能抽测项目,要核查其项目是否与设计内容一致,抽测的程序、方法是否符合有关规定,抽测报告的结论是否达到设计要求及规范规定。

(2)这个项目也是由施工单位检查评定合格后,再提交验收,由总监理工程师或建设单位项目负责人组织审查,程序内容基本是一致的,按项目逐个进行核查验收。然后统计核查的项数和抽查的项数,填入验收记录栏,并分别统计符合要求的项数,也分别填入验收记录栏相应的空档内。

(3)通常两个项数是一致的,如果个别项目的抽测结果达不到设计要求,则可以进行返工处理达到符合要求。然后由总监理工程师或建设单位项目负责人在验收结论栏内填写"同意验收"的结论。

(4)如果返工处理后仍达不到设计要求,就要按不合格处理程序进行处理。

5. 验收内容之四是观感质量验收

(1)观感质量检查的方法同分部(子分部)工程,单位工程观感质量检查验收不同的是项目比较多,是一个综合性验收。实际是复查各分部(子分部)工程验收后,到单位工程竣工的质量变化,成品保护以及分部(子分部)工程验收时,还没有形成部分的观感质量等。

(2)这个项目也是先由施工单位检查评定合格后,再提交验收,由总监理工程师或建设单位项目负责人组织审查,程序和内容基本是一致的,按核查的项目数及符合要求的项目数填写在验收记录栏内,如果没有影响结构安全和使用功能的项目,由总监理工程师或建设单位项目负责人为主导意见,评价好、一般、差,不论评价为好、一般、差的项目,都可作为符合要求的项目。

(3)由总监理工程师或建设单位项目负责人在验收结论栏内填写"同意验收"的结论。如果有不符合要求的项目,要按不合格处理程序进行处理。

6. 验收内容之五是综合验收结论

(1)施工单位应在工程完工后,由项目经理组织有关人员对验收内容逐项进行查对,并将表格中应填写的内容进行填写,自检评定符合要求后,在验收记录栏内填写各有关项数,交建设单位组织验收。

(2)综合验收是指在前五项内容均验收符合要求后进行的验收,即按单位(子单位)工程质量竣工验收记录表进行验收。验收时,在建设单位组织下,由建设单位相关专业人员及监理单位专业监理工程师和设计单位、施工单位相关人员分别核查验收有关项目,并由总监理工程师组织进行现场观感质量检查。

(3)经各项目审查符合要求时,由监理单位或建设单位在"验收结论"栏内填写"同意验收"的意见。各栏均同意验收且经各参加检验方共同商定同意后,由建设单位填写"综合验收结论"。

7. 参加验收单位签名

勘察单位、设计单位、施工单位、监理单位、建设单位都同意验收时,各单位的单位项目负责人要亲自签字,以示对工程质量的负责,并加盖单位公章,注明签字验收的年、月、日。

参 考 文 献

［1］ 《建筑施工手册》(第五版)编委会.建筑施工手册 1［M］.北京:中国建筑工业出版社,2012.

［2］ 《建筑施工手册》(第五版)编委会.建筑施工手册 2［M］.北京:中国建筑工业出版社,2012.

［3］ 《建筑施工手册》(第五版)编委会.建筑施工手册 3［M］.北京:中国建筑工业出版社,2012.

［4］ 《建筑施工手册》(第五版)编委会.建筑施工手册 4［M］.北京:中国建筑工业出版社,2012.

［5］ 中国建设教育协会.施工员(工长)专业管理实务［M］.北京:中国建筑工业出版社,2008.

［6］ 中国建设教育协会.施工员(工长)专业基础知识［M］.北京:中国建筑工业出版社,2008.

［7］ 北京土木建筑学会.建筑工程技术交底记录手册－建筑地基与基础工程［M］.北京:中国电力出版社,2009.

［8］ 北京土木建筑学会.建筑工程技术交底记录手册－主体结构工程［M］.北京:中国电力出版社,2009.

［9］ 北京土木建筑学会.建筑工程技术交底记录手册－建筑装饰装修工程［M］.北京:中国电力出版社,2009.

［10］ 北京土木建筑学会.建筑工程技术交底记录手册－机电安装工程［M］.北京:中国电力出版社,2009.

［11］ 本书编委会.建筑业 10 项新技术(2010)应用指南［M］.北京:中国建筑工业出版社,2011.

［12］ 中华人民共和国行业标准.建筑与市政工程施工现场专业人员职业标准［S］.北京:中国建筑工业出版社,2011.